高等学校工程应用型人才培养教材

安防系统工程方案设计

（第三版）

程国卿　于　征　程　伟　编著

U0379301

西安电子科技大学出版社

内 容 简 介

  安全防范系统是以保障安全为目的而建立起来的技术防范系统。本书介绍了门禁控制系统、可视对讲系统、防盗报警系统、电视监控系统、停车场管理系统、电子巡更系统等安防功能系统的基本设计和设施配置，穿插介绍了安全防范系统的相关硬件以及一些典型安防系统产品，并提供了若干安防系统工程设计方案的范例。

  本书追求实用性，内容丰富，层次清楚，富有针对性，可作为应用型本科院校智能建筑、应用电子专业以及高职高专安防自动化、物业管理等专业的教材，也可作为建筑智能化工程培训班、各类安全防范技术培训班及各级继续教育机构相关课程的培训教材，还可作为安防行业工程技术人员和科研人员的参考用书。

图书在版编目(CIP)数据

安防系统工程方案设计 / 程国卿，于征，程伟编著. --3 版. --西安：西安电子科技大学出版社，2024.6

ISBN 978-7-5606-7271-7

Ⅰ.①安⋯ Ⅱ.①程⋯ ②于⋯ ③程⋯ Ⅲ.① 安全装置—电子设备—系统工程 Ⅳ.① TM925.91

中国国家版本馆 CIP 数据核字(2024)第 084816 号

策　　划　李惠萍
责任编辑　宁晓蓉
出版发行　西安电子科技大学出版社(西安市太白南路 2 号)
电　　话　(029)88202421　88201467　　　　邮　　编　710071
网　　址　www.xduph.com　　　　　　电子邮箱　xdupfxb001@163.com
经　　销　新华书店
印刷单位　陕西天意印务有限责任公司
版　　次　2024 年 6 月第 3 版　　2024 年 6 月第 1 次印刷
开　　本　787 毫米×1092 毫米　1/16　印 张　19
字　　数　450 千字
定　　价　49.00 元
ISBN 978 - 7 - 5606 - 7271 - 7 / TM

XDUP 7573003 -1

前　言

本书讲述的安防工程即安全技术防范工程，它是指以维护人体自身和社会公共安全为目的，综合运用技防产品和科学技术手段组成的安全防范系统。安全防范工程主要包括具备监控、报警、通信、出入口控制、防爆、安全检查等功能的系统、设施和设备。安全防范系统正在日常民生中被广泛、自觉地采用，是智能建筑的重要组成部分。方案设计是安防系统设计中富有意义的前期初步设计阶段，也是系统集成商首要的、基本的工作。安防系统工程也是建筑业界和 IT 业界共有的一项方兴未艾的可持续发展的电子信息应用产业。

本书第一版于 2006 年出版，原本作为普通的技术读物。由于书中对安防技术体系的介绍较为完整且详细，方案设计的角度也比较契合产业现状，因此被一些大中专院校作为专业课教材。2017 年本书再版时，即按照教材风格编写，书名不变。如今又过了 7 年，技术不断进步，标准规范也不断更新，很有必要与时俱进。目前第三版就是在第二版的基础上，继续按照教材风格进行修订与完善的。

全书共分 10 章，分别重点介绍了门禁控制系统、可视对讲系统、防盗报警系统、电视监控系统、停车场管理系统、电子巡更系统等安防系统工程的基本设计和设施配置，穿插介绍了安防系统的相关硬件以及一些典型安防系统产品，并提供了若干智能建筑安防系统工程设计方案的范例。为满足教学的需要，一些参考案例和操作实训设置成"实践材料"的形式，供老师和同学们选用。

本书第 5、6 章由厦门路桥信息股份有限公司高级工程师于征先生编写，第 7 章由泉州台商投资区惠南中学程诗鸣老师编写，第 3、9 章由泉州万达商城电气工程师程伟先生编写，其余由程国卿编写。全书由程国卿统稿，由金文光审阅。在本书的撰写过程中，承蒙何惠彬、何焕斌、潘汉民、任培玉等同志帮助整理资料、审阅、稽核和录入排版，在此一并表示衷心的感谢！

囿于作者理论水平和实践经验，书中定有不足甚至谬误之处，望广大读者和工程界朋友不吝赐教，批评斧正。

编　者

2024 年 2 月

目　录

第 1 章

安全防范系统概述

1.1 安全技术防范工程的概念

1. 安全防范系统的定义

安全就是没有危险、不受侵害、不出事故。

防范就是防备和戒备。防备是指做好准备以应对攻击或避免受害；戒备是指防护和保护。

安全防范有广义和狭义之分。广义的安全防范是指做好准备和保护，以应对攻击或避免受害，从而使被保护对象处于没有危险、不受侵害、不出事故的安全状态。我们通常所说的安全防范是狭义的安全防范，是公安保卫工作的术语，指以维护社会公共安全为目的的防入侵、防盗窃、防抢劫、防破坏、防爆炸、防火和安全检查等措施(一般简称为"四防"，即防盗、防抢、防破坏、防爆炸)。国外及我国港台地区通常称安全防范为"保安""保全"等。

损失预防和犯罪预防是安全防范的本质内涵。

安全防范的三种基本手段是人防、物防、技防。

安全防范的三个基本防范要素是探测、延迟、反应。探测是指感知显性和隐性风险事件的发生并发出报警。延迟是指延长和推延事件发生的进程。反应是指组织力量为制止风险事件的发生所采取的快速行动。这三个基本防范要素在实施防范过程中所起的作用各不相同，要实现安全防范的最终目的，就要围绕探测、延迟、反应这三个基本防范要素来展开工作，采取措施。

探测、延迟、反应这三个基本防范要素之间是相互联系、缺一不可的关系。一方面，探测要准确无误，延迟时间长短要合适，反应要迅速；另一方面，反应的总时间应小于(至多等于)探测加延迟的总时间，即

$$T_{反应} \leqslant T_{探测} + T_{延迟}$$

安全防范系统是以保障安全为目的建立起来的技术防范系统。系统是由相互作用和相互依赖的若干组成部分结合成的具有特定功能的有机整体，而且这个"系统"本身又是它所属的更大的系统的组成部分。

安全防范系统出于安全防范的目的，将具有防入侵、防盗窃、防抢劫、防破坏、防爆炸功能的专用设备、软件有效组合成一个有机的整体，构建出一个具有探测、延迟、反应等综合功能的信息技术网络。

2. 安全防范技术

简言之,用于安全防范工作的专门技术就是安全防范技术。那么,安全防范技术到底包括哪些内容呢?

按照学科专业、产品属性和应用领域的不同,一般把安全防范技术分为以下十大类:

(1) 入侵探测和防盗报警技术;

(2) 视频监控技术;

(3) 出入口目标识别与控制技术;

(4) 报警信息传输技术;

(5) 移动目标反劫防盗报警技术;

(6) 社区安防与社会救助应急报警技术;

(7) 实体防护技术;

(8) 防爆安检技术;

(9) 安全防范网络与系统集成技术;

(10) 安全防范工程设计与施工技术。

3. 安全技术防范

所谓安全技术防范(一般简称为"技防"),可以从字面上简单地理解为:利用安全防范的技术手段进行安全防范一类的工作。或者说,安全技术防范就是运用技术产品、设施和科学手段,预防和制止违法行为,维护公共安全的活动。

安全技术防范是以安全防范技术为先导,以人防为基础,以技防和物防为手段所建立的一种由探测、延迟、反应三个基本防范要素有序结合的安全防范服务保障体系。它是以预防损失和预防犯罪为目的的一项公安保卫业务和社会公共事业。

我国的安全技术防范工作是从 1979 年公安部在河北省石家庄市召开全国刑事技术预防专业工作会议之后才逐步开展起来的,至今也不过 40 多年的历史,但是发展的速度很快。目前,国内从事安全技术防范行业的企业就有近万家,从业人员多达几十万人,每年的生产产值达上千亿元人民币。安全技术防范已逐渐形成了一种产业,其发展如日中天、方兴未艾。

4. 安全技术防范产品

安全技术防范产品特指用于防止国家、集体、个人财产和人身安全受到侵害的一类专用设备、软件、系统。或者说,安全技术防范产品是指用于防盗、防抢、防破坏、防爆炸等防止财产和人身安全受到侵害的专用产品。

安全技术防范产品现阶段主要包括入侵探测和防盗报警设备、视频监视与监控设备、出入口目标识别与控制设备、报警信息传输设备、实体防护设备、防爆安检设备、固定目标和移动目标防盗防劫设备、相应的软件以及由它们组合和集成的系统。

安全技术防范产品是一种专用的特殊产品,公安部制定有专门的《安全技术防范产品目录》。目前,我国对安全技术防范产品的生产和销售分别实行工业产品生产许可证制度、安全认证制度、生产登记制度。也就是说,任何单位和个人都不得生产、销售和使用没有经过许可的技防产品。

5. 安全技术防范工程(设施、系统)

安全技术防范工程是指以维护社会公共安全为目的，综合运用技防产品和科学技术手段组成的安全防范系统。它主要包括报警、通信、出入口控制、防爆、安全检查等设施和设备。具体地讲，安全技术防范工程就是以安全防范为目的，将具有防入侵、防盗窃、防抢劫、防破坏、防爆炸功能的专用设备、软件有效组合成一个有机整体，构成一个具有探测、延迟、反应综合功能的技术网络。

安全技术防范工程是人、设备、技术、管理的综合产物。在讲到安全技术防范工程时就不能不提及风险等级、防护级别和安全防护水平这三个概念。

(1) 风险等级：指存在于人和财产(被保护对象)周围的、对他(它)们构成严重威胁的风险的程度。这里所说的威胁，主要是指可能产生的人为的威胁(或风险)。

被保护对象的风险等级，主要根据其人员、财产、物品的重要价值、日常业务数量、所处地理环境、受侵害的可能性以及公安机关对其安全水平的要求等因素综合确定。风险等级一般分为三级：一级风险为最高风险，二级风险为高风险，三级风险为一般风险。

(2) 防护级别：指对人和财产安全所采取的防范措施(技术的和组织的)的水平。防护级别的高低既取决于技术防范的水平，也取决于组织管理的水平。

被保护对象的防护级别，主要由所采取的综合安全防范措施(人防、物防、技防)的硬件、软件水平来确定，一般也分为三级：一级防护为最高安全防护，二级防护为高安全防护，三级防护为一般安全防护。

关于重要场所的风险等级和防护级别的具体划分办法，公安部制定了相关的技术标准，例如：《银行安全防范要求》《文物系统博物馆风险等级和安全防护级别的规定》等。各有关单位参照标准、按照程序进行划分就可以了。技防工程从业单位在进行安全技术防范工程设计和施工过程中要严格按照风险等级和防护级别的标准进行技防工程的设计和施工，使被保护的对象达到安全防护的要求。

(3) 安全防护水平：指风险等级被防护级别所覆盖的程度，即达到或实现安全的程度。安全防护水平是一个难以量化的定性概念，它既与安全技术防范工程设施的功能、可靠性、安全性等因素有关，更与系统的维护、使用、管理等因素有关。对安全防护水平的正确评估，往往需要在工程竣工验收后经过相当长时间的运营才能做出。

一般来说，风险等级与防护级别的划分应有一定的对应关系，高风险的对象应采取高级别的防护措施，才能获得高水平的安全防护。如果高风险的对象采用低级别的防护，则安全性必然差，被保护的对象很容易发生危险；但如果低风险的对象使用高级别的防护，安全水平当然高，但这种工程就会造成经济上的浪费，也是不可取的。

1.2 安全技术防范系统的基本构成

安全技术防范系统的结构模式经历了一个由简单到复杂、由分散到组合再到集成的发展变化过程。从早期单一分散的电子防盗报警器或者是由多个报警器组成的防盗报警系统，到后来的报警联网系统、报警—监控系统，发展到防盗报警—视频监控—出入口控制等综合防范系统。近年来，在智能建筑和社区安全防范中，又形成了集防盗报警、视频监控、出入口控制、访客查询、保安巡更、汽车库(场)管理等系统综合监控与管理功能于一体的系统结构模式。

安全技术防范系统一般包括如下子系统：入侵报警子系统、电视监控子系统、出入口控制子系统、保安巡更子系统、通信和指挥子系统、供电子系统、其他子系统。其中，入侵报警子系统、电视监控子系统、出入口控制子系统和保安巡更子系统是最常见的，在后面各章将予以具体介绍。

通信和指挥子系统在整个技防系统中起着重要的作用，主要表现在如下几个方面：

* 可以使控制中心与各有关防范区域及时地互通信息，了解各防范区域的安全情况；
* 可以对各有关防范区域进行声音监听，对产生报警的防区进行声音复核；
* 可以及时调度、指挥保安人员和其他保卫力量相互配合，统一协调地处置突发事件；
* 一旦出现紧急情况和重大安全事件，可以与外界(派出所、110 报警服务台、单位保卫部门等)及时取得联系并报告有关情况，争取增援。

通信和指挥子系统一般要求多路、多信道，采用有线或无线方式。其主要设备有手持式对讲机、固定式对讲机、手机、固定电话、重要防范区域安装的声音监听拾音头。

供电子系统是技防系统中一个非常重要但又容易被忽视的子系统。技防系统必须具有备用电源，否则，一旦市电停电或外部电源被人为切断，整个技防系统就将完全瘫痪，不具有任何防范功能。备用电源的种类可以是下列之一或其组合：二次电池及充电器、UPS电源、发电机。备用电源的容量要满足下列要求：

* 至少应能保证入侵报警系统正常工作时间大于 8 小时，其中银行营业场所和文物系统博物馆的备用电源的容量应能保证入侵报警系统正常工作 24 小时；
* 至少应能保证电视监控系统正常工作时间不少于 1 小时；
* 至少应能保证出入口控制系统正常开启 1 万次以上，或连续工作不少于 48 小时，并在其间正常开启 100 次以上。

其他子系统包括访客查询子系统、车辆和移动目标防盗防劫报警子系统、专用的高安全实体防护子系统、防爆和安全检查子系统、停车场 (库) 管理子系统、安全信息广播子系统等。

1.3 安防各子系统的地位和相互关系

每个安全技术防范系统并非一定都包含上面讲到的所有子系统，这要根据各个具体的防范对象的不同和用户的要求来确定。

可以说，只要是安全技术防范系统，系统的作用和目的是防盗、防抢、防破坏、防爆炸，那该系统就应该包含入侵报警子系统。

在安全技术防范系统中，是以入侵报警子系统为核心，以电视监控子系统的图像复核及通信和指挥子系统的声音复核为补充，以监控中心值班人员和巡逻保安力量为基础，以其他子系统为辅助，各子系统之间既独立工作又相互配合，从而形成的一个全方位、多层次、立体的，点、线、面、空间防范相组合的有机防控体系。

安全技术防范系统是以保障安全为目的而建立起来的。它能够以现代物理手段和电子技术及时发现入侵破坏行为，产生声光报警阻吓罪犯，实录事发现场图像和声音以提供破案凭证，以及提醒值班人员采取适当的物理防范措施。

安全技术防范系统主要应用于三个方面：闭路电视监控、防入侵报警、出入口控制。

一个完整的安全技术防范系统应具备以下功能。

1. 图像监控功能

(1) 视像监控：采用各类摄像机、切换控制主机、多屏幕显示装置、模拟或数字记录装置以及照明装置，对内部与外界进行有效的监控，监控对象包括要害部门、重要设施和公共活动场所。

(2) 影像验证：在出现报警时，显示器上显示出报警现场的实况，以便直观地确认报警，并作出有效的报警处理。

(3) 图像识别系统：在读卡机读卡或以人体生物特征作为凭证识别时，可调出所存储的员工相片加以确认，并通过图像扫描比对鉴定来访者。

2. 探测报警功能

(1) 内部防卫探测：配置双鉴移动探测器、被动红外探测器、玻璃破碎探测器、声音探测器、光纤回路、门接触点及门锁状态指示等。

(2) 周界防卫探测：精选拾音电缆、光纤、惯性传感器、地下电缆、电容型感应器、微波和主动红外探测器等，对围墙、高墙及无人区域进行安保探测。

(3) 危急情况监控：工作人员可通过按下紧急报警按钮或在读卡机输入特定的序列密码发出警报，通过内部通信系统和闭路电视系统的联动控制，自动在发生报警时产生声响或打出电话，显示和记录报警图像。

(4) 图形鉴定：监视控制中心自动显示出楼层平面图上处于报警状态的信息点，使值班操作员及时获知报警信息，并迅速、有效、正确地进行接警处理。

3. 控制功能

1) 图像控制

对于图像系统的控制，最主要的是图像切换显示控制和操作控制。控制系统结构有中央控制设备对摄像前端一一对应的直接控制、中央控制设备通过解码器完成的集中控制、新型分布式控制。

2) 识别控制

(1) 门禁控制：可通过使用 IC 卡、感应卡、韦根卡、磁性卡等类卡片对出入口进行有效的控制。除卡片之外，还可采用密码和人体生物特征对出入事件自动登录存储。

(2) 车辆出入控制：采用停车场监控与收费管理系统，对出入停车场的车辆通过出入口栅栏和防撞挡板进行控制。

(3) 专用电梯出入控制：安装在电梯外的读卡机限定只有具备一定身份者方可进入，而安装在电梯内部的装置，则限定只有授权者方可抵达指定的楼层。

3) 响应报警的联动控制

这种联动逻辑控制可设定在发生紧急事故时关闭保险库、控制室、主门及通道等关键出入口，提供完备的保安控制功能。

4. 自动化辅助功能

(1) 内部通信：系统提供中央控制室与员工之间的通信功能，包括召开会议、与所有工作站保持通信、选择接听的副机、防干扰子站及数字记录等，它与无线通信、电话及闭路电视系统综合在一起，能更好地行使鉴定功能。

(2) 双向无线通信：为中央控制室与动态情况下的员工提供灵活而实用的通信功能，无线通信机也配备了防袭报警设备。

(3) 有线广播：矩阵式切换设计，提供在一定区域内灵活地播放音乐、传送指令、广播紧急信息等功能。

(4) 电话拨打：在紧急情况下，提供向外界传送信息的功能。当手提电话系统有冗余时，与内部通信系统的主控制台综合在一起，提供更有效的操作功能。

(5) 巡更管理：巡更点可以是门锁或读卡机，巡更管理系统与闭路电视系统结合在一起，检查巡更员是否到位，以确保安全。

(6) 员工考勤：读卡机可方便地用于员工上下班考勤，该系统还可与工资管理系统联网，方便工资计算。

(7) 资源共享与设施预订：综合保安管理系统与楼宇管理系统和办公室自动化管理系统联网，可提供进出口、灯光和登记调度的综合控制，以及有效地共享会议室等公共设施。

1.4 安防系统工程的质量技术要求

以维护社会公共安全为目的的安全技术防范工程(系统)的技术指标从总体上讲，应该具有哪些质量技术要求呢？

1. 安全技术防范系统的安全质量要求——高安全性和电磁兼容性

所谓安全性，就是系统在运行过程中能够保证使用者的人身健康和人身财产安全。实施高安全标准就是要确保防人身触电，防火和防过热，防有害射线辐射，防有害气体以及防机械伤人(如爆炸、锐利边缘、重心不稳及运动部件伤人)等。安全技术防范系统是用来保护人身安全和财产安全的，它本身必须具有安全性，必须保证设备、系统的运行安全和操作者的人身安全。

安全技术防范系统的安全性，一方面是指产品或系统的自然属性或准自然属性应该具有高安全标准和高电磁兼容标准；另一方面，技防产品或系统应具有防人为破坏的安全性，例如具有防破坏的保护壳体，具有防拆报警装置，防短路、断路、并接负载，防内部人员作案等功能。

所谓电磁兼容性，就是指设备或系统在共同的电磁环境中能一起执行各自功能的共存状态，通俗地讲，就是要解决好电磁干扰和抗电磁干扰的问题。

人类在利用电磁能的同时，也受到了电磁干扰的危害。一些无用的电磁场通过辐射和传导的途径，以场和电流的形式侵入工作着的敏感电子设备，往往使这些设备无法正常工作，甚至造成系统的瘫痪，造成环境污染，影响人体健康。因此，电磁兼容性问题是电子时代和信息时代人类面临的一个新课题。

电磁兼容性就是要求设备和系统在其所处的电磁环境中，既能正常运行(设备本身具有足够的抗电磁干扰能力)，同时又对在该环境中工作的其他设备或系统不引入不可承受的电磁干扰(尽可能地减少对其他设备的电磁干扰)。

2．安全技术防范系统的可信性要求——高可靠性、维修性和保障性

可信性是一个非定量的概念，主要用作对技防工程质量的一般性描述。

所谓可靠性，是指在规定条件、规定时间内产品无失效工作的能力。它反映了产品性能的耐久性。

所谓维修性，是指在规定条件下并按规定的程序和手段实施维修时，产品在规定的使用条件下，保持或恢复执行规定功能状态的能力。它表示为保持或增强产品性能而进行维修和改进的难易程度。

所谓保障性，是指为达到可用性目标而提供的后勤保障和资源分配情况，也就是系统的设计特性和计划的保障资源能满足平时战备及战时使用要求的能力。

3．安全技术防范系统的环境适应性要求——高环境适应性

随着社会和经济的发展，安全技术防范系统使用的领域和范围越来越大，它们要经受从热带到寒带、从平原到高山等各种自然环境的影响，同时又要经受震动、冲击、噪声、加速度等各种诱发环境的影响。因此，安全技术防范系统要有良好的环境适应性。

安全技术防范系统的设计和安装主要应考虑以下环境因素：

* 自然环境因素：温度、湿度、气压、太阳辐射、雨、固体沉降物、雾、风、盐和臭氧以及生物和微生物等；
* 诱发环境因素：沙尘、污染物、震动、冲击、加速度、噪声及电磁辐射等；
* 电磁辐射因素：无线电干扰、雷电、电场和磁场等。

4．安全技术防范系统的经济实用性要求——高性能价格比与良好的操作性

所谓性能价格比，就是系统的质量、功能等指标与系统价格的比值。

安全技术防范系统的设计和安装，要考虑到被保护对象的风险等级与防护级别，要在保证一定防护水平的前提下，争取最高的性能价格比。

所谓良好的操作性，就是从设计者的角度，把操作设备的人和他所操作的设备看作统一的整体——人机系统，通过在人机系统中合理分配人和设备的职能，使设计的设备与系统能充分适应人的操作特点和要求，从而创造一个既能保证操作者安全，又具有良好的人机界面，操作方便、舒适、高效的工作环境，充分发挥人和设备双方的积极性，以减少操作上的差错或失误。

如果一个系统的设计忽视了操作性，操作者就容易产生操作上的差错或失误，比如遗漏了必要的操作步骤，增加了多余的操作步骤，颠倒了操作程序等。严重的操作失误，将引起人为的系统故障，甚至造成大的事故。因此，系统的良好操作性，既是产品与系统的功能要求，也是安全要求。

第 2 章

门禁控制系统的方案设计

门禁控制系统又称出入口管理系统，它是国内已普遍使用的基本安防产品，规模庞大。出入口控制系统可对建筑物内外正常的出入通道进行管理，既可控制人员的出入，也可控制人员在楼内及其相关区域的行动，取代了保安人员、门锁和围墙的作用。在智能大厦中采用电子出入口控制系统可以避免人员的疏忽以及钥匙丢失、被盗或复制。出入口控制系统是指在大楼的入口、金库门、档案室门、电梯等处安装磁卡识别器或者密码键盘，机要部位甚至采用指纹识别、眼纹识别、声音识别等唯一身份标识识别系统，以使在系统中被授权可以进入该系统的人进入，而其他人则不得入内。该系统可以将每天进入人员的身份、时间及活动记录下来，以备事后分析，而且不需门卫值班人员，只需很少的人在控制中心就可以控制整个大楼内的所有出入口，节省了人员，提高了效率，也增强了保安效果。

2.1 门禁控制系统概述

门禁控制系统是指采用现代电子与信息技术，在建筑物内外的出入口对人(或物)的进、出实施放行、拒绝、记录和报警等操作的一种电子自动化系统，通常又叫通道控制系统。系统的前端设备为各种出入口目标的识别装置和门锁启闭装置(执行机构)，传输方式一般采用专线或网络传输；系统的终端为显示/控制/通信设备，可采用独立的控制器，也可以通过计算机网络对各种控制器实施集中监控。另外，门禁系统还常与防盗报警系统、视频监控系统和消防系统联动，能有效地实现安全防范。

1. 系统组成

图 2-1 为出入口控制系统的基本结构，它一般由目标识别子系统、信息管理子系统、控制执行机构三部分组成。

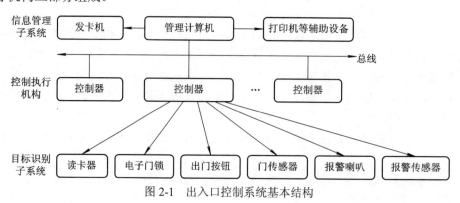

图 2-1 出入口控制系统基本结构

2. 识别方式

出入口目标识别可分为对人的识别(身体辨识)和对编码的识别(记号辨识)。

身体辨识指用人本身所拥有的特殊记号作为辨识标志，如掌纹、指纹、面相等。记号辨识指用外在物体的特殊记号作为辨别标志，如密码、感应卡、IC 卡等。

3. 门禁管理功能

门禁系统是智能楼宇的出入口控制管理系统，主要作用是自动识别每一个进入和离开大楼的人员，根据事先的设定自动判断和控制是否放行，并记录每次进出的时间、地点、姓名、部门、是否有效进出等信息。

门禁系统的核心是识别器、控制器(门禁系统的核心)和管理计算机。一套系统配备一台计算机、多台控制器和多台识别器以及多个电控门锁。识别器和电控锁安装在大门和其他需要自动管理的门上，当识别器识别出是有权进入该门的人员时，控制器自动打开电控锁；当识别出是无权进入的人员时则不开门。

每次识别的记录在适当的时候传送给管理计算机，以供存储、查询、统计、打印。由中心管理计算机事先登记每个被授权人员可有效进出的门和时间段，可以随时增删被授权人员。

根据识别器的不同，目前的门禁系统可以分为接触卡门禁系统、非接触卡门禁系统和生物识别门禁系统。

2.2　门禁控制系统的应用功能

2.2.1　门禁控制系统的基本功能

(1) 进出权限管理：可以设置某个人能过哪几个门，或者某个人能过所有的门，也可设置某些人能过哪些门。设置结果可以按门或者按人来排列，用户可以很清晰地看到某个门哪些人能过，或者某个人可以通过哪些门，一目了然，并可以打印或者输出到 Excel 报表中。

(2) 时间段权限管理：对于某个门，可以设置某个人星期几可以进门，每天几点到几点可以进门。

(3) 实时门状态显示：可以实时监控所有门的刷卡情况和进出情况。合法卡的实时记录以绿色的方式显示，非法卡的记录以橙色的方式显示，报警记录以红色的方式显示，便于提醒保安人员注意。

(4) 实时记录提取：用户可以边实时监控，边自动提取控制器内的记录，刷一条就上传一条到电脑数据库里。

(5) 强制关门/开门：如果某些门需要长时间打开的话，可以通过软件设置其为常开；某些门需要长时间关闭不希望任何人进入的话，可以设置为常闭。某些特定时候，例如需要关门抓贼等时也可以设置为常闭。

(6) 远程开门功能：管理员可以在接到指示后，点击软件界面上的"远程开门"按钮远程地打开某个门。

(7) 软件界面锁定：操作员临时要离开一下工作岗位(例如去洗手间)时，可以进行界面锁定，后台软件继续运行和监控，其他人无法趁机进行软件操作，操作员回来可输入密码重新回到软件操作界面。

(8) 脱机运行：通过软件设置上传后，控制器会记住所有权限和记录所有信息，即使电脑软件和电脑关闭，系统依然可以脱机正常运行；即使停电，信息也永不丢失。

2.2.2　门禁控制系统的扩展功能

(1) 实时监控、照片显示：可以实时监控所有门的刷卡情况和进出情况，可以实时显示刷卡人预先存储在电脑里的照片，以便保安人员和本人核对。如果接上了门磁信号线，用户可以一目了然地看到哪些门是开着的，哪些门是关着的。

(2) 卡＋密码功能：如果使用带密码键盘的读卡器，系统将具备卡＋密码功能，即该门可以设置为需要用户刷卡后输入正确的密码，卡和密码都正确后才予以开门。可以一卡一密码，即每个人都拥有自己的密码。该功能可以防止卡被人捡到来开门，或者偷用同事的卡来开门做不该做的事情等情况。对于同一个门，可以设置某些人要求卡＋密码，某些人只需刷卡就可以进入。密码可以为 1～6 位数。

(3) 通行密码功能：每台控制器最多可以存储 16 个通行密码，即用户只要输入这些密码中的任意一个都可以开门，系统不记录该事件和输入密码的人。通行密码对该控制器的所有门都有效，如果客户希望不同的门有不同的通行密码，请选用多台单门控制器来控制，不宜使用多门控制器。通行密码为 1～6 位数。

(4) 消防报警及联动输出功能：可以设定双门控制器的 2 号门资源或者四门控制器的 2、3、4 号门资源用于消防报警，以消防常开信号来驱动相应的继电器动作，打开所有的门或者启动警笛，并在软件界面上显示消防报警。如果启用这样的功能，双门控制器和四门控制器就只能作为单门控制器，只控制一个门。

(5) 非法闯入报警：也叫强行开门报警，即没有通过合法方式(刷卡、按钮等)强行开门或者破门而入。系统软件监控界面会用红色信号提示该报警信息的时间和位置，并驱动电脑音箱提醒值班人员注意。如果需要现场驱动报警器鸣叫，需将双门控制器作为单门控制器使用，2 号继电器用于驱动报警器。该功能需要加装门磁或者选用带门磁反馈信号输出的电锁并连线到控制器。

(6) 门长时间未关闭报警：门被合法打开 25 秒(该时间设置暂时不能自定义，系统已经固化)后忘记关门，系统软件监控界面会用红色信号提示该报警信息的时间和位置，并驱动电脑音箱提醒值班人员注意。如果需要现场驱动报警器鸣叫，需要将双门控制器做单门用途，2 号继电器用于驱动报警器。该功能需要加装门磁或者选用带门磁反馈信号输出的电锁并连线到控制器。

(7) 胁迫报警：当工作人员被人胁迫要求打开门的时候，工作人员可以在密码键盘上输入胁迫密码，门被打开，工作人员的人身不会受到歹徒的伤害，而总控制中心的软件监控界面上已经显示出该地点有被胁迫开门的报警信息，可及时采取措施。同时控制中心的电脑音箱会发出报警声音，及时提醒值班工作人员注意。

(8) 非法卡刷卡报警：又叫无效卡刷卡报警，即有人试图用未授权的卡刷卡，系统会在监控软件界面用红色信号提示报警，并驱动计算机音箱，以提醒值班人员注意。如果需要现场驱动警笛或者红绿灯提示，可以启动联动输出功能，不过这样就只能把双门控制器做单门用。

(9) 反潜回、防尾随功能：有些特定的场合要求执卡者从某个门刷卡进来就必须从某个门刷卡出去，刷卡记录必须一进一出严格对应。假如进门未刷卡，是尾随别人进来的，出门刷卡时系统就不准他出去；如果出门未刷卡，尾随别人出去，下次就不准他进来。或者某人刷卡进来后，从窗户将卡丢给其他人，试图让他人进来，系统也会拒绝该人刷卡进来。该功能一般用于部队、国防科研等场合。

(10) 互锁：在某些特定场合，要求某个门没有关好前，另外一个门是不允许人员进入的。双门控制器可以实现双门互锁，四门控制器可以实现双门互锁、三门互锁、四门互锁。该功能主要用于银行、储蓄所、金库等需严格管理的场合。

(11) 多卡开门：在某些特定场合需要启用该功能，即要求几个人同时到场，依次刷卡门才打开。某个人单独到场刷卡不开门。该功能一般用于银行金库、古董收集场所、博物馆等。多卡数可以设置为 2～10 人，例如，如果一个门只授权了三个人可以进入，多卡开门参数设置为 3，就是要求三个人同时到场轮流刷卡之后门才会开。如果一个门只授权了五个人可以进入，多卡开门参数设置为 3，就是要求五个人中任意三个人同时到场轮流刷卡后门才会开。该功能是对控制器设置的，不是对门设置的。如果一个多门控制器启用了该功能，则该多门控制器所辖的每个门都必须多卡开门。如果客户只是要求其中一个门为多卡开门，就需要单独为其准备一个单门控制器来控制。可以将系统设置为进门多卡、出门单卡开门，也可以设置为进门多卡、出门也要多卡。

(12) 定时常开门/闭门功能：该功能又叫定时任务功能。某些对外新增的办公场合，例如民政局办公大厅、大使馆等，要求白天上班时间门打开，外面来办事的人员可以自由出入；晚上下班后，要求本单位人员刷卡才允许进出，不允许外来人员进入；深夜，门保持关闭状态，本单位内部员工也不允许出去，这就可以启用该功能来实现。例如，设置该门早上 8:30 常开，18:30 在线，凌晨 12:00 常闭。该功能既可以对某个门也可以对所有门设置，每个控制器最多可以设置 64 个定时任务。该功能是可以脱机运行的。

(13) 记录按钮开门事件：启用该功能可以记录按钮何时被人按过开门。虽然不能记录是谁按了按钮，但是可以知道按钮何时被人按过，昨晚最后一个人是几点走的。

(14) 定时提取记录功能：可以设置电脑程序几点钟自动提取控制器内的记录。一天可以设置多个提取记录的时间，避免客户提取大量数据时长时间占用电脑和等待。提取记录的速度大约是 1 小时提取 4 万条记录。使用该功能需要电脑和软件当时都处于运行状态。

(15) 定时上传权限功能：由于上传权限时控制器无法判断卡权限的合法性，需上传完毕才能判断，因此大量上传权限时，控制器会有一小段时间不允许还没来得及上传权限的卡通过，所以采用定时上传权限功能可以使得系统在夜深人静没有人使用门禁时进行自动上传。上传权限需要电脑和软件当时都处于运行状态。

2.2.3 门禁控制系统的行业应用

1. 在智能化大厦写字楼公司办公中的应用

在公司大门上安装门禁系统，可以有效地阻止外来闲杂人员进入公司扰乱办公秩序，保证公司及员工财产的安全；可以显示和提高公司的管理档次，提升企业形象；可以有效地追踪员工是否擅离岗位，可以通过配套的考勤管理软件进行考勤，无需购买打卡机，考勤结果更加客观公正，而且统计速度快、准确，从而大大降低人事部门的工作强度和工作量；可以有效解决某些员工离职后不得不更换大门钥匙的问题；可以方便灵活地安排任何人对各个门的权限和开门时间，只需携带一张卡，无需佩戴大量沉甸甸的钥匙，而且安全性也更高。

在公司领导办公室门上安装门禁系统，可以保障领导办公室的资料和文件不会被其他人看到而泄露，可以给领导一个安全安静的私密环境。

在技术开发部门安装门禁系统，可以保障核心技术资料不被外人进来随手轻易窃取，也可防止其他部门的员工到开发部串岗影响开发工作。

在财务部门安装门禁系统，可以保障财物的安全性以及公司财务资料的安全性。

在生产车间大门上安装门禁系统，可以有效地阻止闲杂人员进入生产车间，避免造成安全隐患。

2. 在智能化小区出入管理控制中的应用

一般在小区大门(栅栏门、电动门)、单元的铁门、防火门、防盗门上安装门禁系统，可以有效地阻止闲杂人员进入小区，对小区进行封闭式管理。另外，门禁系统的应用，可以改变小区保安依赖记忆来判断是否是外来人员的不准确、不严谨的管理方式。因为如果是小区业主，新来的保安加以阻拦会引起业主的反感。如果是外来的人员，但穿着很好，保安也许以为是业主而不加盘问，这样也会带来安全隐患。

安全科学的门禁系统可以提高物业的档次，更有利于发展商推广楼盘。业主也会从科学有效的出入管理中得到实惠。联网型的门禁有利于保安随时监控所有大门的进出情况，如果有事故或案件发生可以事后查询进出记录。

智能化小区门禁系统可以和楼宇对讲系统或可视对讲系统结合使用，还可以和小区内部收费停车场管理等实现一卡通。

3. 在电信基站和供电局变电站中的应用

典型基站和供电局变电站的特点是：基站很多，系统容量大，分布范围很广(甚至达几百平方千米)，有自己的网络进行联网，有的地方是无人值守的，需要中央调度室随时机动调度现场的工作人员。

实现方案是采用网络型门禁控制器，通过 TCP/IP 内部网或者 Internet 互联网(需固定 IP)进行远程管理。

4. 在医疗系统中的应用

在医疗系统中安装门禁系统，可以阻止外来人员进入传染区域和精密仪器房间；可以阻止有人将细菌带入手术室等无菌场合；可以阻止不法群体冲击医院的管理部门及医疗部门，以免因为情绪激动损害公物或伤害医患人员和医院领导。

5．在政府办公机构中的应用

在政府办公机构中安装门禁系统，可以有效地规范办公秩序，阻止不法人员冲击政府办公部门，保护国家财产的安全，保护领导及办公人员的人身安全。

2.3　门禁控制系统的结构原理

2.3.1　门禁控制系统的基本结构

以识别卡为基础的门禁系统通常由控制器、读卡器、识别卡、电子门锁、电源、其他设备及管理系统软件组成，如图 2-2 所示。

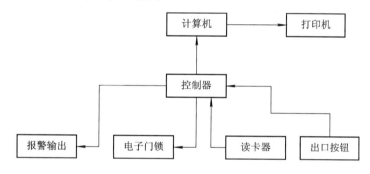

图 2-2　门禁控制系统的基本结构

可以看出，该系统一般由三个层次的设备构成。底层是直接与人打交道的设备，包括身份识别装置(读卡器、人体自动识别系统)、电子门锁、出口按钮、报警传感器和报警喇叭等。

控制器用来接收底层设备发送来的有关人员的信息，同自己存储的信息相比较，判断后发出处理信息。对于一般的小系统(管理一个或几个门)，只用一个控制器就可以构成一个简单的门禁系统。

底层设备将有关人员的身份信息送进控制器，控制器识别判断后开锁、闭锁或发出报警信号。当系统较大时应将多个控制器构筑的小系统通过通信总线与中央控制计算机相连，组成一个大的门禁系统。

计算机内装有门禁系统的管理软件，管理系统中所有的控制器，并向它们发送控制指令进行设置，接收控制器发来的指令进行分析和处理。

整个系统的传输方式一般采用专线或网络传输。

2.3.2　门禁控制系统的主要设备

1．识别卡

识别卡是门禁系统开门的电子钥匙。按照工作原理和使用方式的不同，可将识别卡分为不同的类型，如接触式和非接触式、IC 和 ID、有源和无源等。它们最终都是作为电子钥匙被使用，只是在使用的方便性、系统识别的保密性等方面有所不同。图 2-3 是门禁系统识别卡使用示意图。

图 2-3　门禁系统识别卡

接触式识别卡(如 IC 卡、磁卡等)必须插入读卡器内或在槽中划一下才能读到卡号。非接触式识别卡无需与读卡器接触，相隔一定的距离就可以读出其卡内的数据。

磁卡是一种磁记录介质卡片，它由高强度、耐高温的塑料或纸质涂覆塑料制成，能防潮、耐磨且有一定的柔韧性，携带方便，使用较为稳定可靠。通常磁卡的一面印刷有说明或提示性信息，如插卡方向，另一面则有磁层或磁条，具有两三个磁道以记录有关信息数据。

智能卡名称来源于英文"Smart Card"，又称集成电路卡，即 IC 卡(Integrated Circuit Card)。它将一个集成电路芯片镶嵌于塑料基片中，封装成卡的形式，其外形与覆盖磁条的磁卡相似。其优点为体积小、采用先进的集成电路芯片技术、保密性好、无法被仿造等。为了兼容，在 IC 卡上仍贴有磁条，因此，IC 卡也可同时作为磁卡使用。

IC 卡可分为接触式和非接触式(感应式)两种。

1) 接触式智能卡

接触式智能卡是由读/写设备的接触点与卡上的触点相接触而接通电路进行信息读/写的。接触式 IC 卡正面左侧的小方块中有 8 个触点，其下面为凸型字符，卡的表面还可印刷各种图案甚至人像。卡的尺寸、触点的位置、用途及数据格式等均有相应的国际标准予以明确规定。

与磁卡相比，接触式 IC 卡除了存储容量大以外，还可以一卡多用，而且可靠性比磁卡高，寿命比磁卡长，读/写机构比磁卡简单可靠，造价便宜，维护方便，容易推广。正是由于具有以上优点，接触式 IC 卡的应用市场遍布世界各地，风靡一时。

2) 非接触式智能卡

非接触式智能卡由 IC 芯片、感应天线组成，并完全密封在一个标准 PVC 卡片中，无外露部分。它分为两种，一种为近距离耦合式，卡必须插入机器缝隙内；另一种为远程耦合式。

非接触式 IC 卡的读/写，通常由非接触型 IC 卡与读卡器之间通过无线电波来完成。非接触型 IC 卡本身是无源体，当读卡器对卡进行读/写操作时，读卡器发出的信号由两部分叠加组成。一部分是电源信号，该信号由卡接收后，与其本身的 L/C 发生谐振，产生一个瞬间能量来供给芯片工作。另一部分则是结合数据信号，指挥芯片完成数据的修改、存储等，并返回给读卡器。

非接触式 IC 卡所形成的读/写系统，无论是硬件结构还是操作过程都得到了很大的简化。同时它借助于先进的管理软件进行脱机操作，使得数据读/写过程更为简单。

同接触式 IC 卡相比，非接触型 IC 卡具有显著的优越性和安全性，体现在以下几个方面：

· 卡上无外露机械触点，不会导致污染、损伤、磨损、静电等，大大降低了读/写故障率。

· 不必进行卡的插拔，大大提高了每次使用的速度以及操作的便利性。

· 可以同时操作多张非接触式 IC 卡，提高了应用的并行性，无形中提高了系统工作速度。

· 因为完全密封，卡上无机械触点，所以既便于卡的印刷，又不易受外界不良因素的影响，提高了卡的使用寿命，且更加美观。

· 安全性高，无论在卡与读卡器之间进行无线频率通信时，还是读/写卡内数据时，都经过了复杂的数据加密和严格授权。

· 卡中的用户区可按用户要求设置成若干个小区，每个小区都可分别设置密码。

正因为如此，非接触式 IC 卡非常适合于以前接触式 IC 卡无法或较难满足要求的一些应用场合，如公共电、汽车自动售票系统等。这将 IC 卡的应用在广度和深度上大大推进了一步。

2. 读卡器

门禁读卡器负责读取卡片中的数据信息，并将这些信息传送给门禁控制器。

读卡器分为接触卡读卡器(磁条、IC)和感应卡(非接触式)读卡器(依数据传输格式的不同，可分为韦根、智慧等)等几大类，它们之间又有带密码键盘和不带密码键盘的区别。

感应式读卡器采用的是无线频率辨识(RFID)技术，这是一种无需卡片与读卡装置直接接触就可读取卡上信息的方法。

使用感应式读卡器，不再会因为接触摩擦而引起卡片和读卡设备的磨损，再也无需将卡塞入孔内或在磁槽内刷卡，卡片只需在读卡器的读卡范围内晃动即可。

在感应式技术应用中，读卡器不断通过其内部的线圈发出一个 125 kHz/13.56 MHz 的电磁场，这个磁场称为"激发信号"。当一张感应卡放在读卡器的读卡范围内时，卡内的线圈在"激发信号"的感应下产生出微弱的电流，作为卡内一个小集成电路的电源，而该卡内的集成电路存储有制造时输入的唯一的数字辨识号码(ID)，该号码从卡中通过一个 62.5 kHz 的调制信号传输回读卡器(该信号称为"接收信号")，如图 2-4 所示。

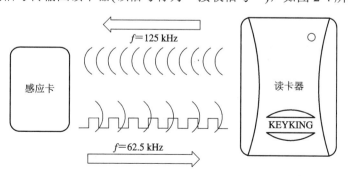

图 2-4　感应式 IC 卡的工作原理

读卡器将接收到的无线信号传回给控制器，由控制器处理、检错和转换成数字信号，控制器把这个数字辨识号码(ID)送给控制器上的微处理器，由它做出通行决策。

有一种类似于感应卡的感应式匙扣，因其尺寸比一般感应卡小，其内部的线圈也较小，所以，相应的读卡距离只有一般感应卡的一半。根据同样的原理，卡或读卡器中的线圈越大，读卡距离也越长。

读卡器设置在出入口处，通过它可将门禁卡的参数读入，并将所读取的参数经由控制器判断分析。准入，则电锁打开，人员可自行通过；禁入，则电锁不动作，并且立即报警并进行相应的记录。

3. 写入器

写入器是对各类识别卡写入各种标志、代码和数据(如金额、防伪码)等的智能仪器。

4. 控制器

门禁控制器主要负责整个系统输入、输出信息的处理和存储、控制等，可验证门禁读卡器输入信息的可靠性，并根据出入规则判断其有效性，若有效则对执行部件发出动作信号。

控制器是门禁系统的核心部分，它由一台微处理机和相应的外围电路组成。如将读卡器比作系统的眼睛，将电磁锁比作系统的手，那么控制器就是系统的大脑。由它来确定某一张卡是否为本系统已注册的有效卡，该卡是否符合所限定的授权，从而控制电锁是否打开。

由控制器和第三层设备可组成简单的单门式门禁系统。它与联网式门禁系统相比，少了统计、查询和考勤等功能，比较适合无需记录历史数据的场所。

目前的卡片出入控制系统按其管理规模及功能可分为单一独立型或双门读卡控制机、小型系统(管理 4 门或 8 门读卡机)、中型系统(管理 16 门至 64 门读卡机)、大型系统(管理 128 门至 256 门读卡机)、超大型系统(管理 256 门以上读卡机)。

5. 电锁

电锁即电子门锁，是门禁系统中的执行部件。门禁系统所用电锁一般有三种类型：电阴锁、电磁锁和电插锁。可根据门的类型、材料和出门要求等选取不同的电锁。电阴锁和电磁锁一般可用于木门和铁门，电插锁则用于玻璃门。电阴锁一般为通电开门，电磁锁和电插锁为通电锁门。

6. 电源

电源负责对整个门禁系统供电，是非常重要的部分。

7. 其他设备

其他设备包括进/出门按钮、检测门的开/关状态的门磁等。

8. 管理系统软件

管理系统软件负责门禁系统的监控、管理、查询等工作。管理人员可通过门禁软件对通道门的状态、门禁控制器的工作情况进行监控管理，并可扩展完成巡更、考勤、人员定位等功能。具体功能如下：

(1) 设备注册。在增加控制器或是卡片时，需要重新登记，以使其有效；在减少控制器或是卡片遗失、人员变动时使其失效。

(2) 级别设定。对已注册的卡片，设定哪些卡片可以通过哪些门，哪些不可以通过；

设定某个控制器可以让哪些卡片通过，不允许哪些通过；对于计算机的操作要设定密码，以控制哪些人可以操作。

(3) 时间管理。可以设定某些控制器在什么时间可以或不可以允许持卡人通过；哪些卡在什么时间可以或不可以通过哪些门等。

(4) 数据库的管理。对系统所记录的数据进行转存、备份、存档和读取等处理。系统正常运行时，对各种出入事件、异常事件及其处理方式进行记录，保存在数据库中，以备日后查询。

(5) 报表生成。能够根据要求定时或随机地生成各种报表。比如，可以查找某个人在某时间内的出入情况，某个门在某段时间内都有谁进出等，可以生成报表，并打印出来，进而组合出"考勤管理""巡更管理"和"会议室管理"等。

(6) 网间通信。系统不是作为一个单一的系统存在，它要向其他系统传送信息。比如在遇到有人非法闯入时，要向电视监视系统发出信息，使摄像机能监视该处情况，并进行录像，所以要有系统之间通信的支持。

(7) 管理系统除了完成所要求的功能外，还应有漂亮、直观的人机界面，便于人员操作。

2.4　门禁控制系统的选型配置

2.4.1　门禁控制系统的配置原则

1．可靠性

门禁安防系统以预防损失、预防犯罪为主要目的，因此必须具有极高的可靠性。一个门禁安防系统，在其运行的大多数时间内可能没有警情发生，因而不需要报警。出现警情需要报警的概率一般是很小的，但是如果在这极小的概率内出现报警系统失灵，常常意味着灾难的降临。因此，门禁安防系统在设计、施工、使用的各个阶段，必须实施可靠性设计(冗余设计)和可靠性管理，以保证产品和系统的高可靠性。

另外，在系统的设计、设备选取、调试、安装等环节都应严格执行国家或行业有关标准，以及公安部门有关安全技术防范的要求，产品须经过多项权威认证，且具有众多的典型用户，多年正常运行。

2．安全性

门禁及安防系统是用来保护人员和财产安全的，因此系统自身必须安全。这里所说的高安全性，一方面是指产品或系统的自然属性或准自然属性，应该保证设备、系统运行的安全和操作者的安全。例如：设备和系统本身要能防高温、低温、湿热、烟雾、霉菌、雨淋，并能防射线辐射、防电磁干扰(电磁兼容性)、防冲击、防碰撞、防跌落等，设备和系统的运行安全还包括防火、防雷击、防爆、防触电等。另一方面，门禁及安防系统还应具有防人为破坏的功能，如具有防破坏的保护壳体，以及具有防拆报警、防短路和开路功能等。

3．功能性

随着人们对门禁系统各方面要求的不断提高，门禁系统的应用范围越来越广泛。人们对门禁系统的应用已不局限在单一的出入口控制，还要求它不仅可应用于智能大厦或智能小区的门禁控制、考勤管理、安防报警、停车场控制、电梯控制、楼宇自控等，而且具有可与其他系统联动进行控制等多种控制功能。

4．扩展性

门禁系统应选择开放性的硬件平台，具有多种通信方式，为实现各种设备之间的互联和集成奠定良好的基础。另外，还要求系统应具备标准化和模块化的部件，有很大的灵活性和扩展性。

由此可见，一个真正的门禁安防系统必须具备以下正常运行条件：

(1) 使用一个独立于其他网络的系统；

(2) 网络自带故障检测报警；

(3) 具有可靠的后备电源设备；

(4) 选配合适坚固的电控锁；

(5) 具备紧急开门功能；

(6) 符合规格的布线；

(7) 安装调试的确认；

(8) 定期的检查和维护。

2.4.2 门禁控制系统设计的基本要求

1．设备配置的技术要求

· 玻璃门宜接电插锁，木门、防火门等宜接磁力锁(电磁锁)。

· 读卡器到控制器的连接线建议采用 8 芯屏蔽双绞线(其中 3 芯备用)，线径大于 0.3 mm，控制器到读卡器的距离不能超过 100 m，建议在 80 m 以内。

· 锁到控制器的连接线需采用 2 芯电源线，控制器到锁的距离不能超过 100 m，线径大于 1.0 mm。如果需要门磁检测线则需多 2 芯线(可根据现场需要决定)。如果输出 12 V 电源有明显降压，则可以微调电源电压到 13.6 V 或单独给电锁供电。

· 按钮连接线和门磁连接线需采用 2 芯电缆线，线径大于 0.3 mm。

· 控制器通信线(包括 RS-485/422/232 和韦根等通信线)必须采用国际通用的 8 芯屏蔽双绞线，这样可有效防止和屏蔽干扰，线径大于 0.3 mm。

· 电脑和其他控制器串联的总线长度小于 1200 m，建议在 800 m 以内，如果距离更远则需要增加中继器，这样通信距离可达 3000 m。也可以用 TCP/IP-485 转换器并入局域网或者与 Internet 进行联网。

· 控制器 GND、485－、485＋分别对应连接 485 转换器 GND、TD(A)、TD(B)，通信线路采用串联挂接式连接，请勿采用星形连接或者局部星形连接。如果线路过长和设备过多，请在最后一台设备上增加终端电阻(由跳线加载)。总线最多可挂接 128 台控制器。

2．室内配线的技术要求

室内配线不仅要求安全可靠，而且要使线路布置合理、整齐，安装牢固。技术要求如下：

(1) 使用导线，其额定电压应大于线路的工作电压；导线的绝缘应符合线路的安装方式和敷设的环境条件；导线的截面积应能满足供电和机械强度的要求。

(2) 配线时应尽量避免导线有接头。非用接头不可的，其接头必须采用压线或焊接。导线连接和分支处不应受机械力的作用。配线在建筑物内安装要保持水平或垂直。配线应加套管保护(塑料或铁管，按室内配线的技术要求选配)，天花板走线可用金属软管，但必须固定稳妥，并尽量使其美观。

(3) 信号线不能与大功率电力线平行，更不能穿在同一管内。如因环境所限需要平行走线，则要远离 50 cm 以上。

(4) 报警控制箱的交流电源应单独走线，不能与信号线和低压直流电源线穿在同一管内，交流电源线的安装应符合电气安装标准。

(5) 报警控制箱到天花板的走线要求加套管埋入墙内或用铁管加以保护，以提高系统的防破坏性能。

3．室内配管的技术要求

线管配线有明配和暗配两种。明配管要求横平竖直、整齐美观；暗配管要求管路短、畅通、弯头少。

按设计图选择管材种类和规格，如无规定，可按线管内所穿导线的总面积(连外皮)不超过管子内孔截面积的 70% 的限度进行选配。

为便于管子穿线和维修，在管路长度超过下列数值时，中间应加装接线盒(或拉线盒)，其位置应便于穿线：

- 长度每超过 40 m、无弯曲时；
- 长度每超过 25 m、有一个弯时；
- 长度每超过 15 m、有两个弯时；
- 长度每超过 10 m、有三个弯时。

线管的固定处、线管在转弯处或直线距离每超过 1.5 m 应加固定夹子。

电线线管的弯曲半径应符合所穿入电缆弯曲半径的规定。

凡有砂眼、裂纹和较大变形的管子禁止使用于配线工程。

线管的连接应加套管连接或加扣连接。

竖直敷设的管子，按穿入导线截面的大小，在每隔 10～20 m 处，增加一个固定穿线的接线盒，用绝缘线夹将导线固定在盒内。导线越粗，固定点之间的距离越短。

在不进入盒(箱)内的垂直管口，穿入导线后，应将管口作密封处理。

接线盒(或拉线盒)的固定应不少于三个螺钉；接线盒与管子的连接应加杯梳；接线盒(或拉线盒)应加盖。

例如，一个有 20 个门的门禁控制系统，大门是双开玻璃门，和其他门距离比较远。其中 1 个区域有 2 个木门比较集中，1 个区域有 5 个单开玻璃门比较集中，1 个区域有 12 个木门比较集中。对于这样一个现场情况的门禁系统配置，可以进行如表 2-1 所示的设计。

表 2-1　20 个门的门禁控制系统配置表

区　域	读卡器	单门双向控制器	双门双向控制器	四门单向控制器	出门按钮	电插锁	电磁锁
1 个大门	1	1			1	2	
2 个木门	2		1		2		2
5 个玻璃门	5	1		1	5	5	
12 个木门	12			3	12		12
总　计	20	2	1	4	20	7	14

大门采用一个读卡器,如果进出都要刷卡,就配置两个读卡器。WG2004 四门单向控制器只能接进门读卡器,WG2001 单门双向控制器和 WG2002 双门双向控制器每个门可以接进出两个读卡器。由于是双开玻璃门,建议接两把电插锁。另需一台 WG2001 单门控制器,一个出门按钮。

某个区域的 2 个木门:采用一台 WG2002 双门控制器,2 个进门读卡器,2 把电磁锁,2 个出门按钮。

某个区域的 5 个玻璃门:采用一台 WG2001 单门控制器,一台四门控制器,5 个进门读卡器,5 个出门按钮,5 把电插锁。

某个区域的 12 个木门:采用三台四门控制器,12 个进门读卡器,12 个出门按钮,12 把电磁锁。

此外,每种情形均需要一台通信集线器和一套管理软件。

2.5　门禁控制系统的联网设计

联网型门禁系统由门禁控制器、读卡器、出门按钮、通信集线器、感应卡管理软件等组成。有些门禁一体机会把读卡器和控制器集成在一起,这样由于控制部分外露,安全性会降低,成本也会有所降低。有些要求严格管理进出的门禁系统,会用另一个读卡器取代出门按钮,即双向读卡门禁系统,这样不但可以管理进入的人的权限,也可以管理外出人员的权限,并记录其进出情况,安全级别更高。也有的门禁系统的读卡器是带密码键盘功能的,进入时不但要求卡符合通过身份,而且必须输入相关密码,这样可以保证即使卡片被人捡到都无法进入。这里通信集线器有两个作用,一是加大控制器到电脑的传输距离,二是和众多的控制单元进行联网。

2.5.1　传统的 RS-485 总线联网门禁系统

1. RS-485 网络普通门禁方案

一般的 RS-485 网络普通门禁方案采用 RS-485 总线制方式联网,整个系统的拓扑结构比较简单。图 2-5 和图 2-6 分别是 RS-485 总线制联网示意图和 RS-485 控制网络实物连接示意图。

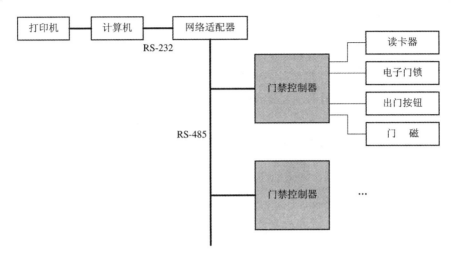

图 2-5　RS-485 总线制联网示意图

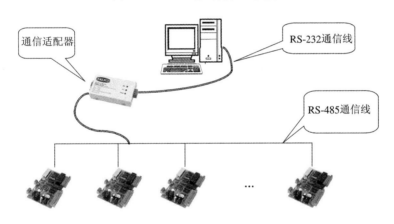

图 2-6　RS-485 控制网络实物连接示意图

这里，读卡器与控制器之间采用 8 芯屏蔽双绞线(称读卡器线)，线径(指导线本身的截面积)要求大于 0.3 mm^2，可用五类网络线。

电控锁与控制器之间采用 2 芯电源线(称锁线)，线径要求大于 0.5 mm^2。如果锁线与读卡器线穿于同一根管中，则要求锁线采用 2 芯屏蔽线。

出门按钮与控制器之间采用 2 芯电源线(称出门按钮线)，线径要求大于 0.5 mm^2。

控制器与控制器及控制器与电脑的联网线采用 8 芯屏蔽双绞线，线径要求大于 0.3 mm^2，可用五类网络线。

如果通信距离过长，超过 500 m，建议采用中继器或者 485 HUB 来解决问题。

如果负载数过多，一条总线上超过 30 台设备，建议采用 485 HUB 来解决问题。

对线路较长、负载较多的情况采用主动科学的有预留的解决方案。

在设计时应理解,在理想环境下,485 总线结构才有可能使得传输距离达到 1200 m。通常 485 总线实际稳定的通信距离远远达不到 1200 m。负载 485 设备多、线材阻抗不符合标准、线径过细、转换器品质不良、有设备防雷保护、波特率高等因素都会降低通信距离。

另外,并不是所有的 485 转换器都能够带 128 台设备。要根据 485 转换器内芯片型号和 485 设备芯片型号来判断。一般 485 芯片的负载能力有三个级别:32 台、128 台和 256 台。理论上的标称值实际上往往是达不到的。通信距离长、波特率高、线径细、线材质量差、转换器品质差、转换器电能供应不足(无源转换器)、防雷保护强等因素都会大大降低真实负载数量。图 2-7 是带 127 个控制器的 RS-485 控制网络。

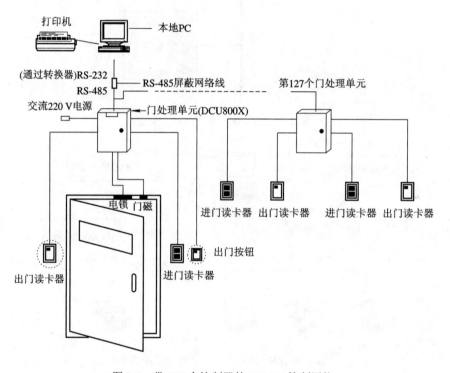

图 2-7 带 127 个控制器的 RS-485 控制网络

2. 门禁系统 485 总线结构的布线规范

485 总线是一种用于设备联网的经济型的、传统的工业总线方式。其通信质量是需要根据施工经验进行测试和调试的。485 总线虽然简单,但必须严格按照施工规范进行布线。一般整个工程的实施过程可分为管线敷设、设备安装接线、系统调试三个阶段。

根据门禁系统的特点可将整个系统的管线分为局部管线及系统管线。局部管线指控制器与读卡器、电控锁、开门按钮之间的管线;系统管线指各控制器之间的管线及电源线。

在布线施工中要严格遵守如下施工规范:

(1) 485 总线一定是串接式(手牵手)的总线结构,坚决杜绝星形连接和分叉连接。控制器与计算机的连接如图 2-8 所示。

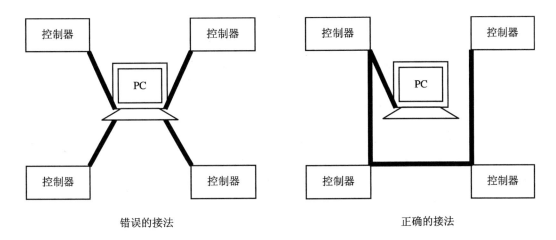

图 2-8　控制器与计算机的连接

(2) 485+和 485−数据线一定要互为双绞。布线一定要布多股屏蔽双绞线，多股是为了备用，屏蔽是为了出现特殊情况时调试，双绞是因为 485 通信采用差模通信原理，双绞的抗干扰性最好。

(3) 电源线同信号线要分别穿管，且两管长距离平行布置时应相距 30 cm 以上。

(4) 交流 220 V 电源由管理中心供至各门禁点，在某些情况下交流 220 V 电源也可就近接取，但应符合相关规范。

(5) 穿线时一定要做好标记，线的接头一定要放在接线盒内。若忽视了这方面的工作，则会给以后的安装、调试工作带来很大的麻烦。

(6) 局部管线敷设同系统管线敷设可根据装修、装饰的进度交叉或平行进行。

(7) 设备供电的交流电及机箱一定要真实接地，而且接地良好。有很多地方表面上有三角插座，其实根本没有接地，要小心。接地良好时，可以确保设备遭受雷击浪涌冲击时能够较好地释放能量。还应保护 485 总线设备和相关芯片不受伤害，避免和强电走在一起。

(8) 现场调试应带齐调试设备。要随身携带几个可以接长距离和多负载的转换器、一台常用的笔记本电脑、测试通路断路的万用表、几个 120 Ω 的终端电阻。现场调试时首先要确保设备接线正确，且严格合乎规范。现场调试时可参考如下一些做法：

• 共地法：用 1 条线或者屏蔽线将所有 485 设备的地连接起来，这样可以避免所有设备之间存在影响通信的电势差。

• 终端电阻法：在最后一台 485 设备的 485＋和 485−上并接 120 Ω 的终端电阻来提高通信质量。

• 单独拉线法：单独暂时简单地拉一条线到设备，这样可以用来确定是不是布线引起了通信故障。

• 中间分段断开法：通过从中间断开来检查是不是因设备负载过多、通信距离过长、某台设备损害而对整个通信线路产生影响。

• 更换转换器法：随身携带几个转换器，这样可以排除是不是转换器质量问题影响了通信质量。

• 笔记本调试法：先保证自己随身携带的笔记本电脑通信是正常的，再用其替换客户电脑来进行通信，如果可以，则表明客户电脑的串口有可能损坏或者故障。

2.5.2 利用门禁控制器组成的控制网络

通过单条 RS-485 总线，可将 127 个 DPU3000 控制器组成一个控制网络，最多可以管理 508 个门点。每个控制器都可独立工作，不受控制计算机关机的影响。连接电脑时，数据全部通过管理软件上载到电脑，脱机时自动存储所有记录和数据。图 2-9 是利用门禁控制器组成的控制网络。

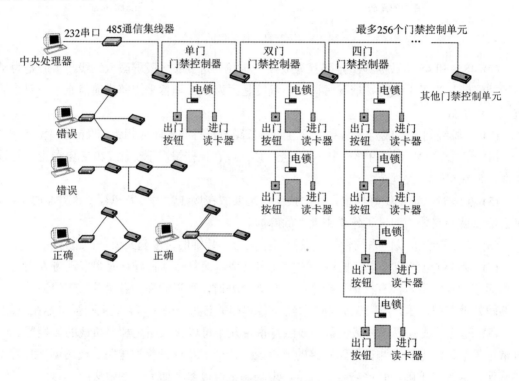

图 2-9　利用门禁控制器组成的控制网络

2.5.3 带 TCP/IP 网络功能的门禁控制网络

当使用 TCP/IP 联网方式时，每条 TCP/IP 下面可连接 32 台控制器，由于局域网的稳定性和无限扩展性，连接控制器数量也会大大增加，且稳定性极高。

如果系统支持 30 条 RS-485 总线，另加上 TCP/IP 联网方式，控制门点可达到几万个。

如果自带 TCP/IP 网络转换模块，则无需另接 TCP/IP 转换器，可直接接入局域网。如图 2-10 所示，利用带 TCP/IP 联网功能的 DPU3000_NT 系列控制器接入交换机(或集线器)，可以实现多级的大型联网，组建带 Internet 功能的控制网络。

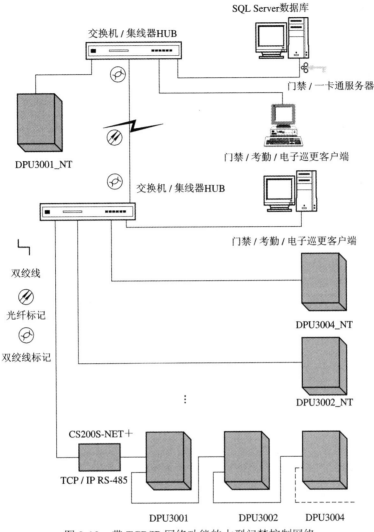

图 2-10　带 TCP/IP 网络功能的大型门禁控制网络

2.6　门禁控制系统的工程施工

2.6.1　磁控开关安装的技术要求

　　磁控开关的安装应牢固、整齐、美观，应尽量装在门的里面，以防破坏。磁控开关的固定组件和活动组件的距离应满足下列要求：

　　· 木门磁控开关和铁门磁控开关应小于 5 mm。

　　· 卷闸门磁控开关应小于 20 mm。

　　· 读卡器、按钮的安装高度符合正常水电安装标准(1.45 m)，所有外部设备引入控制器的线头不能剥得太长，以免外露造成短路现象。

• 有边框的玻璃门的电插锁应安装在门框的最中心；没有边框的玻璃门，以中心线向里面偏 25 mm 为锁的中心线，然后再在玻璃门上安装一个匹配玻璃门附件。

2.6.2 门禁控制箱安装的技术要求

电源箱的安装要高于地面 2 m 以上，要牢固、美观，力求保证安全及便于维护。

控制箱的固定应不少于三个螺丝，保证牢固。位置的选择要隐蔽。为防破坏，控制箱的操作要使用遥控开关，遥控开关要远离控制箱安装，要有防拆功能，并用门磁加以保护。遥控开关如用密码开关，应具有三次输错密码即触发报警的功能。

控制箱的交流电应不经开关引入，如要用开关，则应安装在控制箱里面。交流电源线应单独穿管走线，严禁与其他导线穿在同一管内。控制箱的引线从控制箱至大门一段要求用铁管加以保护，铁管与控制箱要用双螺帽连接。

2.6.3 门禁控制系统的布线施工

现在的门禁机(含指纹机)联网多采用 TCP/IP 方式，其设备的布线方式基本相同。下面举例介绍单台门禁机布线接线方法，参见图 2-11。

(1) 在安装门禁机的开孔(孔位于 1.3 m 高的位置，孔为 3.5 cm×3.5 cm 的方形或圆形)处接两条网线，一条到天花板电源处(建议安装在天花板上，因为可以走暗线)；另一条作为传输数据用的网线，两端分别压 RJ-45 水晶头，其中一端接入机房的交换机或者 HUB，另一端直接插入指纹机上的 RJ-45 插口。

(2) 电锁处要接一条线(如果同时安装两把锁的话，建议至少用 4 芯线，接电源正负极)到 801 电源。

(3) 门内出门按钮处到天花板电源处要接一条线(至少 2 芯线)。

(4) 门内前台出门按钮(为了方便前台工作人员不离位即可开门而设)到天花板 801 电源处要接一条线(至少 2 芯线)。

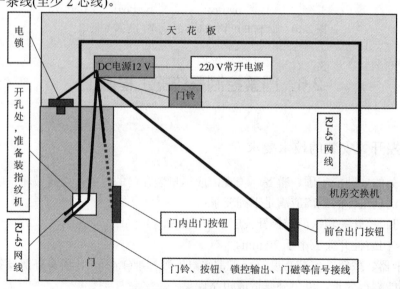

图 2-11 门禁机的布线安装

施工注意事项如下：

(1) 从门内侧靠近门附近的天花板上方拉一根网线(或 4 芯线)到门框里头(这是为了给电锁提供 12 V 电源的接线)。因为双开门一般装 2 把电锁，所以建议将门框内线头预留在中间，线头留 30 cm 就够了。

(2) 由于电锁没有开锁口，因此在门框包不锈钢面板之前就应该把线从门框中间拉出来(需要钻孔)，然后连线带门框一起包进不锈钢面板里。注意把线头集中在门框中间位置，以防以后开锁孔的时候把线割断了。

(3) 在安装门禁机的位置(一般习惯于在门左边或右边 1.3 m 高的位置)开一个孔，直径 3～4 cm(不要超过 5 cm)，可以是圆形的，也可以是方形的。从门禁机的孔中拉出两条网线，一条到天花板，另一条到机房交换机。

(4) 若要在玻璃门上安装电插锁，门的上沿与门框之间要留至少 1 cm 的缝隙。电磁锁则没有此要求。

(5) 为了布线合理、美观，建议在整体装修完毕前进行门禁机的布线工作。

(6) 为了美观，建议走暗线；万一非得走明线，可以先安装条形线槽。

2.6.4　门禁系统安装的安全事项

(1) 虽然控制器已经具备了防静电和防雷击设计，但电源和机箱还需良好接地，以保障电路不被静电、雷电和其他设备漏电所伤害，从而保证长时间稳定运行。

(2) 请勿带电插拔接线端子或者进行带电的焊接操作，焊接接线时应该先拔出所对应的接线座。

(3) 请勿私自拆卸控制器上的元器件，否则可能会引起系统信息丢失或芯片损坏。

(4) 如果读卡器是 +24 V 供电的，请单独为其配备线性电源，并和控制器进行共地连接；切勿将 +24 V 电源间接引入控制器。

(5) 本控制器可以直接外挂 UPS 不间断电源，保证停电后系统仍然可以继续工作。系统应配备掉电保护装置，即使停电，系统设置的信息和记录也不会丢失。

(6) 尽量避免将控制器电源和其他大电流工作设备接在同一电源上。继电器的工作电流最大为 7 A，如果要控制更大电流的设备请安装更大功率的继电器，最好总控电源箱就有单独控制的开关。

(7) 在安装遥控器或者其他附加设备时，注意不要将其他电信号引入控制器。

(8) 设备用线不得走强电槽或是强电线管。如因环境所限需要平行走线，则要远离强电线 50 cm 以上。

2.6.5　门禁系统的维护与保养

磁力门锁的保养与其他锁类相比比较简单，只要保持继铁板和锁主体表面无杂质即可，所以请定期用非蚀性的清洁剂擦拭其表面。同时要注意，不要在继铁板或锁主体上钻孔；不要更换继铁板固定螺丝；不要用刺激性的清洁剂擦拭电磁锁；不要改动电路。

门禁控制系统的一些故障与解决方法归纳如表 2-2 所示。

表 2-2 门禁控制系统的故障与解决方法

故　障	可能的原因	解决方法
门无法锁上	1. 无电源供应； 2. 电源线松动	1. 检查供电电源； 2. 将电源线锁紧
抗拉力不够	1. 电源供电功率不足； 2. 门严重变形或磁力门锁安装不良，导致继铁板与锁主体接触面积缩小； 3. 继铁板或锁主体表面有杂质	1. 使电源输出达到锁的正常工作状态； 2. 调整门或重新安装锁； 3. 清除杂质
磁簧开关输出错误	1. 继铁板和锁主体没有完全接触； 2. 磁簧开关位置不对； 3. 外接负载电量超过磁簧开关的最大承受力	1. 调整二者的位置； 2. 与供应商联系； 3. 重新调整电量

2.7 本 章 小 结

出入口控制系统可对建筑物内外正常的出入通道进行管理，既可控制人员的出入，也可控制人员在楼内及其相关区域的行动，它代替了保安人员、门锁和围墙的作用。在智能大厦中采用电子出入口控制系统可以避免人员的疏忽造成的钥匙的丢失、被盗和复制。出入口控制系统在大楼的入口、金库门、档案室门、电梯等处安装磁卡识别器或者密码键盘，机要部位甚至采用指纹识别、眼纹识别、声音识别等唯一身份标识识别系统，以使在系统中被授权可以进入该系统的人进入，其他人则不得入内。该系统可以将每天进入人员的身份、时间及活动记录下来，以备事后分析，而且不需门卫值班人员，只需很少的人在控制中心就可以控制整个大楼内的所有出入口，节省了人员，提高了效率，也增强了安保效果。出入口控制系统一般要与防盗(劫)报警系统、闭路电视监视系统和消防系统联动，才能有效地实现安全防范。

【实践材料】

立方自动化智能门禁系统应用方案设计

1. 公司简介

杭州立方自动化工程有限公司是一家智能卡终端设备产品的开发制造商。其产品应用领域包括储值服务、通道交通控制、辨识系统等，如小区一卡通、企业一卡通、校园一卡通(包含门禁管理、考勤管理、储蓄消费管理、车辆管理、电梯控制、巡更系统等)。所有产品均可采用 Mifare 1 和 EM 卡。

2. 系统设计依据与原则

1) 系统设计依据

实施一卡通管理系统，与小区其他信息基础设施相配合，促进小区信息化管理水平的提高。

2) 系统设计原则

(1) 可靠性和稳定性。在系统设备选型、网络设计、软件设计等各个方面要充分考虑可靠性和稳定性。在设计方面，要采用容错设计和开发计算结构。在设备选型方面，要保证软件、硬件的可靠性。必须考虑采用成熟的技术和产品，在设备选型和系统设计的各个方面都应尽量减少故障的发生。

(2) 易管理性。系统管理员要在不改变系统运行的情况下具备对系统进行调整的能力。

(3) 易维护性。可维护性是当今应用系统成功与否的重要因素，它包含两层含义：故障易于排除，日常管理操作简便。

(4) 先进性。在投资费用许可的情况下，应当充分利用现代最新技术及最可靠的成果，以便使系统在尽可能长的时间内与社会发展相适应。从长远的观点看，这也是最节省经费的。先进性是系统建设期望达到的目标，但是先进性面临许多不成熟的问题。因此，应视系统建设为一个系统工程，充分考虑现在和未来。着眼现在，放眼未来，使系统建设与业务需求同步增长。

(5) 整体性。系统的整体性涉及方方面面，对于本系统这样的工程，必须对这些因素统筹考虑以构成一个有机的智能卡管理系统。

(6) 应用性。设计本系统，首先应考虑能满足智能卡管理系统的功能要求和实际应用的需要。

(7) 开放性。为保证各供应商产品的协同运行，同时考虑到投资者的长远利益，本系统必须是开放系统，并结合相关的国际标准或工业标准执行。

(8) 规范性。由于本系统是一个综合性系统，在系统设计和建设初期应着手参考各方面的标准与规范，并且应遵从规范的各项技术规定，做好系统的标准化设计与管理工作。

(9) 可扩充性。考虑今后发展的需要，系统必须在产品系列、容量与处理能力等方面具有扩充与换代的可能，这种扩充不仅充分保护了原有投资，而且具有较高的综合性能价格比。

3. 门禁系统工作原理

本方案采用的感应式技术，或称作射频(RF)技术，是一种在无需卡片与读卡装置直接接触的情况下对卡片信息进行读写的方法。使用感应式读卡器，不再会因为接触摩擦而引起卡片和读卡设备的磨损，也无需将卡插入孔内或在刷卡槽内刷卡，卡片只需在读卡器的读卡范围内晃动即可。

在感应式技术应用中，读卡器不断通过其内部的线圈发出一个固有频率的电磁场(激发信号)。当一个感应卡放在读卡器的读卡范围内时，卡内的线圈在"激发信号"的感应下产生出微弱的电流，作为卡内集成电路芯片的电源，而该卡内的集成电路芯片存储有设定时输入的唯一的数字辨识号码，该号码从卡中反馈回读卡器，在读卡的过程中卡和读卡器之间会进行三次相互校验，读卡器将接收到的无线信号传给现场控制器，再由现场控制器进行信号处理并对执行装置发出指令。

其工作原理如图 2-12 所示。

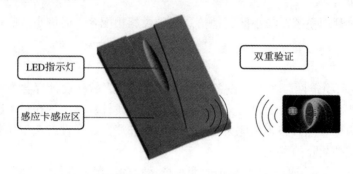

LED指示灯

双重验证

感应卡感应区

图 2-12　感应式读卡器工作原理

具体使用中,持卡者进门(或双向读卡出门)时将卡片接近读卡机,合法卡信号通过控制器传给电锁,电锁自动打开,非法卡被禁止访问。出门时只要按动出门按钮,电锁自动打开。当非正常或暴力开门时,门磁输出报警信号,将报警信号传送到控制器内,系统以图像和声音信号报警。

4. 系统功能介绍

1) 基本功能

(1) RFORMER 门禁系统是由分散的智能控制器组成的多层次模块化结构,所有分布式控制器在同一总线上分层自主工作,当一台控制器发生故障时,不会殃及整个系统。该系统充分体现了集中管理、分布控制的设计思想,减少了风险,增加了可靠度。系统基于社区的概念设计,对门禁点及其他控制点的数量要求完全可以满足。

(2) 采用 RS-485 协议通信的读卡机与控制器的通信距离可达 1200 m;门禁控制器采用 TCP/IP 和 RS-485 协议双模通信,控制器的通信距离不会受限制;该系统完全符合大型门禁系统的远程管理及通信、布线的要求。

(3) 系统可登记 4000~13 000 张卡,可采用 Mifare 1 和 EM 感应卡,每张卡具有唯一性,不可复制,保密性极高。

(4) 系统软件可基于 Windows 95/98 或 NT 操作系统,中文界面为开放式软件,软件容易使用。

(5) 所有刷卡资料均由电脑实时记录,并在控制器上保留备份数据,便于在发生事故后及时查询。在系统中心和控制器通信因为故障中断时,各点的控制器可以独立工作,控制器内可以记录 4000~8000 条信息,但如果系统通信中断时间过长或短时间内信息量过大,可能出现部分信息被覆盖的情况。

(6) 系统可以设置 100 种用户群组,并且可以根据用户群组类型来设置不同管制时区和节假日类型,每个管制时区可以设置 5 个时段,每个时段可以设置不同的开门流程(刷卡、刷卡加密码、禁止通行)。

(7) 操作员可依据自己的操作权限在控制主机上进行各种操作,如遥控开门或关门,查看某一被控区域门状态情况,增加用户卡或删除卡等。

(8) 系统可任意对卡片的开门时间、门号进行设定,不属于此等级之持卡者被禁止开门,对非法进入行为，系统会马上进行报警。对于特殊门号，可通过采用带键读卡器实现刷卡加密码开门的双重保安功能和反潜回功能。

(9) 实时监控查询功能。即房门状态和人员进出情况都可实时反映于监控室的电脑中，如哪个门打开或关闭、哪个人、什么时间、什么地点、是进还是出等。门开时间超过设定值时系统会报警，在房门关闭后报警自动解除。

(10) 多任务处理功能。任何报警信号发生或指定输入点状态改变时，系统自动执行一连串顺序控制指令。

(11) 多级操作权限密码设定。系统软件针对不同级别的操作人员分配多种级别的操作权限，操作员在输入个人密码后只能进行相应的操作。系统管理员可对所有的操作员进行密码修改和权限修改，并且具有所有功能的操作权限。

(12) 持卡用户密码功能。可以对不同的卡设置不同的开门密码，使用者在带键读卡机上刷卡后需要输入一组该卡的正确密码后方可开门进入。

(13) 联动控制。通过系统的输入/输出点可以扩展多种功能，如在系统出现非法进入等报警时启动附近摄像机；在人员进入时自动开启空调；夜间自动开启门禁区域内的灯光等。以 RF-2004NT4 为例，系统内置 8 个普通的开关信号(TTL 电平)输入、4 个继电器信号输出、4 个普通 OC 信号输出。输入点具备时段管理功能。在需要的情况下，通过 REFORMER 系统的输入/输出点可以扩展多种功能。

(14) 系统布防与撤防。在控制器上进行设置后，可使各个通道进入系统布防状态，即所有的读卡机与出门按钮都无效，可有效地防止在非允许时间进行刷卡开门和人员的出入。

(15) 支持特殊通道的反潜回功能。实现在特殊通道上严格控制人员在房间中的时间，员工进入房门后如在规定时间内没有出来，控制器会直接将该员工删除。

2) 系统功能

在同一个系统里可同时拥有防盗、门禁、火警疏散、智能化控制等多种功能。用户可以根据实际情况进行设置运用，以实现不同的功能。

(1) 系统可实现各个控制器管制的通道的布防和撤防，使进入布防状态通道的出门按钮和读卡机都无效。

(2) 在非正常开门(没有正常刷卡或按出门按钮)的状态下，强行将门打开时，系统将发出报警信号。

(3) 在特殊通道可实现反潜回功能。

(4) 安装了带键读卡机时，支持在通道上的反胁迫功能。

(5) 支持与各种智能化大厦逻辑系统的连接。

除此之外，整个系统中还有多种功能可以提供给用户，用户可以通过输入/输出口的组合，在不同信号输入的情况下产生不同信号的输出，充分体现了系统的整体联动性。

分离式读卡机(带门位侦测输入端和出门按钮输入端)的使用有利于对各个通道门进行监控。其中包括各个通道门上的人员进出信息、门位的状态。

用户可以直接在带键控制器上进行设置以实现不同的用户开门流程：刷卡开门、刷卡加密码开门、使某个通道门置于常开或常闭状态。

3) 通道管制功能

(1) 系统可以设置 100 种用户群组,并且可以根据用户群组类型来设置不同的管制时区、周计划和节假日计划。每个管制时区可以设置五个时段,同时各个时段可以设置不同的开门流程(刷卡、刷卡＋密码、禁止通行),如图 2-13 所示。

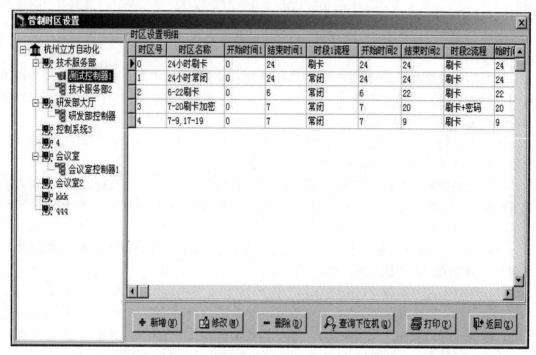

图 2-13　管理设置

(2) 可设置 100 组不同的用户群组,可以根据用户的开门权限结合相应的用户群组,将不同的用户登记到对应的目录下,使其具有开启一个或多个房门的功能权限。

(3) 方便的用户注册、注销功能。根据已经登记好的用户权限,可方便地将用户注册到对应的控制器和房门下,使其具有通过该扇门的权力;员工卡丢失或离职时,可方便地将该员工从对应的控制器或房门下删除,以确保系统的安全性。

(4) 本系统提供系统卡、警卫卡、巡检卡、成员卡,其中系统卡、警卫卡有超级开门权限,巡检卡可以产生巡更记录,成员卡具备时段特征以及时段管理,且特殊卡的制作非常方便。

(5) 系统可以根据电子地图对所有房门进行图文监控和人员进出信息的实时监控。

(6) 为了防止突发事件(如火警等)的发生,系统可以根据需要将相关的通道设置成紧急门区,具有紧急开门或紧急关门功能,参见图 2-14。对于各种突发事件,系统都有详细的记录以供事后查询。

(7) 所有通道的所有刷卡记录,系统都将保存于数据库中,以方便事后的查询,部分刷卡记录也可作为员工的考勤数据导出到考勤软件,部分巡检记录也可导出到巡更软件。

(8) 控制器经过设置后,可对指定的通道实现反潜回功能。

(9) 系统安装完成后,在带键读卡机的通道上具有反胁迫功能,无需人为设定。

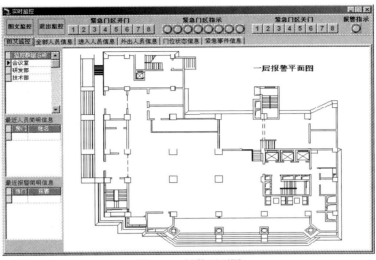

图 2-14　报警平面图

4) 扩展功能

(1) 防盗系统。系统具有强大的系统联动性和兼容性，通过对控制器的输入/输出口设置，可与通道管理及智能化控制部分融合在一起。其特点如下：

- 在一个系统中可分割出 255 个独立的子区域。
- 子区域可独立工作，也可进行从属等多种组合。
- 用户可通过各个子区域的控制器独立进行系统的布防与撤防。
- 无论哪个子区域发生紧急事件，子区域控制器都会在第一时间将突发信号传到监控中心。
- 各个子区域控制器都具有内置处理紧急事件的功能。如出现火警信号输入，子区域控制器将其管辖的通道全部敞开，通过组合可使多个子区域控制器具有同时处理紧急事件的能力。
- 在特殊通道可以实时监控人员的进出，在人员进入通道的同时可以启动附近的监控设备。

(2) 考勤系统。考勤系统是门禁控制系统中的一个扩展模块，只需增加一套软件，利用门禁系统所记录的信息就可以生成考勤报告。

本系统可以对不同的人员实行多班次的设置。在使用中，由使用者根据自身的考勤制度设置员工上下班时间(最多可设置四个时间段)，并可在门禁点中自由设置考勤点，员工每次通过考勤点的信息会被考勤软件处理，生成详细的个人考勤明细报表。该系统采用菜单操作，包括数据维护、数据统计、数据核算、员工档案、班次维护、周期设置、特殊处理、详细报表等内容，非常方便，可以随时查询。查询时只需输入日期范围就可查询以下六个方面的资料：全部打卡原始记录；全部员工出勤明细资料；迟到员工出勤明细资料；早退员工出勤明细资料；请假、加班、出差明细资料；小于 8 小时出勤员工明细资料。系统特点是考勤信息收取准确及时，班次设置灵活，方便随时查询，可生成详细报表，利于管理。

(3) 大厦智能化控制。用于大厦的智能化控制时，系统主要体现在对灯光、电力、空调等的控制上。

- 灯光的自动控制：当检测到房间里有人走动时，系统自动开启房间里的灯光。

- 车库门、通道门的灯光控制：只有在车库门或通道门开启时才能开启灯光照明。
- 当大厦的其他系统出现问题时，如空调/抽风系统的水压过低、气体泄漏等，各子区域控制器可在极短的时间内向监控中心报告。

(4) 巡更系统。结合门禁的读卡器，实现在线实时巡更功能。

5. 基于"一卡通"的网络结构图

基于"一卡通"系统的网络结构图如图 2-15 所示。

图 2-15　一卡通系统总体结构示意图

6. 门禁系统实际应用示意图

图 2-16 所示为门禁系统实际应用示意图。

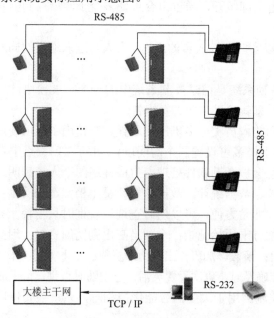

图 2-16　门禁系统实际应用示意图

7. 门禁的建议配置方案

下面给出单门门禁配置及报价单(见表 2-3)和多门门禁配置及报价单(见表 2-4)供参考。

表 2-3 单门门禁配置及报价

项　次	名　称	型　号	规　格　说　明	单位	数量	单价	总价
控制器	联网单门门禁一体机 (二选一)	RF-2030NT1	用户数 4000 人，存储 4000 条事件记录，带键盘和显示；具有公共短信息和电子布告牌功能	台	—	—	—
		RF-2011NT1	用户数 1000 人，存储 750 条事件记录	台	—	—	—
协议转换器	网控器	RF-5000	外置式，带光隔，防雷击	台	—	—	—
软件	门禁软件	OCS-M	C\S 网络版，具有电子地图功能	套	—	—	—
			每增加一客户端软件	套	—	—	—
锁具及配件			英国 ELEM 电磁锁具(选择配置)	套	—	—	—
配件	出门开关			只	—	—	—
	开关电源	选配		只	—	—	—
卡片(选)	IC 卡	Mifare	飞利浦芯片	张	—	—	—
	ID 厚卡	H4001	台湾产，不带印刷	张	—	—	—
	ID 薄卡	H4001	台湾产，不带印刷，ISO0.8	张	—	—	—
其他费用	厚卡丝印		印刷 1000 张以下，加制版费 1000 元	张	—	—	—
	薄卡胶印		印刷 1000 张以下，加制版费 1000 元	张	—	—	—
	贴片证像		彩色打印个人化照片	张	—	—	—
	通信线材费		双绞线(不足 100 m 的按 100 m 算)建议自备	米	—	—	—
	运费		供方负责汽车货运费用，如要求快递、中铁快运、航空快件，则需方自负费用				
	调试、培训费(最低基数为 800 元)			系统总价的 10%			

表 2-4 多门门禁配置及报价

项　次	名　称	型　号	规　格　说　明	单位	数量	单价	总价
控制器	两门控制器	RF-2002B&P/NT2	可连四个感应头，控制两扇门进出，可选带键盘和显示及电源、设备箱；用户数 12 000 人，存储 8000 条事件记录	台	—	—	—
		RF-2004NT2	16 键，液晶显示；可连四个感应头，控制两扇门进出；用户数 6000 人，存储 8000 条事件记录，RS-485 和 TCP/IP 通信	台	—	—	—
	四门控制器	RF-2002B&P/T4	可连八个感应头，控制四扇门进出，可选带键盘和显示及电源、设备箱；用户数 12 000 人，存储 8000 条事件记录	台	—	—	—
		RF-2004NT4	16 键，液晶显示；可连八个感应头，控制两扇门进出；用户数 6000 人，存储 8000 条事件记录；RS-485 和 TCP/IP 通信	台	—	—	—

续表

项次	名称	型号	规格说明	单位	数量	单价	总价
读卡器(选)	ID/IC 卡读头	RF-4030/4130S	灰色、银色,微型,读卡距离为 5～15 cm,RS-485、W26、W34 格式	台	—	—	—
	ID/IC 卡读头	RF-4050/4150K	读卡距离 5～15 cm,带键盘、显示、短信息显示,RS-485、W26、W34 格式	台	—	—	—
	ID/IC 卡读头	RF-4060/4160	白色、黑色,读卡距离为 5～15 cm,RS-485、W26、W34 格式	台	—	—	—
协议转换器	网控器	RF-5000	外置式,带光隔,防雷击	台	—	—	—
软件	门禁软件	OCS-M	C\S 网络版,具有电子地图功能	套	—	—	—
			每增加一客户端门禁软件	套	—	—	—
锁具及配件			英国 ELEM 电磁锁具(选择配置)	把	—	—	—
配件	出门开关			只	—	—	—
	开关电源	选配		只	—	—	—
卡片(选)	IC 卡	Mifare	飞利浦 S50	张	—	—	—
	ID 厚卡	H4001	台湾产,不带印刷	张	—	—	—
	ID 薄卡	H4001	台湾产,不带印刷,ISO0.8	张	—	—	—
其他费用	厚卡丝印		印刷 1000 张以下,加制版费 1000 元	张	—	—	—
	薄卡胶印		印刷 1000 张以下,加制版费 1000 元	张	—	—	—
	贴片证像		彩色打印个人化照片	张	—	—	—
	通信线材费		双绞线(不足 100 m 的按 100 m 算)	米	—	建议自备	
	运费		供方负责汽车货运费用,如要求快递、中铁快运、航空快件,则需方自负费用				
	工程调试、培训费			系统总价的 10%			

8. 门禁系统相关设备介绍

由于篇幅所限,此处不再详述。有兴趣的读者可登录相关产品官网进行查阅。

9. 质量保证方案

(略)

10. 工程实施及售后服务

(略)

第 3 章

可视对讲系统的方案设计

访客对讲系统是指为来访客人与被访住户之间提供双向通话或可视通话，并由住户遥控防盗门的开关或向社区保安管理中心进行紧急报警的一种安全防范系统。目前这种系统已在高层公寓和小区住宅中得到越来越广泛的使用。

3.1 访客对讲系统概述

访客对讲系统是一种被广泛用于公寓、住宅小区和办公楼的安全防范系统。通过楼宇访客对讲系统，入口处的来访者可以直接或通过门卫与室内主人建立音、视频通信联络，主人可以与来访者通话，并通过声音或分机屏幕上的影像辨认来访者。当来访者被确认后，主人可利用分机上的门锁控制键打开电控门锁，允许来访者进入。

访客对讲系统按功能可分为普通对讲系统和可视对讲系统两种。从系统形式上可分为开放式系统和封闭式系统。从其系统结构上大致可分为多线制、总线多线制和总线制三种。任何形式的系统都有其自身特点和适用性，各自满足不同的功能需求和价格定位。

1. 普通对讲系统

普通对讲系统一般由简单对讲系统、防盗安全门、控制系统和电源组成。该对讲系统由传声器、语言放大器和振铃电路组成。

控制系统采用数字编码方式，当访客按下欲访户的号码，对应户的分机则振铃响起，户主摘机通话后可决定是否打开防盗安全门。防盗安全门与普通安全门的区别是加有电控门锁闭门器。访客对讲系统的电源由市电供给。

一般居民楼的每个单元安装的访客对讲系统比较简单，主机到各户分机采用星形布线方式，为多线制。如果居民小区内设有管理中心，则各单元的主机与管理中心以总线方式相连，管理中心可接受用户报警，并可用此向用户传达有关信息。高层公寓住宅使用的访客对讲系统主机与各户分机之间通常采用总线式通信。图 3-1 为访客对讲系统结构图。

2. 可视对讲系统

可视对讲系统是在单对讲系统的基础上增加一套视频系统。即在电控防盗门上方安装一低照度摄像机，一般配有夜间照明灯。摄像机应安装在隐蔽处并要防破坏。视频信号经普通视频线引到楼层中继器的视频开关上，当访客叫通户主分机时户主摘机可从分机的屏幕上看到访客的形象，与其通话以决定是否打开防盗安全门。图 3-2 为可视对讲系统结构框图。

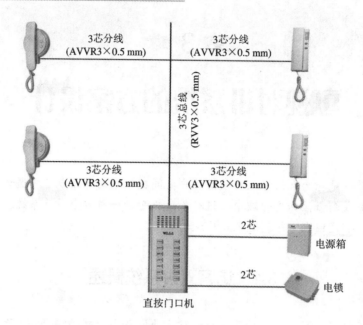

图 3-1　访客对讲系统结构图

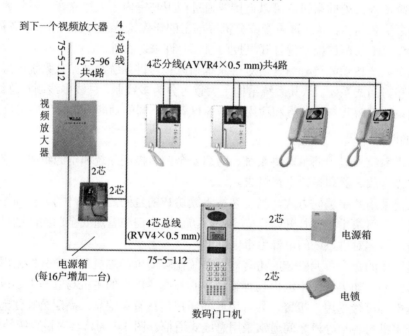

图 3-2　可视对讲系统结构图

3.2　可视对讲系统的设备组成

整个楼宇对讲系统由管理员室主机、楼道单元主机、室内分机、室外小门口机等构成。

系统配有管理员室主机和住户自家门口机，并可做成可视对讲式的。自家门口机具有门铃及与室内分机对讲的功能；室内分机还具有与管理员对讲、防盗门窗设定及消除、紧急求救等功能；管理员室系统主机具有各种报警及状况显示、与住户或单元门口机处人员对讲等主要功能。系统采用多位编、解码形式传输信号。

管理机接收各分机呼叫，并显示来电号码，能切换各门口主机上的视频信号至管理处监视器，主机呼叫管理机时，可控制电控锁。可干预各门口主机的呼叫，能显示各门口主机呼叫的房号，如管理机允许呼叫，可转接呼叫，如不允许可挂机。

楼道单元主机能与室内分机实现对讲，并接收室内分机遥控开锁。一栋楼可并接多台楼道单元主机，多栋楼所有主机可互联。楼道单元主机可接非接触卡读卡器，用户可通过刷卡开锁，也可通过用户室内分机密码实施开锁。

室内分机能实现楼内住户与住户之间的呼叫通话，并可通过楼道单元主机实现跨楼栋之间的呼叫通话，可直接呼叫管理处，可设置用户密码，用户可利用此密码实施楼道单元主机开锁。分机附带门铃接口，用户可在自己家门口接门铃按钮。

门口机主要用在住户门口，与室内分机相连，实现住户一对一对讲门铃功能。小门口机呼叫住户室内分机时，住户提机通话时可以按开锁键控制门口的电锁开锁。

楼宇对讲系统基本设备如图 3-3 所示。

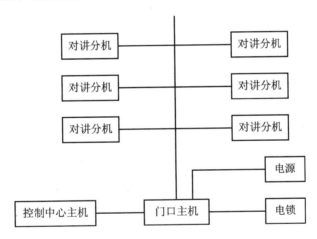

图 3-3　楼宇对讲系统基本设备组成

1. 门口主机

门口主机用于实现来访者通过机上功能键与住户的对讲通话，并通过机上的摄像机提供来访者的影像。机内装有摄像机、扬声器、麦克风和电路板，机面设有多个功能键，由系统电源供电安装在单元楼门外的左侧墙上或特制的防护门上，参见图 3-4。门口主机分为直接按键式(直按式)和数字编码式(数码式)两种。

直接按键式每键对应一住户，所以受机面空间的限制而容量少。数字编码式则由数字 0~9、* 和 # 共 12 键码组成，主机通过解码器识别各住户，一般调试好以后放置于较隐蔽处。

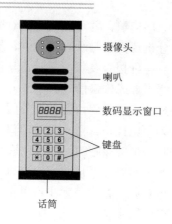

图 3-4 门口主机示意图

2. 对讲分机

室内对讲分机用于住户与访客或管理中心人员的通话、观看来访者的影像及开门功能，同时也可监控门口情况。它由装有黑白或彩色显示屏、电子铃、电路板的机座及监视按键、报警键和开锁键等功能键和手柄组成，由系统的电源设备供电，参见图 3-5。分机具有双向对讲通话功能，影像管显像清晰，呼叫为电子铃声。可视分机通常安装在住户的起居室的墙壁上或住户房门后的侧墙上，与门口主机配合使用。

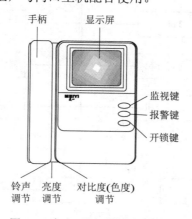

图 3-5 室内可视对讲分机示意图

3. 电源

楼宇对讲系统采用 220 V 交流电源供电，直流 12 V 输出。为了保证在停电时系统能够正常使用，应加入充电电池作为备用电源。

4. 电锁

电控锁安装在入口门上，受控于住户和保安人员，平时锁闭。当确认来访者可进入后，通过房主室内对讲分机上的开锁键打开电锁，来访者便可进入。进入后门上的电锁自动锁闭。另外也可以通过钥匙、密码或门内的开门按钮打开电锁。

5. 控制中心主机

大多数楼宇可视对讲系统中都设有控制中心主机(管理中心主机)，它设在保安人员值班室，主机装有电路板、电子铃、功能键和手机(有的管理主机内附荧屏和扬声器)，并可外接摄像机和监视器。

可视对讲系统可与管理中心进行通信：一是住户可在黑白可视分机上呼叫管理中心并进行通话；二是来访者也可在门口机上与管理中心通信，经管理中心确认来访者的身份后可向相对应的门口机发送电动锁控制指令，远程控制任何一个出入口电动锁的开启和关闭。因此管理中心要安装一台可视分机和一台门口机。

物业管理中心的保安人员可以与住户或来访者进行通话，并能观察到来访者的影像；管理中心主机可接收用户分机的报警，识别报警区域及记忆用户号码，监视来访者情况，并具有呼叫和开锁的功能。

3.3 可视对讲系统的应用原理

对讲系统的工作方式是：楼门平时总处于闭锁状态，避免非本楼人员在未经允许的情况下进入楼内，本楼内的住户可以用钥匙自由出入大楼。当有客人来访时，客人需在楼门外的对讲主机键盘上按出欲访住户的房间号，呼叫欲访住户的对讲分机。被访住户的主人通过对讲设备与来访者进行双向通话或可视通话，通过来访者的声音或图像确认来访者的身份。确认可以允许来访者进入后，住户的主人利用对讲分机上的开锁按键打开大楼入口门上的电控门锁，来访客人方可进入楼内。来访客人进入楼后，楼门自动闭锁。

住宅小区物业管理的安全保卫部门通过小区安全对讲管理主机，可以对小区内各住宅楼安全对讲系统的工作情况进行监视。如有住宅楼入口门被非法打开，或安全对讲主机或线路出现故障，小区安全对讲管理主机会发出报警信号，显示出报警的内容及地点。

小区物业管理部门与住户或住户与住户之间可以用该系统相互进行通话。如物业部门通知住户交各种费用、住户通知物业管理部门对住宅设施进行维修、住户在紧急情况下向小区的管理人员或邻里报警求救等。

1. 可视对讲系统的结构原理

楼宇对讲控制系统构成原理框图如图 3-6 所示。

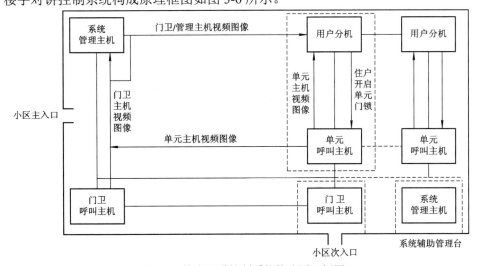

图 3-6 楼宇对讲控制系统构成原理框图

该系统具有如下特点：

(1) 视频双向传输。当客人来访呼叫住户时，门口的图像既传输到住户室内机，同时又传输到管理中心，即对房客进行全过程监控，并进行记录储存。

(2) 住户可看到管理中心的图像。住户呼叫管理中心或管理中心呼叫住户时，住户可以看见管理中心值勤保安人员的图像，实现面对面的通话。

(3) 管理中心可以主动监控每个门口的动态。只要键入楼栋号码，再按监视键即可监视该楼栋门口的图像。

(4) 分层解码器集多功能于一身。分层解码器集电源供应、视频放大、中继解码、短路保护、功率驱动于一身，即使是 30 层的高层建筑，或是 100 栋楼的大型小区，中途也无须增加任何电源供电器、视频放大器、短路保护器和功率驱动电路。

(5) 系统联网采用双总线制。当小区达到一定规模时，对讲系统的使用频率会相当高，此时难免会出现信号堵塞，客人等候的概率会大幅度增长，给客人带来不便。我们采用了双总线制联网设计，把信号堵塞的概率降低了 50%，使系统能顺利运作。

(6) 网络连接无需视频放大。小区联网时网络总线无需增加视频放大器。

(7) 总线采用可寻址传输模式。系统采用点对点可寻址的传输模式，主要解决视频传输的不匹配问题，从而解决了图像的重影、发白、模糊、跳动等问题。

(8) 联网的随意性强。可在联网总线上的任何位置接入管理中心或小区门口主机，可扩展性强，随时扩展下一期工程。

(9) 解码隔离技术。利用解码器隔离技术，提高了系统的稳定性，某户分机出现故障不会使系统瘫痪。

(10) 视频自动切换技术。采用视频自动切换技术，解决了图像双向传输问题。在数据传输方面，提高了数据收发的幅度，抗干扰性更强。采用更合理的通信协议，数据传输更可靠。

(11) 多媒体管理中心功能强大。多媒体管理中心具有强大的数据存储功能，可处理访客呼叫资料及图像存储，可处理住户呼叫管理中心的资料，可处理管理中心呼叫住户的资料，可处理住户安防报警资料，可处理非接触感应卡开门的资料。

(12) 系统的结构电路包括：① 300 MHz 高频发射与接收电路；② 双向通信、智能电话识别接口；③ 即抹即录、断电可保持录音系统；④ 交流供电及直流断电保护电路；⑤ 由微机控制的键盘、液晶显示屏、多路传感器输入、报警喇叭输出、电话录放音、遥控发射接收、断电保护等电路系统。

2．可视对讲系统的附加功能

访客对讲系统的功能可分为基本功能和附加功能(多功能)。基本功能为呼叫对讲和控制开门。附加功能有可视对讲、通话保密、通话限时、报警、双向呼叫、密码开门、区域联网、报警联网和内部对讲等。

1) 报警功能

目前市面上有多种带报警功能的楼宇对讲系统，使得专业报警系统能在寻常百姓家得到应用。一个具有报警功能的对讲主机应具有的基本功能包括以下几个方面。

(1) 报警信息确认。楼宇对讲的报警部分接收到报警信号，并上报管理中心，这时必须建立中心报警信息确认机制，管理中心接收到报警信息后，应对报警主机下发确认信号，表示中心已接收，而楼宇对讲报警主机在没有收到确认信号时，应重新发送。

(2) 报警信息校验。报警信息与楼宇对讲通信信息共用数据线路与管理中心联网，复杂的线路问题、通信冲突(报警与楼宇对讲信息)都有可能导致报警信息出错，必须对通信信息采用校验(例如 CRC 校验和等)机制。

(3) 主机撤防、布防功能。住户对楼宇对讲报警器撤防、布防时，报警器应该将状态上报给管理中心记录，有特别的意义。

(4) 中心主动撤防、布防功能。当住户外出忘记布防时，管理中心在授权的情况下，可以发送指令替住户主机进行布防，以避免出现不必要的损失，减少住户的麻烦。

(5) 通信侦听。报警信息采用主动发送模式，发送之前对通信线路进行侦听，避免出现数据追尾现象，确保一次通信成功。

(6) 自检功能。报警系统属于"不怕一万，就怕万一"的产品，在正常使用中看不出在工作，但是在出现警情的时候要确保报警成功。住户很难知道报警器是否正常，报警器设计应有自我检查功能，并将自检结果定时上报给管理中心，接受管理中心监控，出现故障立即维护。

住户使用报警器可能会产生纠纷，例如由于住户人为的原因没有对系统布防而外出，导致财物损失时，可能会认为是报警系统失灵，要求索赔。这种案例在现实中出现过多起，这时管理中心可以查询该用户撤防、布防记录进行确认；管理中心还可以及时对重要用户主机状态进行监控，甚至还可以由管理中心替住户主动撤防、布防。

一个具有报警功能的对讲主机要真正满足住户报警要求，必须具有可靠的通信保障。楼宇对讲报警模块接收到报警信号必须可靠地上报管理中心，不能出现误报尤其是漏报状况，确保报警成功。

好的报警主机必须拥有科学的通信协议。比如目前国际流行的 Ademco4+2、Ademco Contact ID 报警通信协议就制定得比较完善、科学。但是在民用场合，很多通信内容可以省去。

楼宇对讲报警系统的设计，要充分考虑到不同的使用对象、不同的使用环境，在技术设计上要吸收专业报警器的许多重要功能，才能保证报警系统在民用建筑中大量使用。

2) 录音功能

高级的楼宇对讲系统一般还配有带录音功能的设备。通常在音频传输方面，楼栋单元内设计了两个通道，一个通道用于室内机与中心管理机的通话，另一个通道用于门口主机和小区门口机与室内机的通话。楼栋外网设计了三个通道，一个通道用于门口机与中心管理机的通话，第二个通道用于室内机与中心管理机的通话，第三个通道用于小区门口机与室内机的通话，因此，可以实现多方同时通话。例如，门口机与单元内分机通话时，单元内另一分机可以和中心管理机通话，小区门口机还可以和另一单元的分机(或中心管理机)通话。带录音功能的楼宇对讲系统只是在此基础上增加录音即可实现。

3) 信息管理功能

　　具有信息管理功能的楼宇对讲系统是对原联网楼宇对讲系统的改进，基本保留了原联网互通系统所具有的强大功能，改进、增加了信息发布功能，室内机的操作以中文菜单显示。

　　信息发布的原理是在管理中心通过局域网以 TCP/IP 协议将需发送的信息传送到每个单元的转换器，转换器再将信息数据通过单元内 AJB 总线传送到室内分机存储，然后由分机中的专用模块将信息数据转换成视频信号在显示屏上显示出来。

　　信息发布功能可以接收管理中心发来的各类短信息，并以声光提示。可以存储管理中心发来的各类短信。短信息分类管理，可分为三类，即公共信息、重要信息、紧急信息。短信存储容量≤99 条，每条短信字数≤100 个。

　　查询功能可以查询短信息，可以查询分机的撤防、布防状态，可以查询分机的编码，可以查询报警延时时间，并有可视化菜单界面操作提示功能。

　　可视对讲系统使用时，通过观察器观看来访者的图像，可将不希望的来访者拒之门外，因而不会受到推销者的打扰而浪费时间，也不会面临受到可疑分子攻击的危险。只要安装了接收器，甚至可以不让人知道家中有人。当你回到家门口，说声"是我"，并按下呼出键，即使没人拿听筒，房间里的人也可以听到你的声音。如果你有事不能亲自开门，便可按下"电子门锁"开门。按下"监视按钮"即使不拿听筒，也可监听和监视来访者 30 s，而来访者却听不到房间里的声音。再按一次，解除监视状态。

　　这里以某款可视对讲系统产品为例，列举该可视对讲系统的一些功能特点：

- 通过室内分机可遥控开启防盗门电控锁；
- 门口主机可利用密码、钥匙或感应卡开启防盗门锁；
- 以不同音乐区分呼叫来源(门口机还是管理员机)；
- 楼栋内码相同之室内机可互相呼叫对讲；
- 室内机互相对讲时被门口机呼叫，其中一台拿起，其他机将自动切断；
- 被呼叫后，住户不需拿听筒即可直接按开门键开门；
- 可适用不同制式的双音频及脉冲直拨电话或分机电话；
- 可同时设置带断电保护的多种警情电话号码及报警语音；
- 自动识别对方话机占线、无人值班或接通状态；
- 可实现住户、访客语音(或语音图像)传输；
- 按顺序自动拨通预先设置的直拨电话，并同时传到小区中心；
- 重复通话按钮可自动呼叫系统上之警卫门口机至 4 台；
- 重复查看按钮可自动监看本频道系统上之门口机至 20 台；
- 24 小时回路，例如烟感或煤气探头和紧急按钮；
- 外围防护回路，适合接门窗磁簧；
- 内围防护回路，适合接红外探头，居家设定无效，内连梅花锁设定开关，操作方便；
- 外部设定开关，适合外接锁匙、刷卡机或密码盘或外部设定/解除指示灯；
- 警报输出回路，内建警报喇叭，并可外接警报喇叭或警示灯；
- 三个基本防护回路(电源由室内机提供)，更换背板可扩充至 9 个回路；

- 可同时接多路红外、瓦斯、烟雾传感器；
- 手动/自动开关、传感器的有线/无线连接报警方式；
- 高层住宅在火灾报警情况下可自动开启楼梯门锁；
- 高层住宅具有群呼功能，一旦灾情发生，可向所有住户发出报警信号。

3.4　联网型可视对讲系统分析

对于联网型可视对讲系统的设计，一般利用单元联网控制器和小区联网控制器来连接。

单元联网控制器是连接门口主机和管理中心的桥梁。向上连接门口主机，向下连接小区联网控制器。在联网型的系统中，每个单元都必须使用一个联网控制器，以便系统进行联网控制，然后所有的单元控制器连接到小区的管理中心。其他接线方式和非联网系统的接线方式是一样的。联网型可视对讲系统结构示意图和配置示意图分别如图 3-7 和图 3-8所示。

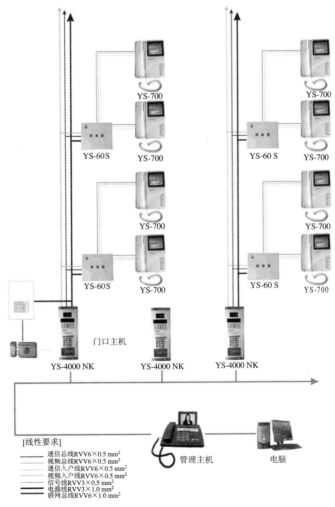

图 3-7　联网型可视对讲系统结构示意图

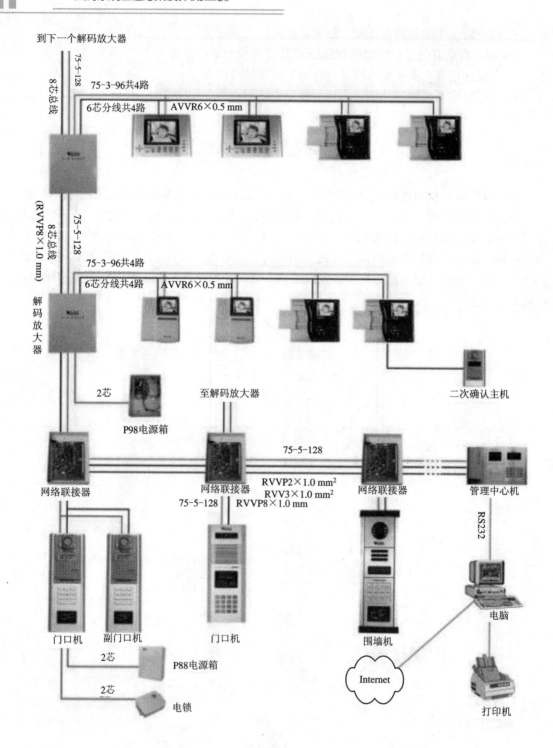

图 3-8　联网型可视对讲系统配置示意图

小区联网控制器是在对整个小区进行系统联网时使用的，当小区的单元较多或离管理中心的距离比较远时，就不能采用单元联网控制器直接连到管理中心的方法，应使用小区联网控制器对系统中的视频进行处理，然后再传到管理中心。和单元联网控制器不同，它有一个独立的选通接口，只有选通了相应的单元时才能和对应的单元进行通话。

系统联网主要采用级联方式(参见图 3-9)，一个小区联网控制器管理八个单元联网控制器，这八个单元的系统线和视频均在此小区联网控制器集中。然后再经过此小区联网控制器选择以后，才连接到管理中心。在布线的时候，从每个单元联网控制器来的系统线都必须到小区联网控制器集中，然后系统线中的选通和视频信号线连接到此小区联网控制器中，而其他的系统线集中后再连接到管理中心。视频线和选通经过处理后连接到管理中心最后一个小区联网控制器，经过再次选择后，再连接到管理中心。

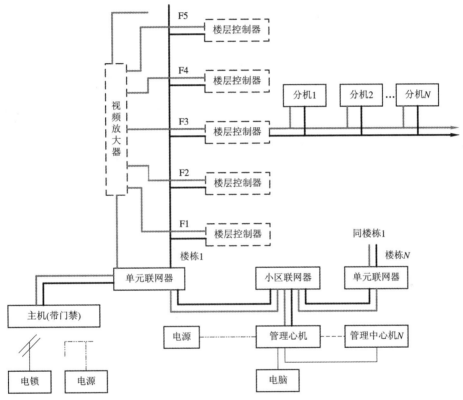

图 3-9　利用联网控制器组建可视对讲网络

在进行网络型可视对讲系统配置时，一般还需要用到楼层控制器。楼层控制器的作用有两个：中继放大和隔离保护。当系统信号线在传输中出现衰减的时候，就可以使用楼层控制器做中继以保证信号的正常传输。它最多可以带 12 户，也可以一户使用一个。当视频信号足够保证室内分机能正常使用的时候，就可以不需要楼层控制器的放大功能，此时可以进行跳线设置，让控制器直通。

图 3-10 是联网型可视对讲系统接线图。联网型的单元连线比非联网型单元的连线多了一个单元联网控制器。

NEC 可视对讲系统组网方式是利用联网切换器实现的。联网切换器 BC-130 是 NEC 可视对讲系统的主要组网设备，一台联网切换器 BC-130 接一台门口机，再连接到另一个门口的联网切换器或管理中心。通过这种组网方式可组合成一个超大型住宅小区的可视对讲系统。

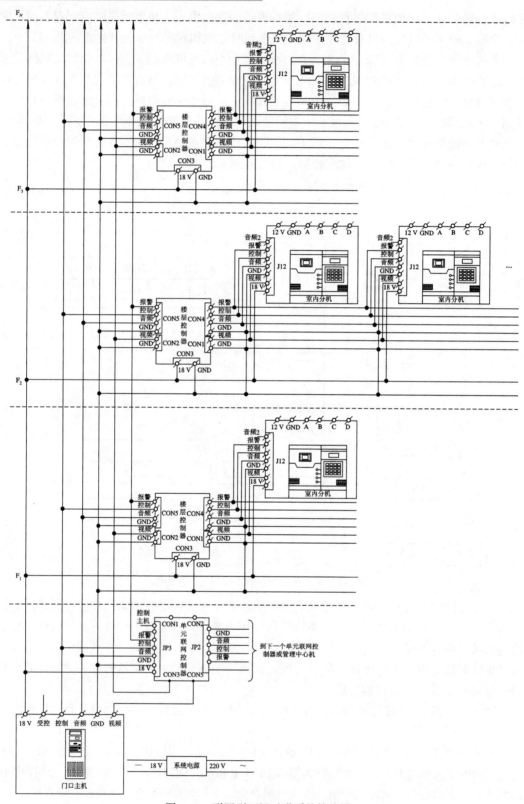

图 3-10 联网型可视对讲系统接线图

表 3-1 示出了安居宝联网可视对讲系统产品的功能、性能、配置对比，供设计时参考。

表 3-1 安居宝联网可视对讲系统产品对比表

项目 \ 型号		DF2001 系统	DF2002 系统	DF2003 系统
系统主要设备	PC	奔腾级(配带双视频输出显卡)	奔腾级(带网卡)	奔腾级(带网卡)
	管理机	DF2000-2T 一台 DF2000-2VCK 一台	DF2000-2V 一台 DF2000-2VC(可选)	DF2000-2V 一台 DF2000-2VC(可选)
	门口主机	DF2000ATVCK	DF2000AT 系列	DF2000AT 系列
	门口主机控制器	HY-CK	无	无
	小门口机	无	HY-171V/C(可选)	HY-171 V/C(可选)
	小区门口机	DF2000ATVCBK(可选)	DF2000ATVB(可选)	DF2000ATVB(可选)
	层间解码器	HY-CMAI	无	无
	分机	ST-201BVCKP ST-201BVCK(可选)	ST-201BVNMI	ST-201BVNT
	信号转换器	无	AJB-ARM	无
	交换机	无	10 M/100 M 快速以太网交换机	10 M/100 M 快速以太网交换机
	信号切换器	HY-001	无	无
	小区门口机控制器	HY-BCK	无	无
	智能节点	无	无	INOP-A-1
系统性能	电源电压	18 V、12 V	12 V	12 V
	室内机功耗	≤150 mA	≤200 mA	≤250 mA
	系统总线	AJB 总线	AJB 总线＋局域网	AJB 总线＋局域网
	处理器	8 位	8 位+32 位	8 位+32 位
	网络结构	分布式	分布式	分布式
系统功能	报警功能	紧急报警功能	八防区报警	最多可带 64 个智能节点，共 256 路，各路功能可灵活设置
	可视功能	彩色/黑白	彩色/黑白	彩色/黑白
	图像存储功能	可存 32 幅黑白图像	无	无
	短信功能	中文短信可存 32 条，每条 150 字，可发送图片信息	中文短信可存 99 条，每条 100 字，不可发送图片信息	中文短信可分三类，每类 50 条，每条 100 字，不可发送图片信息
	中文菜单	无	分类式中文菜单	下拉式中文菜单
	管理中心软件	有	有	有
	与外部联网功能	无	无	可选
	布线结构	AJB 总线	AJB 总线＋局域网	AJB 总线＋局域网
	在线升级	可现场对芯片编程，升级软件	可现场对芯片编程，升级软件	可通过局域网进行软件升级
	系统扩展性	良好	良好	优秀
	远程控制维护升级	无	无	有
	与旧系统兼容性	不可以	可以	可以
	对讲通道	外网与单元内网均为双声音通道	外网与单元内网均为单声音通道	外网与单元内网均为单声音通道
	短信传输方式	模拟视频信号，使用 75 Ω 同轴电缆	数字信号，使用 5 类线	数字信号，使用 5 类线
	隔离保护功能	有	有	有
	功能扩展性	功能扩展性不强	功能扩展性不强	功能模块化，可灵活增减系统功能
	在线侦测			可实时侦测分机是否在线
	布线要求	垂直干线：8 芯线＋视频线 联网总线：8 芯线＋双视频线 水平进户线：6 芯线＋视频线	垂直干线：6 芯线＋视频线 联网总线：4 芯线＋5 类线+视频线 水平进户线：6 芯线＋视频线	垂直干线：6 芯线＋视频线＋5 类线 联网总线：4 芯线+视频线＋5 类线 水平进户线：6 芯线＋5 类线＋视频线

3.5 可视对讲系统方案设计要点

3.5.1 可视对讲系统设计举要

可视对讲系统方案设计的技术关键点可归纳如下。

1．系统功能

1) 呼叫对讲功能

- 门口机可以选呼室内分机，选通后可以双向对讲。
- 小区门口机可以选呼室内分机，选通后可以双向对讲。
- 中心管理机可以选呼室内分机，选通后可以双向对讲。
- 门口机可以呼叫中心管理机，呼通后可以双向对讲。
- 小区门口机可以呼叫中心管理机，呼通后可以双向对讲。
- 室内机可以呼叫中心管理机，呼通后可以双向对讲。
- 室内分机可以监视门口机图像。
- 中心管理机可以监视门口机图像。
- 中心管理机可以监听各门口机。
- 多通道同时通话。
- 忙音提示。
- 隔离保护。

2) 门锁控制功能

- 室内机可以遥控门口机和小区门口机开锁。
- 中心管理机可以遥控门口机和小区门口机开锁。
- 可以通过门口机实施密码开锁。

3) 信息发布功能

- 可以在室内机浏览管理中心发布的文字信息或图片信息。
- 可以存储管理中心发布的个人信息。

4) 语音存储

(可选)

5) 图像存储

(可选)

6) 紧急报警

遇到紧急情况可向中心管理机发送求助、求援信号。

2．设计原则

(1) 进行方案设计时应充分了解小区的结构、规模及具体要求，采集的信息尽可能全面。

(2) 确定视频信号传输的方式。目前，解决视频信号传输问题有三种方案，第一种是用视频线传输基带信号，第二种是调制解调方式，第三种是混合方式。三种方案各有其优缺点，可根据具体情况灵活选用。

(3) 确定网络结构。网络结构应层次分明，线路最短化。

• 非联网型单元设计：非联网型的单元连线比较简单，它是信号直接从门口主机传输到楼层控制器中，经过放大后其楼层控制器安装在弱电井中。门口主机一般单独使用一个电源，室内分机一般 12 台使用一个电源，根据实际情况确定使用系统电源的数目。

• 联网型单元系统设计：联网型单元的连线比非联网型单元的连线多了一个单元联网控制器，在联网型的系统中，每个单元都必须使用一个联网控制器，以便系统进行联网控制。其他的接线方式和非联网的系统接线方式是一样的。

• 多入口单元系统设计：本系统支持多入口，使用主机选择器可以控制最多八个门口主机，主机选择器主要是对主机的视频信号进行处理，它和主机"受控"端一起完成对门口主机的选择，所以门口主机的视频信号和受控信号在连接到主机选择器时，需要视频信号和受控信号是一一对应的，否则主机选择器不能对视频信号进行正确的选择。

• 小区联网系统设计：本系统的联网方式主要采用级联方式，一个小区联网控制器管理八个单元联网控制器。此八个单元的系统线和视频均在此小区联网控制器集中，然后再经过此小区联网控制器选择以后，才连接到管理中心。

(4) 确认布线环境。布线环境不同，对线材的选取要求也不同，如存在强干扰的场合，应选取带屏蔽的线材。

(5) 高楼层的单元中，视频信号在楼道中有衰减，需要使用视频分配器对视频信号进行处理。

(6) 系统方案设计时还可以把报警、门禁系统集成进去。有时原来联网系统具有的一些功能在该系统中可能无法实现，如互通功能、挂接小门口机功能，这时应进行灵活的处理。

3. 设备配置

• 室内分机：室内分机有多种，其功能不同，应根据用户的要求选用，一般每户配一台。

• 层间解码器：每台层间解码器可配四台分机，可以两层一台，一层一台，一层两台。层间解码器已有视频分配功能，因此不需要再配视频分配器，但串接级数不应超过八级。

• 门口主机控制器：门口主机控制器是每个单元的控制中心，和门口机配合使用，每个单元一台。

• 门口主机：门口主机和门口主机控制器配合使用，每个单元一台。

• 小区门口机控制器：小区门口机通过小区门口机控制器联网，每台小区门口机配置一台小区门口机控制器。

• 小区门口机：视小区情况配置，与小区门口机控制器配合使用。

• 小区管理机：需配置两台，一台非可视，用于与室内机通话，另一台为可视机，用于与门口机通话。

• 信号控制器：当同时存在小区门口机和信息发布时需配置信号控制器，用于控制切换小区门口机图像信号和短信信号，整个小区配一台。

• 视频切换器：四进一出，根据具体情况配置，级联不应超过三级。

• 电源：配置电源时，应充分考虑负载和线损。

• 视频放大器：四路输出，每路可带 25 台分机，根据具体情况配置。

• 计算机系统：每个小区一台。

• 视频显示卡：根据需要配置。

4. 技术指标

- 系统编码容量：99 999 999 台。
- 系统输入电源电压：AC 220 V±15%。
- 系统工作电压：13 V±5%，18 V±10%(用于显示器供电)。
- 通话时间：≤60 s。
- 工作环境：湿度为 45%~95%；室内机工作温度为 -13~57℃，室外机为 -28~72℃。

3.5.2　可视对讲系统的配线及施工

网络型可视对讲系统的布线主要可分为三种：主干线、入户线、联网线。

主干线主要布置在单元的弱电井内，和强电线距离最少要有 60 cm。主干线的线材一般为 RVVP6×0.75 系统线和 SYV75-5 视频线，其中视频线的布置要根据单元的实际情况，当楼层较高需要使用视频分配器的时候，就需要多布置视频线，建议布置 5 根视频线。

入户线是指从弱电井中楼层控制器连接到室内分机的线，其中楼层控制器在实际中一般以楼层控制器箱的方式接线，具体的接线方法可以参看产品系统说明书中关于楼层控制箱接线的说明。入户线的线材一般为 RVVP6×0.5 系统线和 SYV75-3 视频线。

联网线布线要和工地的实际情况相结合，要做到布线的合理、科学和节省，建议在布线之前熟悉本系统的联网方式和工地情况；联网时可将单元分成很多的片区，片区间连线尽量控制在 600 m 以内为最佳；最长联网距离在电磁环境很好的条件下可达 1.5 km。别墅区的联网距离一般较长，视频信号的传输一般都需要使用中继器，但是放大次数不要超过 4 次。联网线的线材一般也为 RVVP6×0.5 系统线和 SYV75-5 视频线。

门前主机与室内分机实物接线图与安装接线图如图 3-11 和图 3-12 所示。

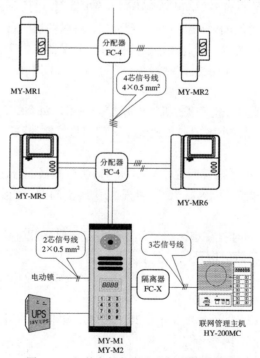

图 3-11　门前主机与室内分机实物接线图

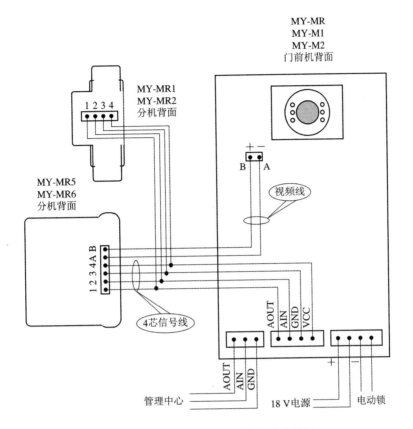

图 3-12　门前主机与室内分机安装接线图

以下对系统方案设计的接线方式进行分类说明。

1. 典型系统配线

配线时，应根据线长和系统的负荷以及建筑物内的布局和电气、电磁情况来灵活设计。下面给出正常情况下的配线参数供参考。

1) 视频线

视频线配线见表 3-2。

表 3-2　视 频 线 配 线

线　别	型　号	说　明
单元系统中干线	SYV75-5(5C 2 V)	当线长超过 100 m 且增益达不到 1 V_{pp} 时，可考虑增加视频放大器
单元系统中分户线	SYV75-3(3C 2 V)	当线长超过 50 m 时，可考虑用 SYV75-5(5C 2 V)线
连接管理中心	SYV75-5(5C 2 V) 或 SYV75-7	当线长超过 100 m 且增益达不到 1 V_{pp} 时，可考虑增加视频放大器

2) 控制线

控制线配线见表 3-3。

表3-3　控 制 线 配 线

线　别	线长	型　号	说　明
单元系统	≤30 m	RVVP4×16/0.15　0.3 mm²	1. 主干线与分户线应配线一致； 2. 一般情况下 2 芯电源线也与信号线配线一致； 3. 线长按最高楼层来计
	30～50 m	RVVP4×16/0.2　0.5 mm²	
	50～80 m	RVVP4×24/0.2　0.75 mm²	
	80 m 以上	RVVP32×24/0.2　1.0 mm²	
连接管理中心系统总线	≤100 m	RVVP4×16/0.2　0.5 mm²	1. 联网线可采用分片的方式尽量控制在 600 m 以内为最佳； 2. 最长联网距离在电磁环境很好的条件下可达 1.5 km
	100～200 m	RVVP4×16/0.2　0.75 mm²	
	200～600 m	RVVP32×24/0.2　1.0 mm² (或截面>1.0 mm²)	
	600 m 以上	RVVP4×48/0.2　1.5 mm²	

3) 电源线

可根据传输距离计算电压衰减值，POWER-18 V 输出电压为 DC18 V，分机工作电压为 DC18 V±10%。一般情况下，电源线可与控制线的规格相同。

2. 布线注意事项

布线应按照建筑电气之弱电系统工程的相关标准来设计。楼宇可视对讲系统特别强调以下注意事项。

(1) 视频线和控制线严禁与强电线包括 AC 220 V 连在一个线槽、桥架内。严格意义上讲，也不能同走一个线井，如无法分开走线井，也应间隔 60 cm 以上。

(2) 视频线和控制线尽量不要与有线电视、电缆、电话线走同一通道，如无法分开，控制线要用屏蔽线(RVVP)布线。

(3) 控制线也不能与其他系统的开关电源线走同一通道。

(4) 当线长超过 400 m 时，应考虑可靠地实现系统等电位连接，并接接地电阻(阻值≤4 Ω)。

(5) 系统线屏蔽层的首尾都一定要接到地线上。

3. 接线方式与工艺

系统配线的接线方式与工艺参见表3-4。

表3-4　系统配线的接线方式与工艺

线　别	接线方式	接头工艺	注 意 事 项
视频线	视频专用接头(座)BNC	可压线也可焊接	1. 线头不提倡用电工胶布缠绕，推荐使用热缩套后封装； 2. 中间不得有接头，应将接头尽量设在器材端子或端子附近； 3. 所有线上应有线号标识
控制线	接线端子(座)与线相接	螺丝压线、焊接、手工接线	

在楼宇可视对讲系统工程中，系统的配线、布线、接线是否合理、正确，直接决定着工程的质量，应由专业工程技术人员根据系统的要求，结合现场的工程设计及现场的电气环境和电磁环境设计出最佳的方案。

3.6　本章小结

　　对讲系统是在各单元入口安装防盗门和对讲装置，以实现访客与住户对讲或可视对讲，住户可遥控开启防盗门。这是防止非法侵入的第一道防线。随着信息时代的发展，楼宇对讲系统已经成为多功能、高效率的现代住宅的重要保障。楼宇对讲系统符合当今住宅的安全和通信需求，它是把住户的入口、住户及保安人员三方面的通信包含在同一网络中，实现住户与管理处、住户与住户、来访者与住户直接通话的一种快捷通信方式。系统采用密码开锁，实行一户一码制，使户主能方便地利用自己家的密码开门，保证了密码开锁的保密性、唯一性，并与监控系统配合，方便小区内住户之间的信息流通及来客、朋友的访问，为住户提供了安全、舒适的智能小区生活。

 **【实践材料 1】　典型可视对讲系统产品介绍**

1. 可视对讲机

　　型号：EHP8005(如图 3-13 所示)。

　　可视对讲机：黑白可视、对讲、开锁、呼叫、监视功能，壁挂式，免提操作对讲机。

　　4 防区安防报警接口(可扩展无线防区)。

　　工作电源：DC18 V。

　　环境温度：0～60 ℃。

　　环境湿度：<90%。

　　布线方式：总线转换切入。

　　安装：壁挂式。

图 3-13　EHP8005 室内分机

2. 数码式可视单元门口机

　　型号：EDM8601(深圳易天元)(如图 3-14 所示)。

　　最大容量可连接 9999 户室内分机。

　　防震、防水、防拆、防破坏设计。

　　总线制布线，安装、调试简便。

　　英文、数字显示，界面便于操作。

　　可与室内分机、管理中心实现呼叫、对讲及开锁。

　　凭密码开锁，用户可以自行修改。

　　支持通电开锁和停电开锁两种方式，可任意设定开锁至关闭时间的长短。

　　工作电源：DC 18 V。

　　环境温度：-10～+60 ℃。

图 3-14　EDM8601 可视单元门口机

布线方式：总线隔离切换。

摄像机：1/3 英寸 CCD 广角镜头。

最小照度：0.2 lx(含红外线辅光)。

功耗：＜10 W。

配置：嵌入式安装/三方免提通话/可更换式面板/1 路视频输出/监视、对讲、呼叫、开锁功能。

3．物业管理中心管理主机

型号：EDM8901(深圳易天元)(如图 3-15 所示)。

可连接 1000 台单元门口机。

总线制布线，安装、调试简便。

可呼叫各住户室内分机、各单元门主机及其他管理机。

可接收住户紧急报警，并显示警情类别及房号。

接警速度快，同时具备报警记录缓冲区，即使有多户同时报警也不会出现报警阻塞和丢失的现象。

可呼叫转移对讲、监视单元门口、开启电锁等。

可连接电脑，实现小区智能化管理。

自动定时关断。

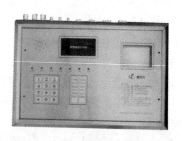

图 3-15　EDM8901 物业管理中心
管理主机

可存储报警房号(接驳电脑可无限扩展)。

可查阅报警号码。

报警号码删除：按清除键以倒序的方式清除。

工作电源：DC 18 V。

环境温度：0～＋60 ℃。

环境湿度：＜90%。

功耗：工作中最大功耗 20 W。

输出串口：RS-232。

配置：集中呼叫、对讲、开锁功能/查询报警信息/可联网 999 个单元门口机/距离 2 km。

4．主机选择器

型号：EDDS801。

用于管理多台门口主机。

室内分机按监视键可轮流选通本单元各室外主机。

最多选择 8 路。

门口主机呼叫室内分机时，只与该室外主机工作(显示图像、通话、开锁)。

工作电源：DC 18 V。

环境温度：−10～＋60 ℃。

环境湿度：＜90%。

布线方式：总线转换切入式。

耗电量：工作中最大功耗 4～6 W。

5．楼层控制器

型号：EDFC101(深圳易天元)。

配置：传输信号放大/干扰滤波/隔离通话。

中继放大：适用于高层、远距离中途信号增强放大。

隔离保护：隔离层间干扰，保护系统正常运作。

具有两路语音、数据通道和一路自动呼叫通道。

工作电源：DC 18 V。

环境温度：−10～+60 ℃。

环境湿度：<90%。

功耗：工作中最大功耗 4 W。

6．楼层视频分配器

型号：EDVA801(深圳易天元)。

配置：10 路视频输出/每路可驱动 4 台可视对讲分机。

视频信号放大、分配。

最多可选择 8 路。

线材损耗隔离。

在信号不足时使用。

工作电源：DC 18 V。

环境温度：−10～+60 ℃。

环境湿度：<90%。

输入阻抗：75 Ω。

输出峰值电压：1 V_{p-p}。

通频带：32 Hz～62 MHz。

耗电量：工作中最大功耗 4～6 W。

7．可视分机电源

型号：EDPW18 型/深圳易天元。

配置：220 VAC/18 VDC/可供 8 台室内用户可视端机。

工作电源：AC 220 V。

输出：18 VDC/3 A。

环境温度：−10～+60 ℃。

环境湿度：<90%。

8．小区联网控制器

型号：EDVN2801(深圳易天元)。

配置：RS-485 控制总线，可连接 10 个单元门口机。

小区联网使用。

音频视频八选一，即最多八单元配一个。

视频和音频信号隔离和转换。

具有两路语音、数据通道和一路自动呼叫通道，可以保障在中心线路正在使用时，报警可以正常传到中心。

工作电源：DC 18 V。

环境温度：−10～+60 ℃。

环境湿度：<90%。

耗电量：<4 W。

9. 单元联网控制器

型号：EDUN201(深圳易天元)。

小区联网使用时，每个单元使用一个。

在联网系统中，它可以保证各个单元对讲功能的独立性。

可以级联使用，也可以平行连接到小区联网控制器。

数据、视频和音频信号中继、隔离和转换。

自带三位编码，系统最多支持 999 个单元。

单元占线，语音提示。

具有两路语音、数据通道和一路自动呼叫通道，可以保障在中心线路正在使用时，报警可以正常传到中心。

工作电源：DC 18 V。

环境温度：−10～+60 ℃。

环境湿度：<90%。

耗电量：<4 W。

【实践材料 2】 **可视对讲系统的安装**

可视对讲系统为高档、精致产品，因为可视对讲工程的特殊性，需要在建筑工程完成前就进行安装。设备安装时，必须考虑其安装方式、高度以及注意事项，下面予以简要说明。

1. 门口主机的安装

EDM 系列别墅型门口主机分为主机体和底盒两部分，安装方式有两种，既可挂墙安装，也可以埋墙安装。底盒需要在工程进行中时就安装在相应的位置，安装高度为 1.5 m 左右(指摄像头的高度)；底盒尺寸为 150 mm×120 mm×20 mm，安装方式为埋墙安装，埋墙尺寸为 150 mm×120 mm×20 mm。

安装注意事项如下：

(1) 不要将摄像头面对直射的阳光或强光。

(2) 尽量保证摄像头前的光线均匀。

(3) 不要安装在强磁场的附近。

(4) 不要安装在背景声音大于 70 dB 的地方。

(5) 安装地方要注意不要让雨水进入装置。

安装示意图如图 3-16 所示。

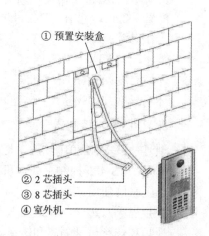

图 3-16　门口主机安装示意图

安装步骤如下：

(1) 先将底盒固定在事先挖好的孔上，使用螺钉穿过底盒挂孔。

(2) 连好线之后，就可以将主机体嵌入底盒。

(3) 使用螺钉穿过面板上的螺丝孔将其固定住即可。

2．室内分机的安装

EHP8003A 室内分机分为主机体和底盒两部分。底盒为埋墙或挂壁式安装，安装尺寸为 270 mm×230 mm×45 mm，一般安装在每一户的门口附近，安装高度在 1.5 m 左右，方便用户通话、开锁和开门。安装示意图如图 3-17 所示。

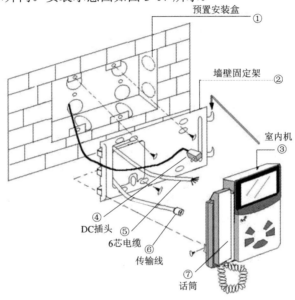

图 3-17　室内分机安装示意图

安装时只要先将系统连接线材插入装置背面的 IN 座，EHP8003A 室内分机的背面共有五个接口，从上往下看分别接紧急按钮、报警器、系统主线、小区门口机和智能主机，连线时系统联网的主干线必须在 0.75 mm 以上。所用系统内的电缆线与强电或 220 V 交流电缆必须相距 60 cm 以上。条件不允许的情况下，也必须加铁管或线槽屏蔽保护。

安装步骤如下：

(1) 先将底盒固定在事先挖好的孔上，使用螺钉穿过底盒挂孔。

(2) 将线材通过进线孔和主机连线，连好线之后，就可以将主机体嵌入底盒。

(3) 使用螺钉穿过主机顶部和底部两个隐藏固定孔将其固定好即可。

3．楼层控制箱的安装

楼层控制箱一般都是安装在每层的弱电井中，一般一层使用一个；如果是别墅，则一栋别墅使用一个。安装的地方距离强电至少要有 60 cm，以免干扰楼层控制器的正常工作。

楼层控制箱分为两种型号：EHDB102、EHDB103，均采用挂墙安装的方式。EHDB102 的安装尺寸为 248 mm×180 mm×60 mm，EHDB103 的安装尺寸为 200 mm×120 mm×45 mm。

安装时，先用铆钉穿过电箱底部的挂孔将电箱固定在墙上，箱体的四周都有敲落孔，施工的时候可以将其敲掉，方便接线。

4. 控制器的安装

ETY-2000可视对讲系统的控制器包括单元联网控制器、小区联网控制器、视频分配放大器和主机选择器。为了方便工程安装，它们采用统一的安装方式，使用统一的外壳和安装尺寸。在控制器的四周都有安装视频线专用的BNC接口，方便用户连接视频线。均采用挂墙安装的方式，安装尺寸为248 mm×180 mm×40 mm。

安装步骤如下：

(1) 将控制器的盒盖卸下。

(2) 用螺钉穿过盒底的安装挂孔将控制器固定在墙上。

(3) 将连线通过进线孔和控制器连接，连好线之后再将控制器盒盖拧紧。

5. 管理主机的安装

EDM8701/8711系列管理主机一般都安装在单元大堂的入口处，分为主机体(铁制品外壳)和主机面板两部分。主机体在接线之前就要固定在单元门口处。主机体的安装高度为1.5 m左右，对讲主机的安装高度在1.4 m左右，方便用户使用。主机面板的安装处为斜面，方便用户的使用。主机体系统线从主机体的底面进入，检查线路的时候，需要先使用钥匙将主机体后面的门打开，这样也可以防止人为的破坏。主机体安装的时候要固定牢靠，不能有任何松动，防止使用的时候发生意外。

将主机体固定以后，就可以将主机面板嵌入主机体的斜面上，使用装饰螺钉固定，接好线即可。安装示意图如图3-18所示。

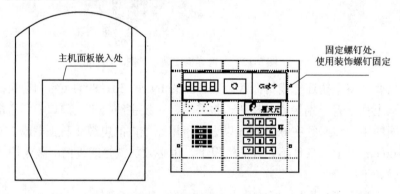

图3-18　管理主机安装示意图

6. 系统电源的安装

ETY2000可视对讲系统的一台电源一般可以为8～12台对讲装置供电，一般都安装在弱电井中。管理中心机的电源的安装要根据现场的情况而定；安装在弱电井中的电源一般采用挂墙式安装。电源箱外形尺寸为265 mm×155 mm×85 mm。安装步骤如下：

(1) 将电源箱放置在要安装的地方，最好和要供电的装置安装在一起。

(2) 用螺钉穿过盒底的安装挂孔将电源箱固定在墙上即可。

设备安装时，其安装方式、高度以及注意事项可参考表3-5。

表 3-5　可视对讲系统安装方式汇总

名　称	位　置	距　离	注意事项
主机类(包括单元门主机、围墙主机、住户门口主机)	可嵌入式安装在门体上,也可预埋式安装在墙体上	摄像机高度 1.45 m	1．不要让摄像机镜头面对直射的阳光或强光; 2．尽量保证摄像机镜头前的光线均匀; 3．不要安装在强磁场附近; 4．连接线在主机入口处应考虑滴水线; 5．彩色摄像机应考虑夜间可见光补偿; 6．不要安装在背景噪声大于 70 dB(A)的地方
室内系列分机	挂墙式壁挂安装;台式分机可置于桌面上	显示器高度 1.45 m	1．不要将显示屏面对直射的阳光或强光,彩色分机要注意光线角度; 2．不要安装在高温或低温的地方(标准温度应为 0～50℃); 3．不要安装在滴水处或潮湿的地方; 4．不要安装在灰尘过大或空气污染严重的地方; 5．不要安装在背景噪声大于 70 dB(A)的地方; 6．不要安装在强磁场附近
电源	明装挂墙,推荐使用工程箱	明装时高度应大于 1.5 m	1．注意通风散热; 2．注意用电安全,箱盖闭合
单元转换器、主机选择器、中继器	可以明装,推荐使用工程箱一起安装在单元门附近	明装时高度应大于 1.5 m	1．不要与其他强电系统在一起; 2．与其他弱电系统器材应保留 500 mm 间距
视频放大器	可以在弱电进井或楼面上明装(挂墙架或壁挂),推荐使用工程箱安装	在楼层墙面上安装时高度应大于 1500 mm	1．不要与其他强电系统在一起; 2．与其他弱电系统器材应保留 500 mm 间距
红外探测器	壁挂式、吸顶式安装	高度一般为 1.2～3.5 m	1．不要面对玻璃窗或窗口以及冷暖设备; 2．不要面对光源、移动物体(如风扇、机器); 3．避免高温、日晒、冷凝环境
门磁探测器	门框、门体嵌入式安装	一般在门体上部,磁铁与发码器的最大间距为 25 mm(无线式)	1．避免强磁场干扰; 2．安装牢固
烟感探测器	明装	一般安装在天花板上	避免高风速的位置
瓦斯探测器	明装	根据说明书	—
二次确认开关	明装	1.5 m	—
紧急按钮	明装	1.5 m 隐蔽处	—

一般地，可视对讲系统在购买后应合理安装，正确使用，妥善保养。为使产品能够正常工作，达到应有的使用寿命，一般应注意如下事项：

(1) 系统要求单独布线，不可与强电走一个电井，如果不能避开，也要与强电电缆的距离保持在 60 cm 以上。

(2) 不要把系统的控制和联网控制器安装在特别潮湿、多尘、高温或温度变化大的地方。

(3) 不要把系统安装在腐蚀性或氧化性气体的环境中。

(4) 门口主机不能安装在门上，而且要避免强光直射、雨雪直淋。

(5) 室内分机不要安装在电视机、电脑等电器附近，以免出现图像有干扰的情况。

(6) 系统所有的装置不要随便打开或自行进行改装调整，以免触电或损坏。

(7) 系统所有的装置都应该避免强烈的震动，不得碰撞、敲击，以免损害外壳或内部的精密器件。

(8) 不要用手及锐器触摸门口主机和室内分机的摄像和显示部分，以免出现显示不清楚的情况。

7. 布线要求

对讲系统的布线主要分为三个部分：主干线、入户线和联网线。系统安装时，一般使用多芯的屏蔽电缆，具体选择方法如表 3-6 所示。

表 3-6　对讲系统布线电缆的选择

	视频线	系统线	电源线	备　注
主干线	SYV75-5	AVVP6×0.5	包含在 AVVP6×0.5 中	屏蔽层作地线
入户线	SYV75-3	AVVP6×0.3	包含在 AVVP6×0.3 中	
联网线	SYV75-5	AVVP6×0.5	包含在 AVVP6×0.5 中	屏蔽层作地线

进行布线时，应对系统进行充分的了解，灵活配置和选用。具体布线时应充分考虑线长、布线环境、负载、线材质量、网络结构等因素。

(1) 水平入户线：采用六芯线一条，加上一条视频线或仅布一条五类线。

· 信号线：六芯线 RVV 或 RVVP，线长≤30 m 时，每芯截面≥0.3 mm^2；线长为 30～50 m 时，每芯截面≥0.5 mm^2；线长≥50 m 时，每芯截面≥0.75 mm^2。

· 视频线：线长≤50 m 时采用 75-3 或 75-5 线；线长＞50 m 时采用 75-5 线。

· 五类线：采用五类线时，线长不应超过 20 m。

(2) 垂直干线：一条四芯线＋两条两芯电源线＋一条视频线。

· 四芯总线：采用 RVV 或 RVVP。线长≤30 m 时，每芯截面≥0.5 mm^2；线长为 30～50 m 时，每芯截面≥0.75 mm^2；线长为 50～80 m 时，每芯截面≥1.0 mm^2；线长≥80 m 时，每芯截面≥1.2 mm^2。

· 两芯 12 V 电源线，规格参照四芯总线。

· 两芯 18 V 电源线，规格视线长和负载量而定，一般每芯截面≥0.75 mm^2。

· 视频线：采用 75-5 线。

(3) 联网总线：两条视频线＋两条两芯声音线＋一条四芯总线。

- 视频线：两条，一条用于将门口机视频信号传到管理机上，另一条用于将小区门口机的视频信号和短信息传到单元门口机。采用 75-5 线，距离远时采用 75-7 线。
- 两芯声音线：采用 RVV 或 RVVP 线，一般每芯截面应大于 1.0 mm^2，距离远时应加大每芯截面。
- 四芯总线：采用 RVV 或 RVVP，一般每芯截面应大于 1.0 mm^2，距离远时应加大每芯截面。

【实践材料 3】 **小区可视对讲系统设计案例**

1．系统概述

　　小区可视对讲联网系统是针对实行封闭式管理住宅小区的特点专门设计的系统产品。在本方案设计中，采用了深圳易天元网络控制有限公司设计生产的 ETY-2000 安保型楼宇可视对讲系统。该系统是在吸收国内外同类产品经验的基础上，由留学归国博士主持开发的新一代产品，在系统防雷、图像和语音处理、联网技术等方面做了重大改进，使系统的可靠性、稳定性和联网能力得到进一步的提高，是目前国内最先进、可靠的楼宇可视对讲联网系统。该系统以管理中心为核心，以楼宇可视对讲为主体，可与计算机系统相连接，实现呼叫、对讲、监视、开锁(钥匙、密码)、三方通话、IC 卡门禁、家居安防报警等多种功能，达到物业综合管理的最佳要求。

2．设计说明

　　依据设计要求及有关规定，结合公司的实践经验，对住户安保型可视对讲联网系统的规划设计如表 3-7 所示。

表 3-7　住户安保型可视对讲联网系统配置

序号	设备名称	安装位置	配置目的	配置	备 注
1	单元门口主机	每栋单元门	访问、开锁、可视对讲	134	与本单元住户及管理中心通信
2	室内对讲分机	住户室内	查询、开锁、双向对讲	2600	住户出入控制
3	管理中心主机	中心控制室	系统管理	1	管理小区所有分机

　　在小区每栋楼的单元大门各配置安装 1 台嵌入式可视单元门口主机，共 134 台，在管理中心配置 1 台管理中心主机，在每户室内配置安装一台普通黑白可视对讲室内分机，共 2600 台。表 3-8 给出了详细的系统配置。

表 3-8　系 统 配 置

小区基本信息					对讲系统设备配置								
楼号	层数	单元数	户数	总户数	室内机	楼层控制器	视频分配放大器	系统电源	后备电池	楼层箱	单元门口机	主机选择器	单元联网控制器
1 栋	6	4	2	48	48	24	0	4		24	4	4	
2 栋	6	4	2	48	48	24	0	4		24	4		4
3 栋	6	4	2	48	48	24	0	4		24	4		4
4 栋	6	4	2	48	48	24	0	4		24	4		4

小区基本信息				对讲系统设备配置								
楼号	层数	单元数	户数	总户数	室内机	楼层控制器	视频分配放大器	系统电源	后备电池	楼层箱	单元门口机	主机选择器	单元联网控制器
5栋	6	4	2	48	48	24	0	4		24	4		4
6栋	6	4	2	48	48	24	0	4		24	4		4
7栋	6	4	2	48	48	24	0	4		24	4		4
8栋	6	4	2	48	48	24	0	4		24	4		4
9栋	6	4	2	48	48	24	0	4		24	4		4
10栋	6	4	2	48	48	24	0	4		24	4		4
11栋	6	4	2	48	48	24	0	4		24	4		4
12栋	6	4	2	48	48	24	0	4		24	4		4
13栋	6	4	2	48	48	24	0	4		24	4		4
14栋	6	4	2	48	48	24	0	4		24	4		4
15栋	6	4	2	48	48	24	0	4		24	4		4
16栋	6	4	2	48	48	24	0	4		24	4		4
17栋	6	4	2	48	48	24	0	4		24	4		4
18栋	6	4	2	48	48	24	0	4		24	4		4
19栋	6	4	2	48	48	24	0	4		24	4		4
20栋	6	4	2	48	48	24	0	4		24	4		4
21栋	6	4	2	48	48	24	0	4		24	4		4
22栋	6	4	2	48	48	24	0	4		24	4		4
23栋	6	4	2	48	48	24	0	4		24	4		4
24栋	6	6	2	72	72	36	0	6		36	6		6
25栋	6	6	2	72	72	36	0	6		36	6		6
26栋	6	6	2	72	72	36	0	6		36	6		6
27栋	6	6	2	72	72	36	0	6		36	6		6
28栋	6	6	2	72	72	36	0	6		36	6		6
29栋	6	6	2	72	72	36	0	6		36	6		6
30栋	6	6	2	72	72	36	0	6		36	6		6
合计					1608	804	0	134	0	804	134	0	134

3. 应用效果

为了实现门禁、呼叫、对讲、监视、开锁(钥匙、密码)、联网的功能,整个小区配置管理中心机(EDM8901)一台,管理中心机可与管理计算机互连,对整个楼宇可视对讲系统和家居安防报警系统实行集中统一管理。在每栋大楼首层的单元入口处安装数码主机

(EDM8601)，主机可实现对讲呼叫和密码开锁。住户内安装安保型可视对讲分机(EHP8005)，住户可通过安装在单元门口主机的 CCD 摄像机和室内分机的监视屏观察来访者及门口的情况，可在室内为来客开启门锁，可与主机、管理中心实行多方面通话，用户间也可通过管理中心转接进行互相通话，也可通过 CALL 键呼叫保安员实现报警。管理中心机可开启每栋主机所带电锁，对保护业主生命、财产能起到积极作用。当住户发生警情，可通过系统将警情自动传送到小区管理中心。整个系统的结构清晰合理，各个系统既相互联系又相对独立，形成了一个全方位智能安防管理系统。

4．系统前端点位分布

系统前端点位分布如表 3-9 所示。

表 3-9　系统前端点位分布配置表

序号	名　称	型号	品牌	单位	数量	单价/元	合计/元
1	管理中心主机	EDM8901	易天元	台	1	2000	2000
2	单元门口主机	EDM8601	易天元	台	134	800	107 200
4	室内分机	EHP8005	易天元	台	1608	360	578 880
5	单元联网控制器	EDUN201	易天元	台	134	300	40 200
6	小区联网控制器	EDVN2801	易天元	台	18	400	7200
8	管理软件	对讲 EHP-2000	易天元	套	1	1000	1000
9	系统电源	EDPW18	易天元	台	134	150	20 100
10	楼层控制器	EDFC101	易天元	台	804	55	44 220
11	楼层控制箱(空箱)	120×200×40	易天元	台	804	20	16 080
12	视频分配放大器	EDVA801	易天元	台	0	150	0
13	备用电源	18 V	国产	台	0	20	0
19	闭门器		国产	套	134	150	20 100
20	电控锁		国产	个	134	120	16 080
21	视频线	SYV-75-3-64B	讯道	米	13 000	1.2	15 600
22	联网视频线	SYV-75-5-128B	讯道	米	8000	1.65	13 200
23	楼层对讲信号线	RVVP5×0.3	讯道	米	13 000	1.8	23 400
24	联网主干线	RVVP6×0.75	讯道	米	8000	4.3	34 400
26	辅助材料			批			10 000
	合　计						949 660

5．系统组成和原理结构

1) 系统组成

ETY-2000 安保型楼宇可视对讲系统由硬件设备和软件系统组成。硬件设备包括：

安保型室内分机	视频分配器
数码式可视单元门口机	主机选择器
小区联网控制器	楼层控制器
单元联网控制器	备用电源
管理中心机	系统电源
小区围墙机	红外无线幕帘
对讲门禁控制器	无线收/发模块
电控锁	紧急按钮
闭门器	

软件系统采用 ETY-2000 对讲软件。

2) 系统结构原理

对讲系统结构原理参见系统设备连接示意图(略)。

3) 系统组织结构

本可视对讲系统主要由报警按钮、数码式联网门口主机、可视安保室内分机、楼层控制器、单元联网控制器、小区联网控制器、系统电源、对讲门禁机和联网管理中心机等几部分组成。

楼内各用户分机由一条 5 芯屏蔽数据电缆和一条视频同轴电缆与楼层控制器连接,楼层控制器由一条 5 芯屏蔽线和一条视频同轴电缆连接至数码式联网门口主机,数码式联网门口主机与小区联网控制器之间通过一条 5 芯屏蔽线和一条视频同轴电缆连接,小区联网控制器与小区中心管理员机采用一条 5 芯屏蔽电缆和一条视频同轴网连接。

系统通过网络实现用户与门口来访者的通话和开锁功能,实现用户与管理处之间的通话功能。

每栋楼安装有一台单元门口机,当来访者按下住户相应的房间号时,被访住户即可从室内分机的监视器上看到来访者的面貌,同时还可按"对讲"键与来访者免提通话,若按下开锁按钮,即可打开大门口的电锁。对讲动作以免提方式进行,操作方便,音质清晰。

安装楼宇可视对讲系统的住宅楼园区设有管理中心,并安装有控制器,使住户与访客的直接沟通变成住户、管理中心与访客的三方沟通。在楼宇可视对讲监控系统中加入管理中心控制器,相当于增强了系统的安全防范能力,也进一步提高了物业管理部门对于住宅小区的综合治理能力。小区管理机可连接多达 1000 栋大楼主机及大楼管理机,实现小区管理机呼叫任何大楼管理机及任何分机,并与之通话的功能。同时,任何分机均可报警至小区管理机,小区管理机可显示报警分机的楼栋数及房号,使用非常方便。

4) 系统优点

与国内外同类产品相比,ETY-2000 安保型楼宇可视对讲系统具有以下优点:

(1) 防雷击能力强;

(2) 抗干扰能力强;

(3) 阻抗匹配合理,图像清晰稳定,长期运行稳定性好;

(4) 采用双通道数据传输技术,对讲时不影响报警信息的上传;

(5) 系统耗电低,电源系统可靠性高。

6．系统功能的实现

1) 可视对讲功能

- 可实现免提式可视对讲。
- 可实现二次确认功能，即住户对住户门外小门口机可视对讲功能，用于小区内复式房。
- 住户和管理员可双向呼叫对讲，同时不影响单元门口机和其他住户通话。
- 单元门口机可呼叫管理中心并双向对讲，同时不影响其他单元门口机和住户通话。
- 来访者通过小区门口机呼叫小区内的任意住户。
- 门口主机和单元内住户通话，不影响其他单元门口机和住户通话。
- 地下室设单元门口辅机，实现对讲、访客身份确认及开门功能。
- 住户可实行一卡通开单元门口锁。
- 可实现一家并两个住户分机的功能。
- 住户和管理员可遥控开启单元门口电锁。
- 整个系统配有后备电源，停电时，后备电源会自动开始工作，保证系统正常运行。
- 主机可以不接计算机而单独工作，当选配计算机后，管理主机可以将报警信息传给计算机，从记录中可以查看到住户登记资料和报警资料，同时便于在事件发生后取证。

2) 对讲管理软件(ETY-2000)

楼宇可视对讲系统的网络化，小区安全防范服务的日趋完善，应用电脑对整个小区的安防进行监视和记录，已经成为必然趋势。该管理系统在楼宇对讲的基础上增加了多种报警功能，能使小区管理中心及时发现和处理各种警情。系统记录大量的历史事件，方便日后分析和查询有关事件。ETY-2000 对讲管理软件是运行在 Windows 98 或 Windows 2000 平台上的 32 位应用程序，充分利用了计算机的多任务处理功能，保证了网络通信和数据的安全处理。其具体功能是：设置小区建筑分布图和楼宇对讲系统分布图，实时监视各监测点的状态，接收报警，指明报警地点及报警警种，自动记录报警事件，并可查询、打印，管理中心可与各门口主机对讲并具备开锁功能。

3) 可视对讲系统容量

一台管理中心主机可接 1000 个单元门口主机，适应小区有多个出入口的情况。一个单元门口主机可接 9999 个住户室内分机，适应高层建筑多户型。系统总容量不少于 9 999 000 户。

4) 可视对讲系统使用描述

(1) 从单元门口到住户的呼叫。

访客在单元门口机的键盘上直接输入住户的房间号码，然后按"确认"键，住户室内可视话机的显示屏上就会弹出访客图像，同时发出用户预先设定好的呼叫铃声。

住户在可视室内分机 EHP8005 上确认图像后可直接按"开门"键开门，或按下室内分机的"对讲"键，和来访者免提通话，并按"开门"键为访客开门。

用户可按"对讲"键切断对讲，关闭图像。另外，为避免阻塞通话通道，系统会在预定时间内自动中断(时间可调)。

在待机状态下，按可视对讲室内分机的"监视"按键，即可通过装在单元门口处的可视门口机监视入口的情况(不可通话)。

用户可自行调节可视室内分机铃声的大小及图像对比度等。

从门口机可以呼叫管理中心。

(2) 从住户门口到住户的呼叫。

访客按住户单元门口机 EDM8601 的按键时，住户室内可视话机的显示屏上就会弹出访客图像，同时发出用户预先设定好的呼叫铃声，这时可以和访客对讲通话，完成二次确认。对于复式楼层，上、下楼层的门口机的图像可以在上、下楼层的可视分机上显示。

(3) 管理中心主动呼叫住户。

在 ETY-2000 的管理软件界面上点击"呼叫"图标，可以按字母顺序或按事先排定的住户号码查找要呼叫的住户。选择了相应的住户后，软件会把正确的数据库记录拷贝到呼叫窗口并标识相应的呼叫登记。

这时按下管理中心机 EDM8911 的"对讲"键，它就会自动呼叫选定的住户，住户的室内分机就会发出振铃声，住户在振铃结束前按"对讲"键，即可与管理中心通话。只要按中心管理机的"对讲"键或住户室内分机的"对讲"键，即可切断通话。管理中心的软件也会在一分钟内自动切断通话。

(4) 主次出入口到住户的呼叫。

访客在主次出入口按门口机呼叫住户，住户室内可视话机的显示屏上就会弹出访客图像，同时发出用户预先设定好的呼叫铃声，这时可以和访客对讲通话，并可以发出开门信号。

7. 系统设备清单

(略)

8. 系统主要设备介绍

(略)

第 4 章

防盗报警系统的方案设计

防盗报警系统(也叫入侵报警系统)是防止非法侵入的第二道防线,该系统主要用于发现有人非法侵入(如盗窃、抢劫),并向住户和住宅小区物业管理的安全保卫部门发出报警信号,使人身和财产免受侵害。

4.1 防盗报警系统的基本组成

入侵报警系统是由多个报警器组成的点、线、面、空间及其组合的综合防护报警体系。入侵报警系统包括前端设备、传输设备和控制/显示/处理/记录设备。前端设备包括一个或多个探测器;传输设备包括电缆或数据采集和处理器(或地址编辑解码器/发射接收装置);控制设备包括控制器或中央控制台,控制器/中央控制台应包含控制主板、电源、声光指示、编程装置、记录装置以及信号通信接口等。

这里,声光指示、编程装置、信号通信接口可为分离部件,也可为组合或集成部件。入侵报警系统可以包括其他附加装置,但它们均应符合标准的相关要求。入侵报警系统中探测器与控制器之间、控制器与远程中心的信号传输可以采用有线或/和无线传输方式。

入侵报警系统可有多种构成模式。各种不同入侵报警系统的共同部分的基本构成如图4-1 所示。

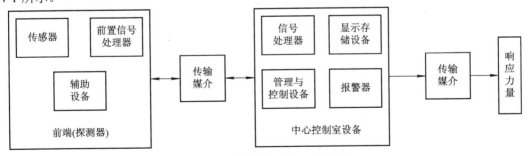

图 4-1 防盗报警系统的结构图

前端(探测器):探测入侵者的移动或其他动作的电子和/或机械部件所组成的装置和相关的控制设备。

中心控制室设备:接收前端信号并进行处理,对全系统进行控制。实现信息显示存储、资源管理、信息传送。

传输媒介:传输电信号(报警信号、控制信号、视频信号)的信道。

响应力量:人防。

4.2 入侵报警探测器

探测器是防盗报警系统的重要组成部分，根据不同的防范场所选用不同的信号传感器，如气压、温度、振动和幅度传感器等，来探测和预报各种危险情况。安装在墙上、门窗上的振动探测器、玻璃破碎报警器和门磁开关等可有效探测罪犯的入侵，安装在楼内的运动探测器和红外探测器可感知人员在建筑物内的活动，用来保护财物、文物等珍贵物品。

4.2.1 报警探测器的类型

入侵探测器是用来探测入侵者的移动或其他动作的电子及机械部件所组成的装置。包括主动红外入侵探测器、被动红外入侵探测器、微波入侵探测器、微波和被动红外复合入侵探测器、超声波入侵探测器、振动入侵探测器、音响入侵探测器、磁开关入侵探测器、超声和被动红外复合入侵探测器等。探测器通常按其传感器种类、工作方式和警戒范围来区分。

1. 按传感器种类分类

按传感器种类即按传感器探测的物理量来区分，通常有开关报警器，振动报警器，超声、次声波报警器，红外报警器，微波、激光报警器等。

2. 按工作方式来分类

(1) 被动探测报警器。在工作时无须向探测现场发出信号，而根据被测物体自身存在的能量进行检测。在接收传感器上平时输出一个稳定的信号，当出现情况时，稳定信号被破坏，经处理发出报警信号。

(2) 主动探测报警器。工作时，探测器要向探测现场发出某种形式的能量，经反向或直射在传感器上形成一个稳定信号。当出现危险情况时，稳定信号被破坏，信号处理后，产生报警信号。

3. 按警戒范围分类

(1) 点探测报警器。警戒的仅是某一点，如门窗、柜台、保险柜，当这一监控点出现危险情况时，即发出报警信号。通常由微动开关方式或磁控开关方式进行报警控制。

(2) 线探测报警器。警戒的是一条线，当这条警戒线上出现危险情况时，发出报警信号。如光电报警器或激光报警器，先由光源或激光器发出一束光或激光，被接收器接收。当光和激光被遮挡时，报警器即发出报警信号。

(3) 面探测报警器。警戒范围为一个面，当警戒面上出现危害时，即发出报警信号。如振动报警器装在一面墙上，当墙面上任何一点受到振动时即发出报警信号。

(4) 空间探测报警器。警戒的范围是一个空间，当空间中的任意一处出现入侵危害时，即发出报警信号。如在微波多普勒报警器所警戒的空间内，入侵者从门窗、天花板或地板的任何一处入侵都会产生报警信号。

一般磁控开关和微动开关报警器常用做点控制报警器；主动红外、感应式报警器常用做线控制报警器；振动式、感应式报警器常用做面控制报警器；而声控和声发射式、超声波、红外线、视频运动式、感温和感烟式报警常用做空间防范控制报警器，参见表 4-1。

表 4-1　前端探测器按警戒范围分类表

警戒范围	常用探测器种类
点控型	磁簧开关、微动开关、紧急报警开关、压力垫
线控型	主动红外探测器、激光探测器、泄漏电探测器、光纤探测器
面控型	振动探测器、玻璃破碎探测器、栏幕式红外探测器、微波墙式探测器、高压脉冲栅栏
空间控制型	微波、超声波、被动红外、声控、视频以及上述任两种技术组成的双技术探测器，GPS

4. 按报警器材用途分类

按报警器材用途不同分为防盗防破坏报警器、防火报警器和防爆炸报警器等。

5. 按探测电信号传输信道分类

按探测电信号传输信道的不同分为有线报警器和无线报警器。

4.2.2　常用报警探测器

1. 微波探测器

微波探测器是一种微波多普勒入侵探测器，常常被称为雷达探测器，因为它实际上是一种多普勒雷达。微波探测器是利用微波能量的辐射及探测技术构成的探测器，它是应用多普勒原理，辐射一定频率的电磁波，覆盖一定范围，以探测到在该范围内移动的人体而产生报警信号的装置。按工作原理的不同又可分为微波移动探测器和微波阻挡探测器两种。

1) 微波移动探测器

微波移动探测器(多普勒式微波探测器)一般由探头和控制器两部分组成，探头安装在警戒区域，控制器设在值班室。探头中的微波振荡源产生一个固定频率为 $f_0 = 300 \sim 300\ 000$ MHz 的连续发射信号，其小部分送到混频器，大部分能量通过天线向警戒空间辐射。当遇到运动目标时，反射波频率变为 $f_0 \pm f_d$，通过接收天线送入混频器产生差频信号 f_d，经放大处理后再传输至控制器。此差频信号也称为报警信号，它触发控制电路报警或显示。这种探测器对静止目标不产生反应，没有报警信号输出，一般用于监控室内的目标报警。

2) 微波阻挡探测器

这种探测器由微波发射机、微波接收机和信号处理器组成。使用时将发射天线和接收天线相对放置在监控场地的两端，发射天线发射微波束直接送达接收天线。当没有运动目标阻挡微波波束时，微波能量被接收天线接收，发出正常工作信号；当有运动目标阻挡微波波束时，接收天线接收到的微波能量将减弱或消失，此时产生报警信号。

微波多普勒入侵探测器如果安装恰当就很难被破坏。利用微波探测器还可以用一台设施来保护两个以上的房间。微波入侵探测器对于捕获躲藏起来的窃贼非常有效，只要躲藏的人进入保安区域就会触发探测器。

微波入侵探测器的主要缺点是安装要求较高，如果安装不当，微波信号就会穿透装有许多窗户的墙壁而导致频繁的误报。另一个缺点是它会发出对人体有害的微量能量，因此必须将能量控制在对人体无害的水平。此外，微波报警装置会受到空中交通和国防部门所用的高能量雷达的干扰。

2. 超声波探测器

超声波入侵探测器与微波入侵探测器原理一样，也是应用多普勒原理，通过对移动人体反射的超声波产生响应，从而引起报警。

超声波探测器的工作方式与上述微波探测器类似，只是使用的是 25～40 kHz 的超声波，而不是微波。当入侵者在探测区内移动时，超声反射波会产生大约 ±100 Hz 的频移，接收机检测出发射波与反射波之间的频率差异后，即发出报警信号。该探测器容易受到振动和气流的影响。

超声波报警装置的有效性取决于能量在保安区域内多次反射。墙壁、桌子和文件柜这样的硬表面对声波具有很好的反射作用，而地毯、窗帘和布等软质材料则是声波的不良反射体。因此，具有坚硬墙壁这样反射表面的小区域，比装有壁毯和许多窗帘的办公室所需的传感器少。充满软质材料的区域最好使用其他保安方法。

另外，如果房间里通风很好，或是房间的某个部位在加温，使空气流动较大，就会使相对安装的超声波探测器发生误报。因为在空气流动较大的情况下，如果发射信号顺风，发出的超声波到达接收机的速度就会较静止时快，这样一来，驻波波形就会被破坏，从而触发探测器。

超声波入侵探测器利用超声波的波束探测入侵行为，与微波入侵探测器一样是最有效的保安设施之一。超声波探测器必须对保安区域内的微小运动非常敏感，同时又不会受气流的影响。

3. 红外线探测器

红外线探测器是利用红外线的辐射和接收技术构成的报警装置，分为主动式和被动式两种类型。

1) 主动式红外探测器

发射机与接收机之间的红外辐射光束，完全或大于给定的百分比部分被遮断就能产生报警状态的探测装置就属主动式红外探测器。主动式红外探测器由收、发装置两部分组成，发射装置向装在几米甚至几百米远的接收装置辐射一束红外线，当被遮断时，接收装置即发出报警信号，因此它也是阻挡式探测器，或称对射式探测器。

主动式红外入侵探测器一般由单独的发射机和接收机组成，收、发机分置安装，性能上要求发射机的红外辐射光谱应在可见光光谱之外。当有人横跨过监控防护区时，遮断不可见的红外线光束而引发警报，所以常用于室外围墙报警。

红外对射探头要选择合适的响应时间：太短容易误报，如小鸟飞过、小动物穿过等，甚至刮风即可引起报警；太长则会漏报。通常以 10 m/s 的速度来确定最短遮光时间。例如若人的宽度为 20 cm，则最短遮断时间为 20 ms。大于 20 ms 报警，小于 20 ms 不报警。为防止外界干扰，发射机所发出的红外辐射必须经过调制，这样当接收机收到接近辐射波长的不同调制频率的信号，或者是无调制的信号后，就不会影响报警状态的产生和干扰产生的报警状态。

主动式红外探测器有较远的传输距离，因红外线属于非可见光源，故入侵者难以发觉与躲避，防御界线非常明确。尤其在室内应用时，简单可靠，应用广泛，但因暴露于外面，所以易被损坏或被入侵者故意移位或逃避。

2) 被动式红外探测器

被动式红外探测器不向空间辐射能量，而是依靠接收人体发出的红外辐射来进行报警。当人体在探测范围内移动时，引起接收到的红外辐射电平变化而产生报警状态。被动式红外入侵探测器采用热释电红外探测元件来探测移动目标。只要物体的温度高于绝对零度，就会不停地向四周辐射红外线，利用移动目标(如人、畜、车)自身辐射的红外线进行探测。

任何物体因表面热度的不同，都会辐射出强弱不等的红外线。物体不同，其所辐射之红外线波长也有差异。红外探测主要用来探测人体和其他一些入侵的移动物体。当人体进入探测区域，稳定不变的热辐射被破坏，产生一个变化的热辐射，红外传感器接收后放大、处理，发出报警信号。对其灵敏度的要求是，当人体正常着装，以每秒一步的速度，在探测范围内任意作横向运动，连续步行不到 3 m，探测器便能产生报警状态。由于暖气、空调等电器的影响，红外传感器容易产生误报。

与其他类型的保安设备比较，被动式红外入侵探测器具有如下特点：
- 不需要在保安区域内安装任何设备，可实现远距离控制，维护简便；
- 由于是被动式工作，不产生任何类型的辐射，不产生系统互扰问题，保密性强；
- 其工作不受噪声与声音的影响，不会产生误报，能有效地执行保安任务；
- 不必考虑照度条件，昼夜均可用，特别适宜在夜间或黑暗条件下工作；
- 由于无能量发射，没有容易磨损的活动部件，因而功耗低、结构牢固、可靠性高。

4. 双鉴探测器

各种探测器各有优缺点，前面提到的微波、红外、超声波三种单技术探测器因环境干扰及其他因素容易引起误报警的情况。为了减少误报，把两种不同探测原理的探测器结合于一体，组成双技术的组合探测器，即双鉴探测器，它使得只有当两者都处于报警状态时才发出报警信号，参见表 4-2。双技术的组合必须符合以下条件：

(1) 组合中的两个探头(探测器)有不同的误报机理，而两个探头对目标的探测灵敏度又必须相同。

(2) 上述原则不能满足时，应选择对警戒环境产生误报率最低的两种类型的探测器。如果两种探测器对外界环境的误报率都很高，当两者结合成双鉴探测器时，不会显著降低误报率。

(3) 选择的探测器应对外界经常或连续发生的干扰不敏感。

如微波与被动式红外复合的探测器，这种复合探测器由微波单元、被动红外单元和信号处理器组成，并装在同一机壳内。它将微波和红外探测技术集中运用在一体，微波和红外探测范围大小相当且重叠，在机壳内有调节两者重叠的装置。在控制范围内，只有两种报警技术的探测器都产生报警信号时，才输出报警信号。它既能保持微波探测器可靠性强、与热源无关的优点，又有被动式红外探测器无需照明和亮度要求的优点，可昼夜运行，大大降低了探测器的误报率。这种复合型报警探测器的误报率是微波探测器误报率的几百分之一。

表 4-2　单技术探测器与双技术探测器

探测器种类	单技术探测器				双技术探测器			
	超声波	微波	声控	被动红外	超声波—被动红外	被动红外—被动红外	超声波—微波	微波—被动红外
误报率	421				270			1
可信度	最低				中等			最高

又如利用声音和振动技术的复合型双鉴式玻璃探测器，探测器只有在同时感受到玻璃振动和破碎时的高频声音时才发出报警信号，从而大大减弱了因窗户振动而引起的误报，提高了报警的准确性。

5.声响入侵探测器

此类探测器除了可用于门户的入口控制以外，还可用来监控入侵者出现的区域，但这时警卫人员必须一直监听着是否有入侵行动所发出的声音。但另一方面，入侵者一般又都是尽可能地不出声的，尤其是一个警卫要监控几个不同的区域时困难就更大了。增加一个触发电路便可克服上述缺点。

声响入侵探测器有许多局限性。在正常条件下，当背景噪声在很宽的范围内变化时，这种探测器很容易造成误报。对于门窗上挂有较厚的帘子、地面铺有厚地毯的场合也不适用。此外，有的部门机械设备昼夜自动地接通、断开，会不停地产生声音，这时也不宜使用上述探测器。音响入侵探测器的突出优点是，它可用来鉴别引起报警的原因。

6.振动入侵探测器

振动探测器与声响入侵探测器实质上是相同的。振动系统的传感器是一个振动传感器，这种探测器必须要有机械位移才能产生信号。振动探测器最适合于文件柜、保险箱等贵重、机要特殊物件的保护，也适宜与其他系统结合使用，来防止盗贼破墙而入。振动探测器的有效性与应用的正确与否有很大关系。它常用来对某些一般情况下有人员在活动的保护区内的特殊物件提供保护。

7.接近探测器

接近探测器是一种当入侵者接近它(但还未碰到它)时能触发报警的探测装置。在室外应用接近探测器时很容易发生误报，必须在应用时采取特殊的措施。最常见的影响是温度和湿度的变化，下雨时影响就更大了，要采用高级的绝缘材料来支承敏感导线，以便将雨水的影响降到最低限度。

接近探测器更适用于室内，如对写字台、文件柜等一些特殊物件提供保护。通常被保护的物件是金属的，实际上可以构成保护电路的一部分。敏感导线接到柜子的框架上，作为敏感电路中电容器的一个极板。

接近探测器的主要优点是多用性和通用性，它几乎可用来保护任何物体，而且不会被几米以外的干扰所激发。一旦有人靠近珠宝箱、文件柜行窃时，便会触发报警，但附近的正常业务工作可以照常进行。接近探测器非常适合于对特定物件的保护。它的最突出优点是可以很方便地将被保护物体当作电路的一部分，因而只要有人试图破坏系统，就会立即触发报警。

接近探测器的主要缺点是太灵敏，如果为了适应某一种应用而把灵敏度调得太高，则容易造成频繁的误报。与其他系统不同，它不可能一插电源插头就开始正常工作，而必须进行一定的调整，使误报的概率降到最低限度。

8．红外体温探测器

红外体温探测器是光探测器的另一种形式，它可由入侵者身体发出的热能触发。这种探测器不会响应室温上升或下降的变化，但是当温度约等于人体温度的目标(如入侵者)从敏感区域进入非敏感区域时，探测器就能检测出辐射的差别，并触发报警。红外体温探测器的灵敏度很高，而且不容易被破坏。如果入侵者的体温与室内环境的温度一致，那么探测器就会失效，实际上这是很难实现的。

9．机电探测器

最简单的机电入侵探测器由围绕保护区域的闭合电路所组成，一旦入侵者进入该区域，即会破坏电路而触发报警。

机电探测器包括金属箔探测器、门磁开关、玻璃破碎探测器及倾斜与振动开关。

1) 金属箔探测器

最常用的机电探测器是将金属箔或金属带装在门窗上形成探测电路的组成部分，由于入侵行为而损坏金属箔时就会触发报警。

2) 门磁开关

门磁开关是一种广泛使用、成本低、安装方便，而且不需要调整和维修的探测器。门磁开关分为可移动部件和输出部件。可移动部件安装在活动的门窗上，输出部件安装在相应的门窗上，两者安装距离不超过 10 mm。输出部件上有两条线，正常状态为常闭输出，门窗开启超过 10 mm，输出转换成为常开。当有人破坏单元的大门或窗户时，门磁开关会立即将这些动作信号传输给报警控制器进行报警。

3) 玻璃破碎探测器

玻璃破碎探测器利用压电式微音器，装于面对玻璃的位置，由于只对高频的玻璃破碎声音进行有效的检测，因此，不会受到玻璃本身振动的影响而引起反应。该探测器主要用于周界防护，安装在单元窗户和玻璃门附近的墙上或天花板上。当窗户或阳台门的玻璃被打破时，玻璃破碎探测器探测到玻璃破碎的声音后即将探测到的信号传给报警控制器进行报警。在各类偷盗案件中，案犯以暴力手段打破玻璃门窗而侵入室内作案的案例占有相当大的比例，因此玻璃破碎探测器在防盗报警中具有很高的使用价值。

4) 倾斜与振动开关

顾名思义，所谓倾斜开关或振动开关就是能敏锐感知倾斜或振动而进行开、关的器件。

机电探测器最基本的优点是它的工作原理简单，电路元件很少，因此可靠性相对较高。只要安装与维护得当，再加装备份的隐蔽开关，机电探测器便具有较好的保安性能，可作为较高级报警系统的极好后备系统；另外，由于机电探测器可以看得见并易于识别，所以对大多数"业余"窃贼和破坏分子有一定的威慑作用，对于惯犯也有一定迷惑作用。比如说，当他发现机电探测器后，便会信心十足地先设法损坏探测器，然后放心地开始作案，这时他就可能触发更高级的报警系统。

但是机电探测器不可能保护所有可能进入保护区的通道，即使所有的门窗都装上这种探测器，入侵者仍可穿过墙壁、顶棚或地板而侵入室内。机电探测器的另一缺点是它的安装问题，如果缺乏想象力和安装经验，就不易取得好的效果。它的敏感元件十分暴露，容易被案犯处理后失效。

10．光电探测器

光电探测器利用光线直线传播的特点，因此它适合于探测出入口或较开阔而没有物体阻挡光束的区域。如果区域较大，可以使用镜子来反射光。光电探测器的主要缺点是，它不适用于短而又不直的通道。若用于短而不直的通道，则需使用多面镜子，而每面镜子的安装位置不准或被沾染污物都会造成误报。另外入侵者还可能利用镜子反射光束，用光束不被阻断的方法潜入保安区内而不被探测出来。

11．光探测器

光探测器是一种不用光源驱动的光探测器。这种装置可自动测出保安区内的光线强度，并能对突然的变化作出反应。

4.3　入侵报警控制器

4.3.1　报警控制器的功能原理

入侵报警控制器是实现信号接收与警报处理的系统装置，也称为防盗控制主机。它是报警探头的中枢，负责接收报警信号，控制延迟时间，驱动报警输出等工作。报警控制器采用微处理器控制，内有只读存储器和数码显示装置，有强大的信息接收和处理能力。报警控制器原理如图 4-2 所示。

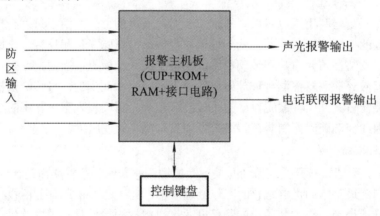

图 4-2　报警控制器原理图

入侵报警控制器应能直接接收入侵探测器发出的报警信号，它将某区域内的所有防盗防侵入传感器组合在一起，形成一个防盗管区，一旦发生报警，则在防盗主机上可以一目了然地反映出入侵发生的部位，并发出声光报警。

声光报警信号应能保持到手动复位，如果再有入侵报警信号输入时，应能重新发出声光报警信号。入侵报警控制器应能接受各种性能的报警输入，包括：

- 瞬间入侵：为入侵探测器提供瞬时入侵报警。
- 紧急报警：接入按钮可提供 24 小时的紧急呼救，不受电源开关影响，能保证昼夜工作。
- 防拆报警：提供 24 小时防拆保护，不受电源开关影响，能保证昼夜工作。
- 延时报警：实现 0～40 s 可调进入延时和 100 s 固定输出延时。

凡四路以上的防盗报警器必须有以上至少三种报警输入方式。优越的系统更可显示出警报来源是该区域内的哪一个报警传感器及所在位置，以方便采取相应的接警对策。现代的报警控制器普遍能够编程并有较高的智能，主要表现为：

(1) 以声光方式显示报警，可以人工或延时方式解除报警。

(2) 对所连接的防盗防侵入传感器，可按照实际需要设置成布防状态或者撤防状态，可以用程序来编写控制方式及防护性能。

(3) 可接多组密码键盘，可设置多个用户密码，保密防窃。

(4) 遇到有警报时，其报警信号可以经由通信线路，以自动或人工干预方式向上级部门或保安公司转发，快速沟通信息或者组网。

(5) 可以程序设置报警联动动作。即遇有报警时，防盗主机的编程输出端可通过继电器触点闭合执行相应的动作。

(6) 电话拨号器同警号、警灯一样，都是报警输出设备。不同的是警灯、警号输出的是声音和光，电话拨号器是通过电话线把事先录制好的声音信息传输给某个人或某个单位。

(7) 高档防盗主机有与闭路电视监控摄像的联动装置，一旦在系统内发生警报，则该警报区域的摄像机图像将立即显示在中央控制室内，并且能将报警时刻、报警图像、摄像机号码等信息实时地加以记录，若是与计算机连机的系统，还能以报警信息数据库的形式储存，以便快速地检索与分析。

4.3.2　报警控制器的基本形式

入侵报警控制器可做成盒式、挂壁式或柜式。入侵报警控制器按其容量可分为单路或多路报警控制器，多路报警控制器常为 2、4、8、16、24、32、64 路等。根据用户的管理机制以及对报警的要求，可组成独立的小型报警系统、区域互联互防的区域报警系统和大规模集中报警系统。

1. 小型报警控制器

对于一般的小用户，其防范的区域小，如银行的储蓄所，学校的财务室、档案室，较小的仓库等，可采用小型报警控制器。小型报警控制器一般由报警接收机结合电脑软件构成控制主机，其原理如图 4-3 所示。

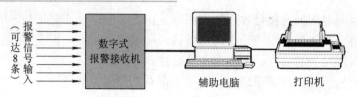

图4-3　小型报警控制器原理图

这种小型控制器的一般功能为：

· 能提供4～8路报警信号、4～8路声控复核信号、2～4路电视复核信号，功能扩展后，能从接收天线接收无线传输的报警信号。

· 能在任何一路信号报警时发出声光报警信号，并能显示报警部位和时间。

· 有自动/手动声音复核和电视、录像复核，对系统有自查能力。

· 市电正常供电时能对备用电源充电，断电时能自动切换到备用电源，以保证系统正常工作。另外还有欠压报警功能。

· 能向区域报警中心发出报警信号，具有延迟报警功能。

· 能存入2～4个紧急报警电话号码，发生报警情况时，能自动依次向紧急报警电话发出报警信号。

2. 区域报警控制器

对于一些相对规模较大的工程系统，要求防范的区域较大，设置的入侵探测器较多(如高层写字楼、高级住宅小区、大型仓库、货场等)，这时应采用区域入侵报警控制器。区域报警控制器具有小型控制器的所有功能，结构原理也相似，只是输入、输出端口更多，通信能力更强。

区域报警控制器与入侵探测器的接口一般采用总线制，即控制器采用串行通信方式访问每个探测器，所有的入侵探测器均根据安置的地点实行统一编址，控制器不停地巡检各探测器的状态。对于报警探测器所输出的短路型(ON)报警信号、开路型(NC)报警信号、电压型报警信号等多种形式的报警信号，报警主机均能正确识别并进行报警信息的处理。各报警点所发出的信号，经过报警控制主机汇总、识别、分类后，把属于撤防的报警点信息排除在外，对布防点的报警信息进行正确处理执行。

3. 集中报警控制器

在大型和特大型的报警系统中，由集中入侵控制器把多个区域控制器联系在一起。集中入侵控制器能接收各个区域控制器送来的信息，同时也能向各区域控制器发送控制指令，直接监控各区域控制器的防范区域。由于集中入侵控制器能和多台区域控制器联网，因此具有更大的存储容量和先进的联网功能。报警控制器主机系统如图4-4所示。

可通过操作控制键盘向报警控制器发送布防、撤防、总布防、总撤防命令。该报警控制器能将各报警点所发出的各种类型的报警信号，经过报警控制主机汇总、识别、分类后进行集中处理。集中入侵控制器可以直接切换出任何一个区域控制器送来的声音和图像信号，并根据需要用录像机记录下来。

报警控制器主机有分线制和总线制之分。所谓分线制，即各报警点至报警中心回路都有单独的报警信号线，报警探头一般可直接接在回路终端(为保证信号匹配，一般还需接入2.2 kΩ的匹配电阻)；而总线制则是所有报警探头都分别通过总线编址器"挂"在系统总线上再传至报警主机。由于警号回路电压一般都很低，所以分线制传输距离受到一定限制，而且当报警探头较多时线缆敷设较多，所以分线制一般只在小型近距离系统中使用。相比之下总线制虽然需要在前端增加总线编码器等设备(现在市面上已有将探头和编码器做在一起的总线探头出售)，但用线却相对很节省且传输距离可以长得多，在中大型系统中经常使用。

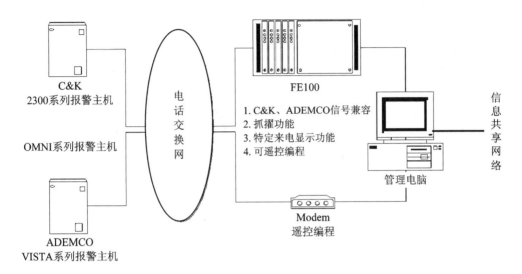

图 4-4 报警控制器主机系统

有些报警主机既提供分线制接头也提供总线制接头，用户只需选配相应模块即可得到相应的扩充。

4.3.3 报警控制器主机的外围设备

报警系统控制器主机的外围设备有操作键盘、开关锁、呼叫按钮、继电器联动器、防区扩充器(有线、无线、总线等)、警灯、警号等。

1. 紧急呼救按钮

紧急呼救按钮主要安装在人员流动比较多的位置，以便在遇到意外情况时，用手或脚按下紧急呼救按钮向保安部门或其他人进行紧急呼救报警。

2. 报警扬声器(警号)和警铃

报警扬声器和警铃安装在易于被听到的位置。在探测器探测到意外情况并发出报警时，报警探测器能通过报警扬声器和警铃发出高分贝的报警声。它一般为直流 6～15 V 供电，功率为 5 W、10 W、20 W 等。

3. 报警指示灯

报警指示灯主要安装在单元住户大门外的墙上。当报警发生时，便于前来救援的保安人员通过报警指示灯的闪烁迅速找到报警用户。它一般为直流6～12 V 供电，功率分为 5 W、10 W、20 W 等几种。

4.4　防盗报警系统的应用模式

防盗报警系统依报警方式不同分为自动报警和人工报警两种。所谓自动报警是指在建筑物内外的重要地点和区域布设探测装置，一旦非法入侵发生，则系统会自动检测到入侵事件并及时向有关人员报警；而人工报警是指在电梯、楼道、现金柜台等处安装报警按钮，当人们发现非法入侵或受到威胁时可手动报警。

防盗报警系统一般采取自动报警的方式，是用探测器对建筑物内外重点区域、重要地点布防，在探测到非法入侵者时，信号传输到报警主机，声光报警，显示地址。有关值班人员接到报警后，根据情况采取措施，以控制事态的发展。而且一旦有入侵报警发生，系统会自动记录入侵的时间、地点，并启动电视监视系统对入侵现场进行录像。

4.4.1　防盗报警系统的工作方式

1. 门磁开关的工作方式

当有人破坏住户的大门或窗户而非法侵入时，门磁开关动作，该动作信号传输给报警控制器进行报警。

2. 玻璃破碎探测器的工作方式

当有人打坏窗户或阳台门的玻璃而非法侵入时，玻璃破碎探测器探测到玻璃破碎的声音，并将探测到的信号传输给报警控制器进行报警。

3. 红外探测器、红外/微波双鉴器的工作方式

当有人非法侵入后，红外探测器通过探测到人体的温度来确定有人非法侵入，红外/微波双鉴器探测到人体的温度和移动来确定有人非法侵入，并将探测到的信号传输给报警控制器进行报警。另外，通过程序可设定红外探测器、红外/微波双鉴器的等级和灵敏度。

4. 紧急呼救按钮的工作方式

当遇到意外情况(如有人非法侵入或突发疾病)时，按下紧急呼救按钮向小区物业管理保安部门和邻里进行紧急呼救报警。

5. 报警扬声器、警铃的工作方式

当门磁开关、玻璃破碎探测器、红外探测器、红外/微波双鉴器、紧急呼救按钮等探测到有人侵入及报警后，报警控制器控制报警扬声器或警铃发出报警声音。

6. 报警指示灯的工作方式

如有报警发生，报警控制器控制报警指示灯开启，来救援的小区保安人员通过报警指示灯的闪烁迅速找到报警住户。

7. 报警控制器的工作方式

报警控制器可连接门磁开关、玻璃破碎探测器、红外探测器、红外/微波双鉴器、紧急呼救按钮、报警扬声器、警铃、报警指示灯、电话机等，它的工作方式包括以下几个方面：

- 可以根据需要通过程序设定防区和报警控制器的工作状态(全布防状态、半布防状态和撤防状态);
- 报警控制器可以接收各探测器的报警信号,发出声光报警信号并可根据程序联动控制相应的设备;
- 可对各种探测器的运行状态进行监视,如发现探测器发生故障或线路发生故障,报警控制器则发出故障报警信号;
- 具有探测器被破坏报警、线路被切断报警功能;
- 可以在报警控制器上根据需要进行布防和撤防的设置。

8．小区集中报警控制器的工作方式

小区物业管理的保安人员可以通过小区集中报警控制,对小区内各住户报警控制器的工作情况进行集中监视。如果有报警发生,它可监视到是哪户、哪个探测器报警,并对报警的内容进行记录和打印。 小区集中报警控制器还可与计算机连接,计算机在小区安全管理系统中运行,一旦住户有报警发出,计算机立即显示出报警住户建筑物的位置、报警住户的资料、报警住户的平面图、报警的探测器种类和位置等。

4.4.2　防盗报警系统的防护区划分

防盗报警的防护区域包括住宅周界防护和住宅内区域防护。住宅周界防护是指住宅四周的区域,如住宅的大门、阳台门、窗户等;住宅内区域防护是指住宅室内人们活动的区域,如住宅重要的房间、主要的通道等。一般可根据防护对象的重要程度设置如下形式的防区:

(1) 延时防区。安装于出入口位置的探头一般编为延时防区。在布防状态下,触发该防区不会马上报警,用户必须在特定的时间内(进入延时时间)输入密码,对报警主机进行撤防。在用户离家之前输入密码对报警主机布防时,必须在特定的时间内(退出延时时间)撤离警戒区。

(2) 即时防区。安装于边界的探头一般编为即时防区。在布防状态下,触发该防区会马上引起报警。

(3) 内部防区。安装于内部房间的探头一般编为内部防区。在布防状态下,触发该防区,如果在此之前延时防区也被触发,则不会马上报警;如果在此之前延时防区未被触发,则马上报警。

(4) 24 小时防区。紧急按钮或脚挑开关一般编为 24 小时防区。无论处于布防还是撤防状态,触发该防区马上引起报警。

4.4.3　防盗报警系统工作状态的设定

防盗报警系统的工作状态有三种,即全布防状态、半布防状态和撤防状态。可以在报警控制器上,通过输入密码对防盗报警系统的工作状态根据需要进行设定。

1．全布防状态

全布防状态适用于家中无人时。住宅周界防护的防盗报警设备(门磁开关、玻璃破碎探测器)和住宅内区域防护的防盗报警设备(红外探测器、红外/微波双鉴器)均设防。当有任何

非法侵入时，可被各种探测器发现，报警控制器则控制报警扬声器、警铃、报警指示灯发出声光报警信号，并通知小区物业保安部门。

2．半布防状态

半布防状态即住宅周界布防状态，适用于家中人员处于睡眠状态时。住宅周界防护的防盗报警设备(门磁开关、玻璃破碎探测器)设防，住宅内区域防护的防盗报警设备(红外探测器、红外/微波双鉴器)撤防，或根据住宅主人的需要部分住宅内区域防护的防盗报警设备设防、部分住宅内区域防护的防盗报警设备撤防。当有任何非法侵入时，可被各种探测器发现或按下紧急呼救按钮进行紧急呼救，报警控制器则控制报警扬声器、警铃、报警指示灯发出声光报警信号，并通知小区物业保安部门。

3．撤防状态

撤防状态适用于家中有人活动时。住宅周界防护的防盗报警设备(门磁开关、玻璃破碎探测器)和住宅内区域防护的防盗报警设备(红外探测器、红外/微波双鉴器)均撤防，这样可以保证家人在家的正常活动而不会触动报警。当有任何非法侵入时，可按下紧急呼救按钮进行紧急呼救，报警控制器则控制报警扬声器、警铃、报警指示灯发出声光报警信号，并通知小区物业保安部门。

4.4.4 防盗报警系统的性能指标

1．探测范围和灵敏度

探测范围是指系统设防空间(位置)的大小，灵敏度指对入侵的反应能力。系统探测范围应符合设计要求，灵敏度应符合产品标准规定。注意，入侵报警系统只对入侵有反应，即入侵物必须有运动。

2．漏报

漏报是指入侵已经发生，系统未能响应的情况。漏报警应完全防止，定期检测和维护是防止漏报的重要手段。

3．误报

误报是指在没有非法入侵的情况下引发的报警。误报警产生的原因分为五种类型：(1) 机器故障；(2) 设计、施工及保养检查不良；(3) 误操作；(4) 动、植物等自然资源；(5) 原因不详。避免误报在于合理设计，选用合适等级的设备，以及提高人员的管理和业务水平。

4．防破坏功能

面对任何破坏，包括拆卸、打开探测器或控制器，对信号传输线短路、断路或并接其他负载时，系统都应输出报警信号。

5．备用电源

在正常供电中断后，备用电源应自动接入并保证系统正常工作 24 小时以上(商业系统可放宽至 16 小时)。

6．可靠性

系统平均无故障间隔时间(MTBF)不得低于 5000 小时。系统验收后的首次故障时间大于 3 个月。

4.5 防盗报警系统的总体设计

4.5.1 防盗报警系统的设计原则

1．规范性和实用性

系统设计应基于对现场的实际勘察，根据环境条件、防范对象、投资规模、维护保养以及接处警方式等因素进行设计；应符合有关风险等级和防护级别的要求，符合有关设计规范、设计任务书及建设方的管理和使用要求。设备选型应符合有关国家标准、行业标准和相关管理规定的要求。

2．先进性和互换性

系统设计在技术上应有适度超前性和互换性，为系统的增容或改装留有余地。

3．准确性

系统应能准确及时地探测入侵行为、发出报警信号；对入侵报警信号、防拆报警信号、故障信号的来源应有清楚和明显的指示。系统应能进行声音复核，与电视监控系统联动的入侵报警系统应能同时进行声音和图像复核。系统误报警率应控制在可接受的限度内。入侵报警系统不允许有漏报警。

4．完整性

应对入侵设防区域的所有路径采取防范措施，对入侵路径可能存在的实体防护薄弱环节应有加强防范措施。所防护目标的 5 m 范围内应无盲区。

5．纵深防护性

系统的设计应采用纵深防护体制，应根据被保护对象所处的风险等级和防护级别，对整个防范区域实施分区域、分层次的设防。一个完整的防区，应包括周界、监视区、防护区和禁区四种不同类型的区域，对它们应采取不同的防护措施。

防护区内应设立控制中心，必要时还可设立一个或多个分控中心。控制中心宜设在禁区内，至少应设在防护区内。控制中心自身的防护等级与系统要防护的最重要区域的防护等级要相同。

6．联动兼容性

入侵报警系统应能与电视监控系统、出入口控制系统等联动。当与其他系统联合设计时，应进行系统集成设计，各系统之间应相互兼容又能独立工作。

联动就是入侵报警系统一旦发现报警信号，整个系统可以通过联动控制器自动打开电视监控系统进行摄像、传输、显示、记录等，自动打开出入口控制系统关闭出入口或限制出入等。

4.5.2 防盗报警系统的设计要求

1．系统基本功能

入侵报警系统一般要具有探测、响应、指示、控制、记录和查询、传输等基本功能。

1) 探测

入侵报警系统应对下列可能的入侵行为进行准确、实时的探测并产生报警状态:

- 打开门、窗、空调、百叶窗等;
- 用暴力通过门、窗、天花板、墙及其他建筑结构;
- 玻璃破碎;
- 在建筑物内部移动;
- 接触或接近保险柜或重要物品;
- 紧急报警装置的触发。

2) 响应

当一个或多个设防区域产生报警时,入侵报警系统的响应时间应符合下列要求:

- 分线制入侵报警系统:不大于 2 s;
- 分线制和总线制入侵报警系统的任一个防区首次报警:不大于 3 s;
- 其他防区后续报警:不大于 2 s。

3) 指示

入侵报警系统应能对下列状态的事件来源和发生的时间给出指示:

- 正常状态;
- 试验状态;
- 入侵行为产生的报警状态;
- 防拆报警状态;
- 故障状态;
- 主电源掉电、备用电源欠压;
- 设置警戒(布防)/解除警戒(撤防)状态;
- 传输信息失败。

4) 控制

入侵报警系统应能对下列功能进行编程设置:

- 瞬时防区和延时防区;
- 全部或部分探测回路设置警戒(布防)与解除警戒(撤防);
- 向远程中心传输信息或取消;
- 向辅助装置发激活信号;
- 系统试验应在系统的正常运转受到最小中断的情况下进行。

5) 记录和查询

入侵报警系统应能对下列事件进行记录和事后查询:

- 以上所有的指示状态和控制设置;
- 操作人员的姓名、开关机时间;
- 警情的处理;
- 维修。

6) 传输

- 报警信号的传输可采用有线和/或无线传输方式;

- 报警传输系统应具有自检、巡检功能；
- 入侵报警系统应有与远程中心进行有线和/或无线通信的接口，并能对通信线路故障进行监控；
- 报警信号传输系统的技术要求和串行数据接口的信息格式和协议应符合有关标准。

2．设备安装要求

防盗报警系统设备包括小区集中报警控制器、报警控制器、门磁开关、玻璃破碎探测器、红外探测器、红外/微波双鉴器、紧急呼救按钮、报警扬声器、警铃、报警指示灯等。入侵报警系统设备的安装、线缆的敷设等应符合有关国家标准、行业标准的要求和相关管理规定的要求。

(1) 报警控制器的安装：报警控制器安装在各住户大门内附近的墙上，以便人们出入住宅时进行布防和撤防的设置。

(2) 门磁开关的安装：住宅周界防护主要采用门磁开关，门磁开关安装在各住户的大门、阳台门和窗户上。

(3) 玻璃破碎探测器的安装：住宅周界防护还采用玻璃破碎探测器，玻璃破碎探测器安装在住户各个窗户和玻璃门附近的墙上或天花板上。

(4) 红外探测器、红外/微波双鉴器的安装：住宅内区域防护主要采用红外探测器、红外/微波双鉴器，红外探测器、红外/微波双鉴器安装在住户内重要房间和主要通道的墙上或天花板上。

(5) 紧急呼救按钮的安装：紧急呼救按钮主要安装在主卧室和客厅的墙上。

(6) 报警扬声器、警铃的安装：报警扬声器、警铃可安装在室内或阳台的墙上或天花板上。

(7) 报警指示灯的安装：报警指示灯安装在各住户大门外的墙上。

(8) 集中报警控制器的设置：集中报警控制器设置在住宅小区物业管理部门的安全保卫值班室内。

3．电源要求

入侵报警系统的电源装置应符合 GB/T 15408—2022 的要求。系统应有备用电源，其容量至少应能保证系统正常工作时间大于 8 h。备用电源可为下列之一或其组合：

- 二次电池及充电器；
- UPS 电源；
- 发电机。

4．安全性要求

(1) 入侵报警系统所使用的设备应符合 GB 16796—2022 和相关产品标准规定的安全性要求。

(2) 入侵报警系统的任何部分的机械结构应有足够的强度，能满足使用环境的要求，并能防止由于机械不稳定、移动、突出物和锐边造成对人员的伤害。

(3) 在具有易燃易爆物质的特殊区域，入侵报警系统应有防爆措施并符合有关规定。

(4) 室外有线入侵报警系统的线路宜屏蔽。

5．防雷接地要求

(1) 设计入侵报警系统时，选用的设备应符合电子设备的雷电防护要求。

(2) 入侵报警系统应有防雷击措施。应设置电源避雷装置,宜设置信号避雷装置。

(3) 系统应等电位接地,单独接地电阻不大于 4 Ω,接地导线截面积应大于 25 mm^2。

(4) 室外装置和线路的防雷和接地设计应符合有关国家标准和行业标准。

6. 环境适应性要求

(1) 入侵报警系统所使用的设备应能承受电磁兼容性试验要求,符合 GB/T 15211—2013 标准。

(2) 在有腐蚀性气体和易燃易爆的环境中工作的入侵报警系统设备,应有相应的保护措施。

7. 传输信道的选用

信道(传输系统)是探测电信号传送的通道,负责在探测器和报警控制中心之间传递信息(探测电信号)。传输信道的种类较多,通常分为有线信道(如双绞线、电力线、电话线、电缆或光缆等)和无线信道(一般是调制后的微波)两类。

4.5.3 防盗报警系统的一般设计规范

(1) 入侵防盗报警系统的设计必须按国家现行的有关规定执行,所选用的报警系统设备、部件均应符合国家有关技术标准,并经国家指定检测中心检测合格。

(2) 所有的防盗报警系统都应有自动报警探测器和手动报警探测器两种触发装置。

(3) 所有的入侵防范系统都应有报警的复核装置,如声音或图像。

(4) 入侵报警系统应具备盗窃、抢劫之报警功能,并具有与警方和保卫部门通信的手段。

(5) 入侵防范区域的划分,应以能明确区分发生报警的场所作为依据,而不能以安装报警探测器的数量或类型来划分。

(6) 防范区域的风险等级则以保护区的区域性质来决定,按入侵该区域后造成的社会和经济损害为依据,而不能按探测量的类型来区分。

(7) 防护级别是根据防范区域的风险等级、防范区域的性质而采取的防护措施的级别,防护级别应等同于或高于相对应的风险等级。

(8) 报警系统应有声光显示并能准确指示发出报警的位置。

(9) 报警系统应有防破坏功能。

(10) 人工触发的报警装置应有防止误动作的措施。

(11) 中心控制室应安全隐蔽,出入口应有防护装置。

(12) 系统设计应考虑到技术升级和系统扩容的可能性。

根据不同的防护级别,应设计相应的防护系统,设计应能完全满足防护级别的要求。

各个行业对各个部位的防护要求不一样,因此工程设计应按不同行业、不同级别的防护要求设置不同的报警系统,选用不同级别、不同功能的探测器、控制器和其他相应器件。

对高风险的特殊要害部门(如文博单位、银行、军事机关等),要按其风险等级和防护等级及用户现场情况作特殊设计。除具备以上原则外,有些方面还要加强,例如:

• 防范功能。文物安全防范系统工程应具备防入侵、防盗窃、防抢劫功能,其防范能力应与设计任务书的约定相一致。

- 传输系统。传输系统一般宜自敷专线传输报警信息，并配以必要的有线、无线转接装置，形成以有线传输为主、无线传输为辅的报警传输系统。
- 冗余性。系统设计要有用户认可的冗余性，以利于系统扩展时对功能和容量的要求，区域探测技术应不少于 2～3 种。
- 盲区要求。在防护区域内，入侵探测器盲区边缘与防护目的地的距离不得小于 5 m。
- 灯光照度。监视区应设置周界装置。警戒线需要灯光照明时，两灯之间距地面高度 1 m 处的最低灯光照度应在 20～40 lx 范围内。
- 禁区设置。禁区一般设置出入口控制装置，中心控制室一般宜设在禁区内。

4.6　报警中心的设计

报警服务中心能自动获取、传输报警及非报警信息，中心负责处理警情，在中心经过复核判断，查清原因，消除误报，经过证实后确认是有问题的，通知有关负责部门，以便实施打击罪犯或紧急呼救，整个过程才算结束。

报警中心引进先进的操作程序和严格的专业管理，提供一套安全、可靠和专业的报警中心监控服务，减少因误报而引致不必要的资源及人力浪费，以协助有关单位采取有效和适当的救援措施。

4.6.1　报警中心的组成

报警中心接收前端控制器发出的报警、撤布防、恢复等各种事件信息，处理报警事件并对其他事件进行监测，以保证前端控制器正常工作，确保用户的安全，避免或尽可能减少用户的损失。

报警中心由具备不同功能的各种服务器和工作站组成，一起协同完成报警接收、处理、转发、管理等一系列工作。服务器和工作站由受理台、接收设备、转发设备、网络设备、维护终端及服务器构成。报警中心组成参见图 4-5。

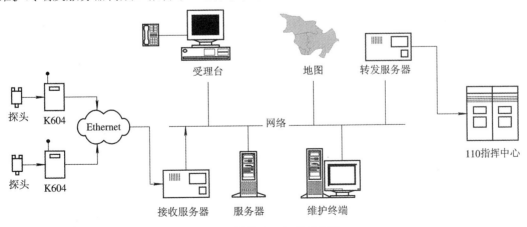

图 4-5　报警中心组成示意图

4.6.2 报警中心的功能

1. 接警设备

接警设备上安装了硬件接收设备以及相应的服务程序，用以接收来自于用户端的控制器事件，同时配有相应的调度程序，向不同的受理台发送控制器事件。

以太网传输接收设备驱动模块对应着计算机内的一个网卡，这块网卡的 IP 地址就是前端设备中设置的报警中心的 IP 地址。智能终端与报警中心基于 TCP/IP Socket 通信。

2. 受理台

受理台的任务可以根据所接收事件的不同性质或者用户范围的不同进行划分，完成不同的工作。例如：专门接收一般报警事件的受理台、专门接收紧急报警事件的受理台、专门接收用户设备工作状态的受理台。

(1) 事件接收：显示事件及报警用户的相关信息、发声提示、地图显示所在街区的位置、防区图显示内部探头的安装位置。

(2) 现场监听及录音：对于设定了自动监听功能的控制器，一旦有报警信号上传，系统就自动进入监听状态同时开始录音，报警中心的操作员可通过受理台的电话监听现场声音。如果操作员需要延长录音时间，系统就会自动向控制器方发出延长监听请求。对于已经录音的事件还可以进行重复播放。

(3) 报警转发：当确认某一报警事件需要由 110 指挥中心进行处理时，就可以向 110 进行转发，当转发设备与 110 建立连接以后，就可以与 110 进行通话，同时 110 也可监听现场情况。

(4) 用户浏览：可以按照用户范围、行业性质、所属派出所浏览用户信息。

(5) 系统事件记录：系统自动记录本台机器发生的所有系统事件，以便确认责任，便于系统维护。

(6) 用户状态管理：系统记录所有用户控制器的当前状态。

· 撤布防时间表：对于未能在规定的撤布防时间内撤布防的用户加以提示。

· 控制器运行状态表：实时记录和显示每个用户的控制器状态，对于异常状态未能在规定时间内得到恢复的那些用户，给以相应的提示。

· 控制器自动测试时间表：系统记录每个具有自动测试功能的控制器的测试间隔和最后一次测试时间，对于未能按时自动测试的用户给出提示。

· 报到管理：对于设置了任意事件报到的用户，在相应的时间间隔内，系统收到任何一个控制器事件都认为控制器正常报到。

3. 转发设备

当操作人员确认了报警事件需要派警的时候，向 110 指挥中心发送报警信息，操作员就可以与 110 方的操作人员进行通话，同时对方的计算机屏幕上显示出相应的用户信息以及案发性质及位置。

4. 维护终端

用于系统维护及用户管理，可录入、编辑、修改用户数据，进行系统设置、系统维护，编辑辅助数据库等。

5．数据库服务器

数据库服务器(如 SQL Server)完成系统所有的数据库操作及管理，包括数据库的建立、数据的读/写、数据备份恢复等。

4.6.3 报警中心工作过程

报警中心采用最先进及其经济效益的科技手段，有效防范因盗窃、暴力、火警、伤病等所引起的损害和伤亡。一般工作步骤是：截取信息—发送—接收—处理—证实—出动—清除。其具体工作过程可描述如下：

(1) 探头监测到报警信号或由人工启动紧急开关。

(2) 报警主机通过电话网自动向报警中心的接收设备拨号。

(3) 建立连接后，把报警信号传送给报警中心。

(4) 报警中心将接收到的用户主机所发来的信号，按事件的类型送到相应的受理台。

(5) 受理台显示发生警情的用户的相关信息。

(6) 监听现场情况，对警情信息进行分析和处理。

(7) 将需要处警的报警事件转发到 110 指挥中心或有关的处警单位。

4.7 智能家居防盗报警系统设计

下面介绍一种家用防盗报警系统。该防范系统是针对家居安防市场新研制的智能化系统，具有防盗、防劫、防煤气泄漏功能，采用先进的技防手段结合人防构成一个完整的全方位防范系统，可对住户实行 24 小时的安全保护。

4.7.1 报警系统性能描述

可以选择有线/无线报警系统对非法入室、紧急救援、煤气泄漏等各类警情或紧情进行自动报警。

以多功能报警控制主机为中心的有线/无线防区(八路无线、四路有线防区)，可以连接有线探头、有线门磁、有线煤气探测器。(若扩充四个无线防区，可以使用遥控器进行操作，可以随时随地进行无线报警或救助)

系统具有多种操作方式：可以使用电话机对系统进行操作，也可以在别处用电话进行操作；具备现场自动拨打接警电话功能，可以及时将各种报警信号以数字的形式传至报警中心；可以设置六路电话号码。

系统具备现场自动记录与提示功能。可进行循环语音信息播放及现场监听，接警后可用电话循环播放语音信息及重复监听现场，并可启动现场警号，核实为误报后可用电话键停止报警。使用电话线联网，移动方便。

该系统不需布线，安装、操作简单，适用于任何家庭。实行多级操作员管理，随时记录工作内容，以方便监督和管理。

如某智能防盗报警系统(这里以深圳市金慧聪公司的 JY-B2 标准型产品为例),该产品运用红外线对射、热释温感、磁开关闭合等原理,借助于电信网络,实现了家庭门、窗、阳台的全封闭隐形防范。特别值得一提的是,该系统还可融合消防中成熟的离子感烟火灾探测和燃气泄漏探测技术,可以在盗窃、抢劫、火灾、燃气泄漏及其他突发事件(如突发疾病)的情况下发出强大的警笛声来提示、阻吓和警戒,并在几秒钟以内迅速向设定的救援中心(如物业管理、公安派出所和保安等部门)及用户本人发出警情传递,即使用户在千里之外,对家中安全情况也了如指掌。

该产品的功能特点如下:

- 10 s 语言录音,6 路电话自动报警;
- 监听功能,可通过电话实现主动、被动监听现场;
- 无声报警与有声报警;
- 可实现用电话分机报警或报警至电话分机;
- 具备电话布防、撤防、修改、监听、启动现场警号等功能,实现远程异地遥控;
- 具备电话线剪线优先报警功能。无论电话被打进、打出占线发生报警时,主机优先拨号报警;
- 防劫求救功能。紧急情况下可按下遥控器的急救键,报警器会悄无声息地拨打 6 组预存报警电话发出求救信息;
- 具备先进的抗干扰、防雷击特性。

4.7.2 系统功能应用

防盗报警系统主要部件的功能如下所述:

报警主机:全无线发射及接收,遥控操作,使用安全,方便用户在家或出门在外时进行防区布、撤防。系统不需要布线,不破坏原有装修,安装时间不超过半个小时。采用标准通信格式,可与任何标准接警机、报警中心联网,也可取消报警。

报警探头:一旦发生煤气泄漏、火灾、门窗被他人推(拉)开,或他人非法闯入防区探测范围时,主机立即发出强烈的报警声,同时自动拨打用户的电话、手机等,播放报警语音,通知用户或小区物业管理中心有贼入室,并对现场实行电话监听。

防盗报警系统操作流程:用户出门时只需按一下遥控器的布防键,若忘记按键或在外地可通过电话进行布防,布防以后只要小偷进入到已布的防区,报警器就会立即拨打电话通知用户,还可设置报警时伴有巨大的警铃声,小偷听到后恨不得能飞起来跑才好,若设置不发出警铃声,则小偷不会察觉,会继续作案,这时就可以将其擒获。

防盗报警系统原理如图 4-6 所示。

防盗报警系统的主要应用如下:

(1) 家庭盗贼侵入主要是通过门和窗,门盗的比例又大于窗盗。在每个住户大门上安装有一个门磁感应器。如有盗匪撬门,门磁感应器会即刻将此信息传输给家庭报警主机,主机报警,将此信息传输到控制中心,中心会立即显示报警地点、性质(门盗)。

(2) 窗盗采用红外线感应探头在每套房的窗口及阳台进行布防,当有盗贼从窗口或阳台进入时,探测器立即将此信号通过家庭主机传输至控制中心。同时,家庭主机也报警,控制中心会立即显示出报警地点、性质(窗盗)。

(3) 煤气泄漏也是现代家庭不得不防的安全隐患,这里采用了煤气感应报警器,安装于厨房。当煤气泄漏达到一定浓度后,感应器立即将此信号通过家庭主机传输到报警中心。

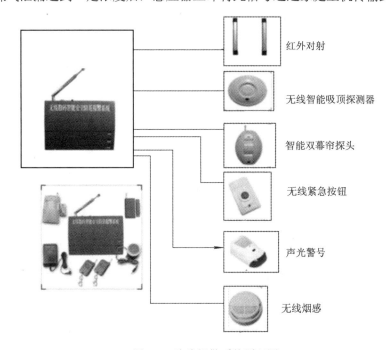

图 4-6 防盗报警系统原理图

4.7.3 应用方案设计

为了设计经济又安全的家庭防范系统,就需要根据家庭的实际户型、经济水平和理想中的防范效果作出合理的安防配置方案。目前国内的户型以两房一厅和三房一厅居多,对于此两种户型又可根据消费者的实际消费能力作出高、中、低三个档次的设计方案。

1. 两房一厅经济型方案

两房一厅若要全封闭防范,就要对两个卧室、一个阳台、一个厨房和一扇主大门进行防范。针对一些经济能力中等的,却又想用高科技防范的家庭,可采用 JY-B2 标准型+门磁传感器来解决。因为门磁传感器是利用磁开关断开原理实现报警的,一般将门磁发射器安装在门板上,将磁体装在门框上,盗贼若想从门进入家中就必须推开门,当门板与门框之间产生位移,门磁发射器和磁体也必将产生位移而发出信号使主报警器报警。由于门磁模具非常小巧,故此类门磁也可安装在窗户上与窗框上变成窗磁来用,一旦盗贼推窗或拉窗就产生报警。三房一厅视实际情况多加两副窗磁即可。

2. 两房一厅标准型方案

门磁传感器用于防窗盗,优点是价格便宜、安装方便,缺点是若盗贼用玻璃刀划破玻璃钻入家中则系统会失效,所以针对有此种顾虑的客户可推荐使用幕帘探测器来防窗盗。幕帘探测器也称被动红外幕帘探头,其工作原理主要靠被动地吸收人体移动时身体中散发出的红外热能来产生报警。由于幕帘探测器的菲涅尔透镜是经过特殊处理的，所以可以把幕帘的宽度控制在 20 cm，也就不影响主人在家的活动。具体配置：JY-B2 标准型 1 套，无线红外幕帘探测器 3 只(2 只防卧室，1 只防阳台)。

3．两房一厅豪华型方案

用红外幕帘探测器防窗盗的优点是安装方便，价格适中，在盗贼打开窗户企图进入时就触发报警；缺点是不能防宠物，体型比老鼠大的小动物，热量可能正好被吸收，因此有可能产生误报。此时，用红外防卫栏杆来防范是最佳的。红外防卫栏杆也叫对射式红外探测器或数码隐形防盗网，栏杆是一对，一侧为发射端、一侧为接收端。发射端发射红外线，接收端接收红外线，形成几束看不见、摸不着的网状红外线，一旦盗贼从窗进入，必将遮断两侧的红外线而触发报警。由于红外防卫栏杆集防水、防强光、防宠物、防断电四大功能于一身，因此成为一些高端客户的首选防窗盗产品。红外防卫栏杆的发射端与接收端之间有 30 m 的距离，可以同时解决在一个平面的二至三扇窗的防盗问题，同时又比较经济。一般两房一厅和三房一厅用 JY-B2 再配上两至三对红外防卫栏杆即可。具体配置：JY-B2 标准型 1 套，无线红外对射 3 对。

4.8　周界防护系统的方案设计

周界防护系统能实现小区周边翻越报警、红外线监控、现场声音警报，防止非法入侵。

建立周界防护报警系统，在小区围墙和栅栏上或内侧安装红外线探测器，当发生非法翻越时，探测器将警情及时传到智能化控制中心，中心将在模拟电子地图上显示出翻越区域，以利于保安人员及时准确地处理警情。

建立封闭式的小区，防范闲杂人员出入，同时防范非法人员翻越围墙或栅栏，周界报警系统是实现小区周边公共安全的主要手段，通常同闭路电视监控系统相配合，防止各种越墙而入的犯罪活动，将罪犯拒之于小区围墙之外，为小区居民提供一个稳定、安全的生活环境。周界防护报警示意图如图 4-7 所示。

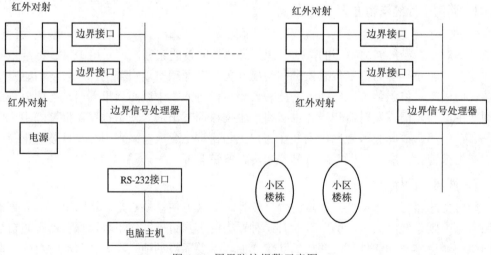

图 4-7　周界防护报警示意图

　　周界防护报警系统主要由红外对射探头、边界接口、边界信号处理器、管理机或计算机组成。边界接口主要用来捕捉红外对射探头的报警信号并及时地送给边界信号处理器。边界信号处理器一方面对每个边界接口进行查询，监督其运行情况，一方面将边界接口送来的报警信号传给管理机或电脑以便发出报警信号，同时闭路电视监控系统根据边界接口送来的报警信号，自动把摄像头切换到发出报警信号的地点并对所发生的情况进行录像。

　　本例所述周界防护报警系统设于小区周围围墙之上(参见图 4-8)，利用遍布四周的多对红外对射探测器实现小区的周边防范。若有人翻越围墙，则立即发出报警信号，并将报警信息传至报警中心控制器，由控制器可确定出何处发生报警，并立即派人处理。

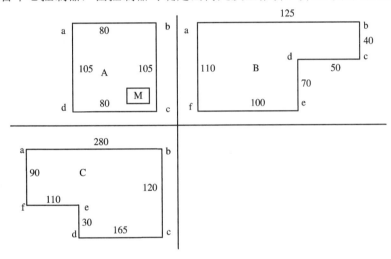

图 4-8　小区周界平面布置图

1. 系统组成及功能

　　(1) 报警控制器 1 台，设于警卫值班室，24 小时值班。接收来自前端探头的报警信号，对前端探头集中管理。

　　(2) 前端设备：小区周界的各段距离如下所示，前端设备则布置于各段边界上，采用室外对射式主动红外探测器，设于周边围墙上。若有人翻越围墙，则立即发生报警，并将报警信号传至报警控制器。

　　　　A 区——ab：80；bc：105；cd：80；da：105。

　　　　B 区——ab：125；bc：40；cd：50；de：70；ef：100；fa：110。

　　　　C 区——ab：280；bc：120；cd：165；de：30；ef：110；fa：90。

　　　　M——控制中心。

　　注：所有探测器需走线至中心值班室报警控制器。

2. 报警过程

　　(1) 在围墙上面设置多对红外对射探测器，每一对由一个发射器和一个接收器组成，设置成一道无形的红外墙，一旦有人设法跳越，则立即发生报警并将报警信号传至值班室的报警控制器。报警控制器收到报警信号后立即发出声光报警，并显示出是何处发生报警，提示值班人员派人前去处理。

(2) 报警控制器可通过一根电话线连入小区报警中心，将报警、布防、撤防等信息传至报警中心，由报警中心进行管理和记录。

3．器材选用和报价

(1) 报警控制器选用美国 C&K 的 16 防区控制器。配置如下：

主机 2316TL	1 台	2615 元
键盘	1 个	710 元
变压器	1 个	155 元
蓄电池	1 个	150 元
频闪灯	1 个	140 元

总计：3770 元。

(2) 对射探测器选用日本艾礼富的四光速、可变频的室外型红外对射式探测器，可极大降低误报率，性能价格比较好。共设置 17 对红外对射式探测器，每一对距离最远可达 150 m 或 250 m。具体配置如下：

拟选用探测器	数量/副	单价/元	金额/元
ABT-30	1	1780	1780
ABT-60	2	2190	4380
ABT-80	3	2780	8340
ABH-100	4	4430	17 720
ABH-150	7	4950	34 650

总计：66 870 元。

4．工程概算

现只做设备款概算，设备款为

$$报警控制器＋前端＝3770＋66\ 870＝70\ 640(元)$$

4.9　防盗报警系统的工程施工

4.9.1　一般要求

(1) 入侵报警系统工程施工现场必须设一名现场工程师，以指导施工进行，并协同建设单位做好施工中隐蔽工程的检测与验收。

(2) 入侵报警系统工程施工前应具备下列图纸资料：

· 探测器布防平面图、中心设备布置图、系统原理及系统连接图。

· 管线要求及管线敷设图。

· 设备、器材安装要求及安装图。

(3) 入侵报警系统施工应按图纸进行，不得随意更改。确需更改原设计图纸时，应按程序进行审批，审批文件(通知单等)需经双方授权人签字后方可实施。

(4) 入侵报警系统竣工时，施工单位应提交下列图纸资料：

- 施工前全部图纸资料。
- 工程竣工图。
- 设计更改文件。
- 检测记录。包括绝缘电阻、接地电阻等测试数据。
- 隐蔽工程的验收记录。

4.9.2　入侵探测器的安装

(1) 入侵探测器(以下简称探测器)安装前要通电检查其工作状况，并作记录。

(2) 探测器的安装应符合现行国家标准《电气装置安装施工及验收规范》(注：此为相关标准汇编本名称，以下沿用)的要求。

(3) 探测器的安装应按设计要求及设计图纸进行。

(4) 室内被动红外探测器的安装应满足下列要求：

- 壁挂式被动红外探测器应安装在与可能入侵方向成 90°角的方位，高度 2.2 m 左右，并视防范具体情况确定探测器与墙壁的倾角。
- 吸顶式被动红外探测器一般安装在重点防范部位上方附近的天花板上，必须水平安装。
- 楼道式被动红外探测器必须安装在楼道端，视场沿楼道走向，高度 2.2 m 左右。
- 被动红外探测器一定要安装牢固，不允许安装在暖气片、电加热器、火炉等热源正上方；不准正对空调机、换气扇等物体；不准正对防范区内运动和可能运动的物体。防止光线直射探测器，探测器正前方不准有遮挡物。

(5) 主动红外探测器的安装应满足下列要求：

- 安装牢固，发射机与接收机对准，使探测效果最佳。
- 发射机与接收机之间不能有可能遮挡物，如风吹树摇的遮挡等。
- 利用反射镜辅助警戒时，警戒距离较对射时警戒距离要缩短。
- 安装过程中注意保护透镜，如有灰尘可用镜头纸擦干净。

(6) 微波—被动红外双技术探测器的安装应满足下列要求：

- 壁挂式微波—被动红外双技术探测器应安装在与可能入侵方向呈 45°角的方位(如受条件限制应优先考虑被动红外单元的探测灵敏度)，高度 2.2 m 左右，并视防范具体情况确定探测器与墙壁的倾角。
- 吸顶式微波—被动红外双技术探测器一般安装在重点防范部位上方附近的天花板上，必须水平安装。
- 楼道式微波—被动红外双技术探测器必须安装在楼道端，视场正对楼道走向，高度 2.2 m 左右。
- 探测器正前方不准有遮挡物和可能遮挡物。
- 微波—被动红外双技术探测器的其他安装注意事项可参考被动红外探测器的安装。

(7) 声控—振动双技术玻璃破碎探测器的安装应满足下列要求：

- 探测器必须牢固地安装在玻璃附近的墙壁上或天花板上。
- 不能安装在被保护玻璃上方的窗帘盒上方。

- 安装后应用玻璃破碎仿真器精心调节灵敏度。

(8) 磁开关探测器的安装应满足下列要求：

- 磁开关探测器应牢固地安装在被警戒的门、窗上，距离门、窗拉手的距离为 15 cm。
- 舌簧安装在固定的门、窗框上，磁铁安装在活动门、窗上，两者对准，间距在 0.5 cm 左右为宜。
- 安装磁开关探测器(特别是暗装式磁开关)时应避免剧烈冲击，以防舌簧管破裂。

(9) 电缆式振动探测器的安装应满足下列要求：

- 在网状围栏上安装时，需将信号处理器(接口盒)固定在栅栏的桩柱上，电缆敷设在栅网 2/3 高度处。
- 敷设振动电缆时，应每隔 20 cm 固定一次，每隔 10 m 做一个半径为 8 cm 左右的环。
- 若警戒周界需过大门，可将电缆穿入金属管中，埋入地下 1 m 深度。
- 在周界拐角处须作特殊处理，以防电缆弯成死角和磨损。
- 施工中不得用力牵拉和扭结电缆，电缆外皮不可损坏，电缆末端处理应符合《电气装置安装工程施工及验收规范》的要求，并加防潮处理。

(10) 电动式振动探测器的安装应满足下列要求：

- 远离振源和可能产生振动的物体。如：室内要远离电冰箱；室外不要安装在树下等。
- 电动式振动探测器通常安装在可能发生入侵的墙壁、地面或保险柜上，探测器中传感器振动方向尽量与入侵可能引起的振动方向一致，并牢固连接。
- 埋在地下时，需埋在 10 cm 深处，并将周围松土砸实。

4.9.3 报警控制器的安装

(1) 报警控制器的安装应符合《电气装置工程施工及验收规范》的要求。

(2) 报警控制器安装在墙上时，其底边距地板面高度不应小于 1.5 m，正面应有足够的活动空间。

(3) 报警控制器必须安装牢固、端正。安装在松质墙上时，应采取加固措施。

(4) 引入报警控制器的电缆或导线应符合下列要求：

- 配线应排列整齐，不准交叉，并应固定牢固。
- 引线端部均应编号，所编序号应与图纸一致，且字迹清晰不易褪色。
- 端子板的每个接线端接线不得超过两根。
- 电缆芯和导线留有不小于 20 cm 的余量。
- 导线应绑扎成束。
- 导线引入线管时，在进线管处应封堵。

(5) 报警控制器应牢固接地，接地电阻值应小于 40 Ω(采用联合接地装置时，接地电阻值应小于 10 Ω)。接地应有明显标志。

4.9.4 报警系统的布线

(1) 报警系统布线应符合《电气装置工程施工及验收规范》的要求。

(2) 报警系统的各种导线原则上应尽可能缩短。

(3) 在管内或槽内穿线，应在建筑抹灰及地面工程结束后进行。穿线前应将管内或线槽内积水及杂物清除干净。穿线时宜抹黄油或滑石粉。进入管内的导线应平直、无接头和扭结。

(4) 导线接头应在接线盒内焊接或用端子连接。

(5) 不同系统、不同电压等级、不同电流类别的导线，不应穿在同一管内或同一线槽内。

(6) 明装管线走向及安装位置应与室内装饰布局协调。

(7) 在垂直布线与水平布线的交叉处要加装分线盒，以保证接线的牢固和外观整洁。

(8) 当导线在地板下、天花板内或穿墙时，要将导线穿入管内。

(9) 在多尘或潮湿场所，管线接口应作密封处理。

(10) 一般管内导线(包括绝缘层)总面积不应超过管内截面的 2/3。

(11) 管线两固定点之间的距离不能超过 1.5 m。下列部位应设置固定点：

- 管线接头处；
- 距接线盒 0.2 m 处；
- 管线转角处。

(12) 在同一系统中应将不同导线用不同颜色标志或编号。如电源线正端用红色，地端用黑色，共用信号线用黄色，地址信号线用白色等。在报警系统中地址信号线较多，可将每个楼层或每个防区的地址信号线用同一颜色标志，然后逐个编号。

(13) 对每个回路的导线用 500 V 兆欧表测量绝缘电阻，其对地绝缘电阻值不应小于 20 MΩ。

4.9.5　报警系统的调试

1．一般要求

(1) 报警系统的调试应在建筑物内装修和系统施工结束后进行。

(2) 报警系统调试前应具备该系统设计时的图纸资料和施工过程中的设计变更文件(通知单)及隐蔽工程的检测与验收记录等。

(3) 调试负责人必须有中级以上专业技术职称，并由熟悉该系统的工程技术人员担任。

(4) 具备调试所用的仪器设备，且这些仪器设备符合计量要求。

(5) 检查施工质量，做好与施工队伍的交接。

2．系统调试

(1) 调试开始前应先检查线路，对错接、断路、短路、虚焊等进行有效处理。

(2) 调试工作应分区进行，由小到大。

(3) 报警系统通电后，应按《防盗报警控制器通用技术条件》的有关要求及系统设计功能检查系统工作状况。主要检查内容为：

- 报警系统的报警功能，包括紧急报警、故障报警等功能。
- 自检功能。

- 对探测器进行编号，检查报警部位显示功能。
- 报警控制器的布防与撤防功能。
- 监听或对讲功能。
- 报警记录功能。
- 电源自动转换功能。

(4) 调节探测器灵敏度，使系统处于最佳工作状态。

(5) 将整个报警系统至少连续通电 12 小时，观察并记录其工作状态，如有故障或是误报警，应认真分析原因，做出有效处理。

(6) 调试工作结束后，填写调试报告。调试报告可用统一格式"入侵报警系统调试报告表"。

3. 编写竣工报告

工程竣工后由设计施工单位编写竣工报告。

4.10 本 章 小 结

防盗报警系统能对设防区域的非法入侵进行实时、可靠和正确无误的报警和复核。漏报警是绝对不允许的，误报警应降低到可以接受的限度。为预防抢劫(或人员受到威胁)，系统应设置紧急报警装置并留有与 110 接警中心联网的接口。同时该系统还提供安全、方便的布防(包括全布防和半布防)和撤防等功能。

防盗报警系统除了上述报警功能外，尚有联动功能。例如开启报警现场灯光(含红外灯)，联动音视频矩阵控制器，开启报警现场摄像机进行监视，使监视器显示图像、录像机录像等，这一切都可对报警现场的声音、图像等进行复核，从而确定报警的性质(非法入侵、火灾、故障等)，以采取有效措施。

【实践材料1】 报 警 探 测 器 的 选 用

探测器是指在需要防范的场所安装的用来探测入侵者移动或其他动作的电子或机械部件所组成的装置。

探测器位于现场，它由传感器和前置信号处理电路两部分组成。根据不同的防范场所选用不同的信号传感器，如气压、温度、振动和幅度传感器等，来探测和预报各种危险情况。例如红外探测器中的红外传感器能探测出被测物体表面的热变化率，从而判断被测物体的运动情况而引起报警；振动电磁传感器能探测出物体的振动，把它固定在地面或保险柜上，就能探测出入侵者走动或撬挖保险柜的动作。前置信号处理电路将传感器输出的电信号处理后变成信道中传输的电信号，此信号常称为探测电信号。

1．各种探测器的特点及安装设计要点

1) 振动入侵探测器

振动入侵探测器能探测出人的走动，门、窗移动及撬保险柜发出的振动，可以用在背景噪声较大的场所。而电动式的振动探测器又比压电式的振动探测器灵敏度高，探测范围大。振动入侵探测器通常用于门、窗、柜台、展柜、保险柜等的防护。

2) 红外入侵探测器

被动红外入侵探测器可作为直线型探测器，也能作为空间探测器，一般多用于室内和空间的立体防范。

被动红外探测器由于本身不发射任何类型的电磁波，所以体积较小，隐蔽性能好。被动红外探测器不要照明条件，无亮度要求，可以昼夜运行。被动红外探测器不发射能量，无机械动作，功率低，寿命长。

设计选用被动红外探测器时应避开热源，尤其是避开变化的热源，如空调的通风口、灯光直射的地方以及窗户，避开暖气、火炉和冷冻设备的散热器。红外辐射频率较低，穿透性差，所以监控区内不应有障碍物，否则被障碍物遮挡的地方就是防范的死区。

被动红外探测器不要安装在振动的物体上，否则物体振动导致探测器振动，相当于背景辐射变化，会引起误报。被动红外探测器选用的场合要求背景不动或直接探测被防范的目标，如保险柜、文件、藏品等。

主动红外探测器发射红外探测光，人肉眼看不见，所以容易隐蔽。主动红外探测器对杂散光的抗干扰能力强，稳定性好，有较高的灵敏度。而采用双光路的主动红外探测器具有更强的抗干扰能力，减少了误报率。

在室外使用时最好安装防尘、防雾罩，以免影响探测距离。

3) 激光入侵探测器

激光具有高亮度、方向性好的特点，激光探测器十分适合用作远距离的直线型报警控制器，而且由于能量集中，可以在光路上加反射器，反射激光，围成光墙。用一套激光探测器可作几条直线探测用。

4) 电场畸变探测器

电场畸变探测器主要用于户外的周界防范，这类探测器能在恶劣的环境下工作，探测力强，误报率能降到最低的程度，抗干扰能力极强。

5) 声控探测报警器

声控探测报警器常用于空间防范，但由于它还能直接传送人走动的声音、说话的声音或其他动作发出的声响，故可兼作报警复核用。一般声控报警控制器上有一个"报警-监听"开关，平常开关处在报警位置上，报警器处于报警守候状态，当防范区域出现声响，并超过一定强度时，控制器发出报警信号，值班人员再将开关打到监听位置，即可直接监听防范场所的声响情况，作出准确判断。

声控探测器对环境要求很高，它必须安装在十分安静的区域，或工作在深夜无人活动的楼房里。任何风吹草动、下雨、打雷、汽车鸣笛都会干扰探测器的正常工作而发生误报。尤其在恶劣条件下，需配用其他探测手段，以确保万无一失。

若一定要选用声控探测器，应尽可能将其靠近保护目标，降低探测器的灵敏度，抵抗

外界的干扰信号,因此声控探测器往往用作其他探测器的复核。

选用声发射探测器时,同样要尽可能地靠近保护目标,远离干扰声源。另外应根据环境情况把探测器的灵敏度调整到适当程度,以抵抗干扰信号的影响,降低误报率。

6) 微波探测报警器

微波多普勒探测器用于空间防范,只要在其防范区域里,任何运动物体都能引起报警。微波对非金属有一定的穿透作用,所以它可以安装在较薄的木板、玻璃后甚至墙后,隐蔽性好,易伪装。

微波探测器可靠性强,不受光、热、空气流动的影响,工作环境容易满足,不会因为环境条件的变化而引起误报。但微波多普勒探测器不能对准可能活动的背景,如窗帘、门帘、风扇等,因一旦窗帘被风吹动,相当于有入侵行为,则探测器会发生误报。

由于微波波长很短,具有很强的穿透能力,因此不要将微波多普勒探测器对准大面积的玻璃和墙,以免防范区墙外物体的运动引起误报。若无别处安装,则要适当降低探测器的灵敏度。

7) 无线传输报警器

防范区域很分散,或不易架设传输线的地方,无线传输报警器有它独特的作用。由于用任何形式的传感器所组成的探测器都能集成无线探测器,这就给我们带来了很大的方便。于是无线红外、无线振动等无线传输报警器应运而生。当无线报警探测器进入报警状态时,发射机立即发射报警信号,它还有在间隔一周期时间后重复发射报警信号的功能。当探测器进入警戒状态时,发射机停止发射报警信号,传输停止。

固定安装的无线报警装置有欠压指示,当发射机电源在欠压状态时,能发射一个故障信号给中心控制室,接收机可对发射机发射一个控制信号,终止欠压信号的发射。发射机电源在欠压状态时发出声、光报警信号,声级大于 85 dB。

在以无线报警网为主组成的系统中,接收端应有接收处理多路同时报警的功能,而不会产生漏报。该系统能对停产进行监视,当出现连续阻塞信号或干扰信号超过 30 s,足以妨碍正常接收报警信号时,接收端应有故障信号显示。

2. 入侵探测器的设计选用

各种探测器有各自不同的工作原理,它们各有优缺点。要使探测器在任何场合都能有效地发挥作用,就应该进行精心选择、精心安装,安装时应尽可能考虑到对探测器的保护措施。由于家庭、商店、团体和企业等部门各自的情况不同,使用的入侵探测器也不尽相同。为了获得最佳保安效果,通常需要根据用户的实际情况对报警系统进行裁剪,这样才能使探测器更好地发挥作用。

没有入侵行为时发出的报警叫作误报。误报可能由于元件故障或某些外界影响而造成,它所产生的恶劣后果是不堪设想的,最轻的后果是因为增加了许多麻烦而使人感到厌烦,从而大大降低报警器的可信度。误报是报警器的致命弱点,可以设想,如果商店和库房管理人员经常由于误报而被从床上叫起,他们就不会愿意使用这种报警装置。最严重的后果是它使警察或保安人员毫无必要地火速赶到现场,这样他们本身的安全和周围人们的安全都会受到危害。

有的入侵探测器只能用于室内环境，在一般条件下使用，而有入侵探测器能在室外严酷条件下工作，所以设计人员要根据防范要求、工作环境，选择不同类型、不同级别的入侵探测器。

入侵探测器根据其使用环境的严酷程度可分为三种。一种是只能在一般室内条件下使用，能经受偶尔的较轻的震动，能适应中等程度的高低温和湿度的变化。第二种是能经受突然跌落或频繁移动中的较大震动和冲击，能适应较大程度的高低温和湿度的变化，能在露天(或者简易遮盖)条件下使用。第三种在第二种的基础上，还能在严寒露天条件下使用。

根据不同的防范要求，可以选择不同等级的入侵探测器。入侵探测器在正常工作条件下平均无故障工作时间分为 A、B、C、D 四级。A 级为 1000 小时，B 级为 5000 小时，C 级为 20 000 小时，D 级为 60 000 小时。

入侵探测器在正常气候环境下，连续 7 天工作应不出现误报、漏报。其灵敏度和探测范围的变化不应超过 10%。从技术上讲，一般要求探测器应由一个或多个传感器和信号处理器组成，这样能提高可靠性，甚至能改变探测范围。

表 4-3 提供一份入侵报警系统产品报价单，供方案设计参考。

表 4-3 入侵报警系统产品报价单

型 号	名 称	产品功能规格	单价/元
LH-92D	离子式烟感	离子式独立报警，DC9 V，85 dB/m	140
LH-94	光电式烟感	光电式联网使用，DC12 V，常开常闭	120
LH-86(Ⅱ)	可燃气体探测器	吸顶式，常开/闭输出，DC12 V，低功耗设计	120
LH-88	可燃气体探测器	壁挂式，报警声＞70 dB/m，常开/闭输出，DC12 V	150
LH-901A	双元被动红外探头	壁挂式被动双元红外，NC 信号输出，DC12 V	1100
LH-901B	双元被动红外探头	壁挂式被动双元红外，DC12 V，防宠物	120
LH-905-2	吸顶双元红外探头	吸顶式被动双元红外，NC 信号输出，DC12 V	120
LH-910D	吸顶幕帘探头	壁挂式小型单幕帘被动红外探测器，DC12 V	130
LH-913C	吸顶三鉴探头	吸顶式微波＋红外双鉴探测器，10.5 G 常闭输出	280
LH-933B	双元被动红外探头	双传感器，防宠物 35 kg，报警输出 NC/NO 可选	210
LH-934IC	室外红外探测器	室外红外＋微波	520
LH-931I	室外双元红外探测器	室外广角探测器	370
LH-931ID	室外双元红外探测器	室外幕帘探测器	370
LH-938F	无线壁挂双元红外	无线输出，发射频率 315 或 433 MHz，DC9 V	150
LH-980D	红外探测器	探测距离 18 m	140
LH-86G	一氧化碳探测器	壁挂式，报警输出 NC/NO 可选，DC12 V	140
LH-201	温感探头	吸顶式，报警输出 NC/NC 可选	130

续表

型 号	名 称	产品功能规格	单价/元
LH-501	玻璃破碎探测器		130
LHD6003-8	八防区有线报警主机	带键盘电源	840
LHD6000-8F	暗装有线无线主机	八防区有线八防区无线带键盘	1000
LHD6000-16F	暗装有线无线主机	十六防区有线八防区无线带键盘	1100
ABT-30	豪恩30米对射	双光束室外探测距离30 m	2800
ABT-60	豪恩60米对射	双光束室外探测距离60 m	300
ABT-100	豪恩100米对射	双光束室外探测距离100 m	350
HC-06	6寸球罩(吸顶式)	6寸球罩(吸顶式)	80
HC-802	室外护罩	室外护罩	80

【实践材料2】 报警控制器的选用

报警控制器(主机)的选用应根据防范系统的大小、功能以及防护级别来确定。若防范范围较小，防范点也少，则可选用小型报警控制器。如防范区域较分散，采用无线发射探测器的系统，则控制器应有多路无线接收的功能。若防范区域很大，保护监探点很多，则应采用区域报警控制器或集中报警控制器。

根据报警控制主机应用的容量可将其分为大、中、小系统。警戒防区容量超过64防区的，一般称为大系统，64以下17以上的称为中型系统，小系统一般指16防区以下的控制主机。

1. 小型系统控制器的选用

- 控制器应符合GB 12663—2019《防盗报警控制器通用技术条件》中的有关要求。
- 应具有可编程和联网功能。
- 设有安装员密码和操作员密码，可对密码进行编程，密码组合不少于10 000种。
- 具有本地报警功能，喇叭声强级应大于80 dB。
- 具有防破坏功能。

2. 大、中型系统控制器的选用

大、中型系统控制器除具有上述小系统的所有功能外，还应具有下述功能：

- 宜采用报警控制台(或柜)。
- 控制台应能自动接收用户终端设备送来的所有信息(发报警、监听、视频、对讲等)，采用微处理技术时应同时有计算机的屏幕实时显示，大系统可配置大屏幕电子地图或投影仪，并能声、光报警。
- 应能对现场进行声音或图像复核。
- 应具有系统工作状态实时记录、查询和打印功能。

- 应能对系统操作、工作状态、报警信息等进行详细记录，并不可人为修改。
- 系统应具有丰富的数据输入、输出接口，包括报警、视频、音频、控制等接口，并有扩展余地。

一台功能完善、技术指标完全能满足使用方要求的入侵报警控制类主机，其基本技术指标应包括警戒防区容量(即输入信号容量)、输入信号方式、输出功能、防破坏功能以及报警情况发生之后的提示、告警和控制等功能。

在实际工程设计中，设计人员应根据工程应用的需要，合理选用入侵报警控制主机的警戒防区容量。防区容量确定之后，还需要考虑您所选用报警探头的输出信号形式与报警主机的输入信号(开路(NC)、短路(ON)或 DC12 V 三种方式)是否一致。警报发生之后，报警主机的输出主要考虑有无报警防区号显示，能否启动前端设备(如灯光)，能否与视频切换控制主机进行联动控制，并将报警监视点的图像快速地切换至指定监视器屏幕，供值班保卫人员观察和记录，并迅速做出处警决断。有报警输出联动控制口的主机，也可将报警点图像与录像机或硬盘录像系统联动。其次，还需要考虑的是报警主机的撤、布防操作及控制是否简便、直观。

由于入侵探测器有时会产生误报，因此通常控制器对某些重要部位的监控采用声控和电视复核。另外，入侵报警控制器能对控制系统进行自检，检查系统各个部分的工作状态是否正常。有的入侵报警控制器能向与该机接口的全部探测器提供直流工作电压(当前端入侵探测器过多、过远时，也可单独向前端探测器供电)。

入侵报警控制器应有防破坏功能，当连接入侵探测器和控制器的传输线发生断路、短路或并接其他负载时应能发出声光报警故障信号。报警信号应能保持到引起报警的原因排除后，才能实现复位；而在故障信号存在期间，如有其他入侵信号输入，仍能发出相应的报警信号。

3．OMNI-624 有线/无线报警控制器

下面以北京诺金益博系统技术有限公司的 OMNI-624 有线/无线报警控制/通信主机为例，列举入侵报警控制器主机的一些功能和性能特点。

OMNI-624 及 OMNI-624EU 是基于微处理器原理的报警控制器，系统共有两个子系统，并且支持硬线基本防区及无线防区。其外观如图 4-9 所示。

图 4-9　OMNI-624 有线/无线报警控制器主机

1) 性能

- 6 个可编程防区(通过防区加倍可使用 12 个防区)。
- OMNI-EXP8 模块可增加 8 个有线可编程防区(若都使用防区加倍功能,系统最多可支持 24 个有线防区)。
- 最多支持 24 个无线防区。

2) 控制特性

- 系统最多支持 8 个远程无线按钮。
- 无线接收机可与报警控制主机直连。
- 内置电话监测功能。
- 有 128 条时间记录,可通过遥控编程下载查询,或通过键盘直接查看。
- 有 32 个分为 4 个等级的用户密码。
- 有 2 个进出延时可编程。
- 支持 2 个子系统。
- 带自动布防功能(基于内部实时时钟)。
- 在留守模式下,系统为内部防区提供 40 s 的拨号或响铃延时。

3) 通信协议

- Ademco Express 4+1/4+2 格式。
- Ademco Contact ID。
- Radionics/Sescoa 3+1/4+1/4+2。

4) 电气设备

- 12 VDC,4~6 AH 可更换后备电池。
- 16.5 VAC,25 VA 变压器(OMNI-624);16.5 VAC,40 VA 变压器(OMNI-848)。

5) 输出特性

- 4 个可编程触发器输出。
- 辅助电源:500 mA。警号电源:1 A。
- 支持 20 路继电器输出(每个 XL4705 模块带 5 路继电器)。

6) 遥控编程

- 通过 COMPASS(Windows 版)软件对主机进行遥控编程。

7) 配套器件

- OMNI-624:6~24 防区控制主机。
- OMNI-EXP8:OMNI 系列 8 防区扩展模块。
- OMNI-LCD:英文显示液晶键盘。
- XL4705:继电器模块。
- ZR401:无线接收主机。
- OMNI-848:8~48 防区控制主机。
- OMNI-KPCH:固定字符键盘。
- XK-108:OMNI 系列 8 防区 LED 键盘。
- XL4612:触发器模块。

【实践材料3】 **小区入侵报警系统方案设计案例**

本报警系统由小区联网报警系统和周界防护报警系统两部分组成。

(1) 小区联网报警系统：每一个住户家中设有无线报警系统，将报警信息通过电话线传至报警中心(设于警卫值班室)。报警中心值班人员可根据报警信息确定具体位置及警情，并迅速派人处理。

(2) 周界防护报警系统：设于小区周围围墙之上，若有人翻越围墙，则立即发出报警信号，并将报警信息传至报警中心控制器，由控制器可确定何处发生报警，并立即派人处理。

这里仅考虑小区联网家庭报警系统的设计。

1. 系统组成

报警中心(后端)由 1 台计算机＋1 个接警卡＋1 套报警软件组成，设于警卫值班室，24小时值班。

无线报警电话系统(前端)由以下设备组成：

① 无线报警电话　　　　　1 台
② 无线遥控器　　　　　　1 个
③ 无线门磁控制器　　　　1 个
④ 无线红外　　　　　　　1 个

其中②③④项可根据实际情况选配或多配。另有无线煤气/天然气报警器可选配。

2. 系统功能

多功能无线报警电话系统的主要功能是：

(1) 既作为报警控制器使用，又同时兼作高档普通电话使用。

(2) 可接 2 个有线和多个无线探测器，包括无线门磁探测器、无线红外探测器、无线煤气/天然气探测器等；可通过主机布防、撤防(密码由用户设定)，也可利用遥控器设防、撤防；无线作用距离可达 50 m。

(3) 两种布防方式：现场布防和通信布防。现场布防后，如有报警发生，主机发出报警提示音；通信布防后，如有报警发生，主机自动摘机，抢线拨打存储的报警电话。

(4) 主机可存储 3 个报警电话号码：一个是报警中心电话，一个是用户 BP 机号，一个是普通电话或用户手机；还可存储用户账号等信息。

(5) 主机可存储 20 s 用户留言，由用户自己录制和更改，并可通过操作主机播放录音，以检查录音情况。如接警电话是普通电话或用户手机，当摘下电话后，会听到"嘀嘀嘀"的报警声，接着会听到机主留言，并可对现场进行 1 分钟监听或对讲。

(6) 设有 24 小时防区，可接煤气、烟感等探测器；不管主机是否布防，该防区时刻处于警戒状态，如有报警，则主机自动拨打报警电话。

(7) 如果用户想紧急求助，可按遥控器上的 PANIC 键，则主机自动摘机，向外报警。

(8) 主机可外接警号，如有报警发生，则警号启动，音量可达 100 dB 以上。

(9) 主机有液晶显示功能,可显示时间、日期,还可设定一个 24 小时的时钟。

(10) 主机具有编程锁定键,可将编程功能锁定,以防误操作造成内容更改。

(11) 主机操作直观、简便。

报警中心的主要功能有:

(1) 国际接警标准,符合国际标准的控制箱均可入网。

(2) 用户容量大,理论容量 13.3 万户。

(3) 功能全,界面友好,方便操作。

(4) 实时系统监视,可快速接收报警、布防、撤防、旁路等各种报告信息。

(5) 强大的处警功能,详细记录报警信息,并具有实时打印、转发传真等功能。

(6) 方便的用户信息管理,可随时调看用户信息,查询、增改方便。

(7) 可与市 110 指挥中心联网。

3. 报警过程

当有人非法闯入用户家中的设防区域,主机接收到前端探头的报警信号后,自动拨打预设电话,将报警信息分别传至报警中心、用户 BP 机及普通电话或手机;中心根据报警信息可确定报警具体位置及警情,若主机设有中心电话,则中心值班人员可通过电话听到用户的留言,并可对事发现场进行监听,以确定是有人非法闯入,还是自家误触发造成,或者是家中老人或病人在进行紧急呼救。

4. 器材清单和报价

1) 报警中心

多媒体工业控制机	1 台	21 000 元
接警卡＋报警中心软件	1 套	52 000 元
总计:		73 000 元

2) 前端

对于每一用户分别核算如下:

无线报警电话	1 部	1850 元
无线遥控器	1 个	200 元
无线门窗控制器	1 个	300 元
无线红外探测器	1 个	470 元
总计:		2820 元

另:无线煤气/天然气探测器 1 个　　　520 元

5. 工程概算

以 40 户为例的工程概算情况如下:

(1) 设备款:报警中心＋40×前端＝73 000＋40×2820＝185 800 元

(2) 安装调试费:(1)×10%＝18 580 元

(3) 管理及运输费:(1)×3%＝5574 元

(4) 税收:((1)＋(2)＋(3))×5%＝10 497.7 元

(5) 总计:(1)＋(2)＋(3)＋(4)＝220 451.7 元

第 5 章

电视监控系统的方案设计

闭路电视监控系统是一个跨行业的综合性保安系统。闭路电视监控系统是在重要场所安设摄像机，使保安人员在控制中心即可监视整个大楼内外的情况。另外，还可以在入侵警示信号发生后，通过自动报警部位的监视摄像机录下入侵现场情况，以便事后进行分析。该系统运用了世界上最先进的传感器技术、监控摄像技术、通信技术和计算机技术，组成了一个多功能、全方位监控的高智能化的处理系统。

闭路电视监控系统因其能给人最直接的视觉、听觉感觉，以及对被监控对象的可视性、实时性及客观性的记录，已成为当前安全防范领域的主要手段，被广泛应用于银行、邮电、教育、海关、监狱、智能小区等各个领域。

安防领域的电视监控系统，国外又称闭路电视 CCTV(Closed Circuit Television)，为区别于国内普遍称为的闭路电视 CATV，我国将 CCTV 称为应用电视。根据监控区域的大小及实际需要，电视监控系统可有大、中、小型之分。而所谓系统的大、中、小型之分只是在设备数量、质量以及系统复杂程度上有所差异。

5.1 电视监控系统的组成原理

典型的电视监控系统主要由前端设备和后端设备两大部分组成。其中后端设备可进一步分为中心控制设备和分控制设备。前、后端设备有多种构成方式，它们之间的联系(也可称作传输系统)可通过电缆、光纤或微波等多种方式来实现。电视监控系统由控制部分、摄像部分(有时还有麦克风)、传输部分以及显示与记录部分四大块组成(如图 5-1 所示)。在每一部分中，又含有更加具体的设备或部件。

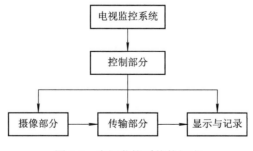

图 5-1 电视监控系统的组成

1. 摄像部分

摄像部分是电视监控系统的前沿部分，是整个系统的"眼睛"。它布置在被监视场所的某一位置上，使其视场能覆盖整个被监视的部位。有时被监视场所面积较大，为了节省摄像机所用的数量，简化传输系统及控制与显示系统，在摄像机上加装电动的(可遥控的)可变焦距(变倍)镜头，使摄像机能观察得更远、更清楚；有时还把摄像机安装在电动云台上，通过控制台的控制，可以使云台带动摄像机进行水平和垂直方向的转动，从而使摄像机能覆盖的角度、面积更大。

摄像机把监视的内容变为图像信号，传送到控制中心的监视器上。由于摄像部分是系统的最前端，并且被监视场所的情况是通过它变成图像信号传送到控制中心的监视器上的，所以从整个系统来讲，摄像部分是系统的原始信号源。因此，摄像部分的性能优劣以及它产生的图像信号的质量将影响整个系统的质量。从系统噪声计算理论的角度来讲，影响系统噪声的最大因素是系统中第一级的输出(在这里即为摄像机的图像信号输出)信号信噪比的情况。

所以，认真选择和处理摄像部分是至关重要的。对于摄像部分来说，在某些情况下，特别是在室外应用的情况下，为了防尘、防雨、抗高低温、抗腐蚀等，对摄像机及其镜头还应加装专门的防护罩，甚至对云台也要有相应的防护措施。

2. 传输部分

传输部分就是系统的图像信号通路。一般来说，传输部分单指的是传输图像信号。但是，由于某些系统中除图像外还要传输声音信号，同时，由于需要有控制中心通过控制台对摄像机、镜头、云台、防护罩等进行控制，因而在传输系统中还包含控制信号的传输，所以严格说来，电视监控系统的传输部分，是指所有要传输的信号形成的传输系统的总和。

传输部分主要传输的内容是图像信号。对图像信号的传输，重点要求是在图像信号经过传输系统后，不产生明显的噪声、失真(色度信号与亮度信号均不产生明显的失真)，保证原始图像信号(从摄像机输出的图像信号)的清晰度和灰度等级没有明显下降。这就要求传输系统在衰减方面、引入噪声方面、幅频特性和相频特性方面有良好的性能。

在传输方式上，目前电视监控系统多半采用视频基带传输方式。在摄像机距离控制中心较远的情况下，也有的采用射频传输方式或光纤传输方式。以上这些传输方式所使用的传输部件及传输线路都有较大的不同。而且传输及控制部分的线路、放大器、切换器等又引入了噪声，使得摄像机输出的图像信号经过传输部分、控制部分之后，到达监视器时其信号信噪比也出现下降。

3. 控制部分

控制部分是整个系统的"心脏"和"大脑"，是实现整个系统功能的指挥中心。控制部分主要由总控制台(有些系统还设有副控制台)组成。

总控制台的主要的功能有：视频信号放大与分配、图像信号的校正与补偿、图像信号的切换、图像信号(或包括声音信号)的记录、摄像机及其辅助部件(如镜头、云台、防护罩等)的控制(遥控)等。在上述各部分中，对图像质量影响最大的是放大与分配、校正与补偿、图像信号的切换三部分。

在某些摄像机距离控制中心很近或对整个系统指标要求不高的情况下，在总控制台中往往不设校正与补偿部分。但对某些距离较远的情况，或由于传输方式的要求等原因，校正与补偿是非常重要的。因为图像信号经过传输之后，往往其幅频特性(由于不同频率成分到达总控制台时衰减是不同的，因而造成图像信号不同频率成分的幅度不同，此称为幅频特性)、相频特性(不同频率的图像信号通过传输部分后产生的相移不同，此称为相频特性)无法绝对保证指标的要求，所以在控制台上要对传输过来的图像信号进行幅频和相频的校正与补偿。

经过校正与补偿的图像信号，再经过分配和放大，进入视频切换部分，然后送到监视器。总控制台的另一个重要功能是能对摄像机、镜头、云台、防护罩等进行遥控，以完成对被监视场所全面、详细的监视或跟踪监视。

总控制台上设有录像机，可以随时把发生情况的被监视场所的图像记录下来，以便事后备查或作为重要依据。目前，有些控制台上设有一台或两台"长延时录像机"，这种录像机可用一盘 60 分钟长的录像带记录长达几天时间的图像信号，这样就可以对某些非常重要的被监视场所的图像连续记录，而不必使用大量的录像带。

还有的总控制台上设有多画面分割器，如四画面、九画面、十六画面分割器等。也就是说，通过这个设备，可以在一台监视器上同时显示出四个、九个、十六个摄像机送来的各个被监视场所的画面，并用一台常规录像机或长延时录像机进行记录。上述这些功能的设置要根据系统的要求而定，不一定都采用。

目前生产的总控制台，在控制功能以及控制摄像机的台数上往往都做成积木式的，可以根据要求进行组合。另外，在总控制台上还设有时间及地址的字符发生器，通过这个装置可以把年、月、日、时、分、秒都显示出来，并把被监视场所的地址、名称显示出来。在录像机上可以记录，这样为以后的备查提供了方便。

总控制台对摄像机及其辅助设备(如镜头、云台、防护罩等)的控制一般采用总线方式，把控制信号送给各摄像机附近的"终端解码箱"，在终端解码箱上将总控制台送来的编码控制信号解出，成为控制动作的命令信号，再去控制摄像机及其辅助设备的各种动作(如镜头的变倍、云台的转动等)。在某些摄像机距离控制中心很近的情况下，为节省开支，也可采用由控制台直接送出控制动作的命令信号，即"开、关"信号。总之，根据系统构成的情况及要求，可以综合考虑，以完成对总控制台的设计要求或订购要求。

4．显示与记录部分

显示与记录部分一般由几台或多台监视器(或带视频输入的普通电视机)组成。它的功能是将传送过来的图像一一显示出来。

在电视监控系统中，特别是在由多台摄像机组成的电视监控系统中，一般都不是一台监视器对应一台摄像机进行显示，而是几台摄像机的图像信号用一台监视器轮流切换显示。这样做一是可以节省设备，减少空间的占用；二是没有必要一一对应显示。因为被监视的场所不可能同时发生意外情况，所以平时只要隔一定的时间(比如几秒、十几秒或几十秒)显示一下即可。当某个被监视的场所发生情况时，可以通过切换器将这一路信号切换到某一台监视器上一直显示，并通过控制台对其遥控跟踪记录。

所以，在一般的系统中摄像机与监视器的数目比通常都采用 4∶1、8∶1 甚至 16∶1。目前，常用的摄像机对监视器的比例数为 4∶1，即四台摄像机对应一台监视器轮流显示，当摄像机的台数很多时，再采用 8∶1 或 16∶1 的设置方案。

另外，由于画面分割器的应用，在有些摄像机台数很多的系统中，用画面分割器把几台摄像机送来的图像信号同时显示在一台监视器上，也就是在一台较大屏幕的监视器上，把屏幕分成几个面积相等的小画面，每个画面显示一个摄像机送来的画面。这样可以大大节省监视器，并且操作人员观看起来也比较方便。但是，不宜在一台监视器上同时显示太多的分割画面，会使某些细节难以看清楚，影响监控的效果。笔者个人认为四分割或九分割较为合适。

为了节省开支，对于非特殊要求的电视监控系统，监视器可采用有视频输入端子的普通电视机，而不必采用造价较高的专用监视器。监视器(或电视机)的屏幕尺寸宜采用14英寸至18英寸之间的，如果采用了画面分割器，可选用较大屏幕的监视器。

监视器的放置位置应适合操作者观看的距离、角度和高度。一般是在总控制台的后方设置专用的监视器架子，把监视器摆放在架子上。

监视器的选择应满足系统总的功能和总的技术指标的要求，特别是应满足长时间连续工作的要求。监视器或电视机已有成型的产品，大家都很熟悉，在此不作详述。

5.2 电视监控系统的前端设备

5.2.1 摄像机

在闭路监控系统中，摄像机(Camera)又称摄像头(参见图 5-2)。严格来说，摄像机是摄像头和镜头的总称，而实际上，摄像头与镜头大部分是分开选购的，用户根据目标物体的大小和摄像头与物体的距离，通过计算得到镜头的焦距，所以每个用户需要的镜头都是依据实际情况而定的，摄像机(头)上可以灵活搭配不同的镜头。

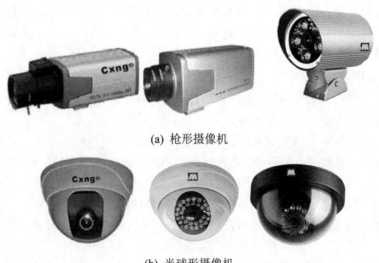

(a) 枪形摄像机

(b) 半球形摄像机

图 5-2 摄像机实物

感光传感部件是摄像头的关键部分。感光芯片就像人的视网膜，是摄像头的核心。它利用光电原理，摄取景物并配合监视器显像。感光传感部件的性能取决于其芯片材质，早期的金属氧化物半导体(MOS)和光导管(VIDICOM)已经过时，很少使用。目前主要使用的是 CCD 与 CMOS 两种半导体成像器件。

CMOS 即互补金属氧化物半导体(Complementary Metal-Oxide Semiconductor)，性能一般，但价格较为便宜。CCD 采用感光耦合组件，性能较好，可实现精密感光。

CCD 是电耦合器件(Charge Couple Device)的简称，它能够将光线变为电荷并可将电荷储存及转移，也可将储存之电荷取出使电压发生变化，因而具有灵敏度高、抗强光、畸变小、体积小、寿命长、抗震动、抗磁场、无残影等优点，是一种理想的摄像元件。

CCD 的工作原理是：被摄物体反射光线，传播到镜头，经镜头聚焦到 CCD 芯片上，CCD 根据光的强弱积聚相应的电荷，经周期性放电，产生表示一幅幅画面的电信号，经过滤波、放大处理，通过摄像头的输出端子输出一个标准的复合视频信号。这个标准的视频信号同家用录像机、VCD 机、家用摄像机的视频输出是一样的，所以也可以录像或接到监视器或电视机上观看。视频信号连接到监视器或电视机的视频输入端，便可以看到与原始图像相同的视频图像。

CCD 与 CMOS 的性能比较参见表 5-1。CCD 传感器在灵敏度、分辨率、噪声控制等方面都优于 CMOS 传感器，而 CMOS 传感器则具有低成本、低功耗以及高整合度的特点。不过，随着 CCD 与 CMOS 传感器技术的进步，两者的差异已逐渐缩小。例如，CCD 传感器一直在功耗上作改进，以应用于移动通信市场；CMOS 传感器则改善分辨率与灵敏度方面的不足，以应用于更高端的图像产品。只是目前监控器市场上，CCD 大多数都是低像素的，而高像素则基本采用 CMOS，甚至达到 200 万像素。

表 5-1　CCD 与 CMOS 的性能比较

性　能	CCD	CMOS
照度	5～0.000 01 lx	5～3 lx
分辨率	330～600 线	330～420 线
对比度	较佳	较差
解像度	较佳	较差
颜色像位	可调整	不可调整
色彩浓度	较浓(可调整)	较淡(不可调整)
噪声比	40 dB	46 dB
电子快门	1/60～1/100 000 s	1/60～1/2000 s
消耗功率	70～300 mA	20～50 mA

1. CCD 摄像机的分类

1) 依成像色彩划分

• 彩色摄像机：适用于景物细部辨别，如辨别衣着或景物的颜色。因有颜色而使信息量增大，一般认为彩色摄像机的信息量是黑白摄像机的 10 倍。

• 黑白摄像机：适用于光线不足的地区及夜间无法安装照明设备的场所。在仅监视景物的位置或移动情况时，通常可选用分辨率高于彩色摄像机的黑白摄像机。

2) 依摄像机分辨率划分

• 低档型摄像机：影像在 25 万像素(pixel)左右，彩色分辨率为 330～420 线，黑白分辨率为 380～450 线。

• 高分辨率摄像机：影像在 38 万像素以上，彩色分辨率大于或等于 480 线，黑白分辨率在 600 线以上。

• 高清摄像机：影像在百万像素以上，以 720 线逐行扫描方式，分辨率 1280×720，或以 1080 线隔行扫描方式，分辨率达 1920×1080。

3) 依灵敏度(照度)划分

• 普通型：正常工作所需照度为 1～3 lx。

• 月光型：正常工作所需照度为 0.1 lx 左右。

• 星光型：正常工作所需照度为 0.01 lx 以下。

• 红外型：采用红外灯照明，在没有光线的情况下也可以成像。

4) 按CCD靶面大小划分

• 1 英寸——靶面尺寸为宽 12.7 mm×高 9.6 mm，对角线 16 mm。

• 2/3 英寸——靶面尺寸为宽 8.8 mm×高 6.6 mm，对角线 11 mm。

• 1/2 英寸——靶面尺寸为宽 6.4 mm×高 4.8 mm，对角线 8 mm。

• 1/3 英寸——靶面尺寸为宽 4.8 mm×高 3.6 mm，对角线 6 mm。

• 1/4 英寸——靶面尺寸为宽 3.2 mm×高 2.4 mm，对角线 4 mm。

5) 按视频扫描制式划分

按视频扫描制式划分，主要有 PAL 制和 NTSC 制两种。

6) 按信号处理制式划分

• ANALOG：模拟信号处理。

• ASP：半数字信号处理。

• DSP：数字信号处理。

7) 按摄像机外观划分

按外观分有传统标准枪型、机板型、针孔型、半球型、子弹型等简单型，也有鱼眼机板型、针孔镜头、灯饰型、侦烟型等伪装型，还有一体机、红外线型等综合一体型。

8) 按供电电源系统划分

常见的有 AC110 V、AC220 V、AC240 V、AC24 V、DC12 V 等几种。

9) 按电源频率划分

• 欧洲规格(50 Hz)：彩色 PAL，黑白 CCIR。

• 美洲规格(60 Hz)：彩色 NTSC，黑白 EIA。

2. CCD 彩色摄像机的主要技术指标

(1) CCD 尺寸，即摄像机靶面。在相同的光学镜头下，成像尺寸越大，视场角越大。成像尺寸越小的摄像机的体积可以做得更小些。CCD 尺寸原来多为 1/2 英寸，现在 1/3 英寸的已普及，1/4 英寸和 1/5 英寸也已商品化。

(2) CCD 像素。这是 CCD 的主要性能指标，它决定了显示图像的清晰程度，分辨率越高，图像细节的表现越好。CCD 由面阵感光元素组成，每一个元素称为像素，像素越多，图像越清晰。第一代市场上以 25 万和 38 万像素为主，现在百万像素以上的高清晰度摄像机已投入使用。

(3) 水平分辨率。分辨率是用电视线(简称线)来表示的，彩色摄像头的分辨率在 330～500 线之间。分辨率与 CCD 和镜头有关，还与摄像头电路通道的频带宽度直接相关，通常规律是 1 MHz 的频带宽度相当于清晰度为 80 线。频带越宽，图像越清晰，线数值相对越大。

(4) 最小照度。最小照度也称为灵敏度，表示 CCD 对环境光线的敏感程度，或者说是 CCD 正常成像时所需要的最暗光线。照度的单位是勒克斯(lx)，数值越小，表示需要的光线越少，摄像头也越灵敏。黑白摄像机的灵敏度大约是 0.02～0.5 lx，彩色摄像机多在 1 lx 以上。

(5) 信噪比。信噪比典型值为 46 dB。若为 50 dB，则图像有少量噪声，但图像质量良好；若为 60 dB，则图像质量优良，不出现噪声。

(6) 扫描制式。有 PAL 制(隔行扫描)和 NTSC 制(逐行扫描)之分。中国大陆采用 PAL 制式(黑白为 CCIR)，标准为 625 行，50 场。日本为 NTSC 制式，标准为 525 行，60 场(黑白为 EIA)。一般只在医疗或其他专业领域才用到一些非标准制式。

(7) 视频输出。多为 1 V_{pp}、75 Ω，采用 BNC 接头。

(8) 摄像机电源。交流有 220 V、110 V、24 V，直流为 12 V、9 V。PAL 系统多为 220 V AC 类电源，微型摄像机多为 12 V 或 9 V DC 类电源。

3. 红外线摄像机

红外线摄影机(Infra-Red-Camera)是采用红外光源成像的摄影机，原则上可以用于零照度的监控环境。

可见光指红橙黄绿青蓝紫光，是人眼可见之光。它的波长大约为 380～775 nm。波长超过红色光波的光波就是红外线，它的波长大约为 775～1500 nm。红外线人眼是无法看到的，就如同手机的电波人眼也无法看到一样。

要实现红外线的夜视，相当于在全黑的环境里能看到东西，必须有一个媒介，这个媒介就是 CCD 摄影机。CCD 摄影机除了对可见光之反射有感应之外，对于红外光之反射也一样有感应。再将 CCD 摄影机所得到的信号输送到电视机转换成影像，于是我们也能看到它所看到的了。

红外线可以透视丝质或尼龙材质等布料，就像 X 射线可以透视人体一样，不同波长的光波各有不同程度的透视能力。但人眼看不见红外线，一样要透过 CCD 摄影机这个媒介将其转换成我们看得见的电视画面。

所以红外线只可被摄影机感应，无法被肉眼看见，可用于夜晚辅助照明，而又不让人知道，这些特性使得红外线摄影机在监控领域被大量使用。红外线摄影机按其拍照距离有 10 m、50 m、100 m 之分。

4. 低照度摄像机

低照度摄像机是能实现在昏暗环境下对监视区域进行摄像并将其转换成电信号的摄像机。目前市场上主要有昼夜型(Color/Mono)摄像机、低速快门(Slow Shutter)及超感度(Exview Had)摄像机，此三款可实现低照度摄像功能。

1) 昼夜型(Color/Mono)摄像机

昼夜型摄像机也即白天彩色/晚上黑白摄像机，它是利用黑白影像对红外线感度较高的特点，在一定的光源条件下，利用线路切换的方式将影像由彩色转为黑白，以便于搭配红外线。在彩色/黑白线路转换的技术演进过程中，此类摄像机已采用单一 CCD(彩色)设计，在白天或光源充足时为彩色摄像机，当夜晚降临或光源不足时(一般在 1～3 lx)即利用数字电路将彩色信号消除掉，成为黑白影像，且为了搭配红外线，亦拿掉了彩色摄像机不可缺的红外线滤除器。

昼夜型摄像机的照度在国内市场上最低标示数值甚至为 0 lx，但真正的"低照度摄像机"应指摄像机本身所采用的组件技术可达到的功能，而白天彩色/晚上黑白的摄像机因受限于 CCD 感度，本身并无法改变，只是利用线路切换及搭配红外光的方式将功能提升，不能算是低照度摄像机。目前此类摄像机在市场上仍有其特定的需求群。

2) 低速快门(Slow Shutter)摄像机

此类摄像机又称为(画面)累积型摄像机，是利用计算机内存技术，连续将几个因光线不足而较显模糊的画面累积起来，成为一个影像清晰的画面。此类摄像机获得低照度下图像的方法是通过电荷单帧累积方式增加 CCD 在单帧图像上的曝光量，从而提高摄像机对单帧图像的灵敏度。

这种方式也可以获得较低的照度指针，但是需要降低图像的连贯程度。此类摄像机进口品牌的领先水平一般运用 Slow Shutter 技术降低摄像机照度至 0.008 lx/F1.2(×128)，并且画面能够累积到 128 帧。

此类型低照度摄像机适用于禁止红、紫外线辐射破坏的博物馆、夜间生物活动观察、夜间军事海岸线监视等，属于静态场所的监视。选择这种摄像机时要注意尽可能不要同移动云台一起使用，否则会造成画面丢失现象。

3) 超感度摄像机

超感度(Exview HAD)摄像机又称 24 小时摄像机，采用 Exview HAD 技术实现一般的超低照度摄像功能。其彩色照度可达 0.05 lx，黑白则可达 0.003～0.001 lx(亦可搭配红外线以达 0 lx)，不仅能清晰地辨识影像，更可实现对实时连续画面的摄像。

采用 Exview HAD CCD 的摄像机，对外界光线的敏感程度会大大提高，在各种光照环境下均可表现出最佳的效果。特别是配合专用的红外照明设备，可以得到高清晰度的黑白图像，实现 0 照度的监控(完全无光的情况下)。在近红外 760～1100 mm 的区域，如果配合合适波长的红外照明，就可以实现清晰的黑白图像。

Exview HAD 技术在一般的超低照度摄像机中大都采用，这一技术的出现受到了监控市场的欢迎，在近红外区域，其感度可以提高到普通摄像机的 4 倍。因此，即使在非常暗的环境下，这种摄像机通常也可以看到人眼看不到的物体。

在低照度下获得图像还有一些其他的办法，但大多都不能从根本上解决照度问题。

5. DSP 摄像机

DSP(Digital Signal Processor)摄像机在模拟制式的基础上引入部分数字化处理技术，称为数字信号处理摄像机。该种摄像机具有以下优点：

(1) 由于采用了数字检测和数字运算技术，因而具有智能化背景光补偿功能。常规摄像机要求被摄景物置于画面中央并要占据较大的面积方能有较好的背景光补偿，否则过亮的背景光可能会降低图像中心的透明度。而 DSP 摄像机是将一个画面划分成 48 个小处理区域来有效地检测目标，这样即使是很小的、很薄的或不在画面中心区域的景物均能清楚地呈现。

(2) DSP 技术能自动跟踪白平衡，即可以在任何条件下检测和跟踪"白色"，并以数字运算处理功能来再现原始的色彩。传统的摄像机系对画面上的全部色彩作平均处理，这样如果彩色物体在画面上占据很大面积，那么彩色重现将不平衡，也就是不能重现原始色彩。DSP 摄像机是将一个画面分成 48 个小处理区域，这样就能够有效地检测白色，即使画面上只有很小的一块白色，该摄像机也能跟踪它从而再现出原始的色彩。在拍摄网格状物体时，可将由摄像机彩色噪声引起的图像混叠减至最少。

6．网络摄像机

随着网络 Internet 技术的广泛应用，传统的模拟摄像机在 DSP 技术的基础上，进一步发展为支持 TCP/IP 的网络摄像机 IPC(Internet Protocol Camera)。最常见的 IPC 按外观形态可分为高速球型和长筒型。

高速球型摄像机可实现水平 360°旋转、无极滑环、定点预置和快速巡航，以多协议兼容多种主机。其主要技术参数是 1 秒以内快速定位、255 个预置位、20 倍聚焦、200 万像素、30 帧编码、0.02 lx。表 5-2 所示是某品牌闭路监控系统高速球型摄像机的技术指标。

表 5-2　高速球型摄像机的技术指标

参数名称	不同型号高速球型摄像机的参数值	
	IPC621L 高清球机	IPC622L 高清球机
摄像机参数		
成像器件	1/3 英寸逐行扫描 130 万像素 CMOS 图像传感器	1/2.8 英寸逐行扫描 200 万像素 CMOS 图像传感器
焦距/变倍	焦距范围：4.7～94 mm，20 倍光学变倍	焦距范围：4.7～94 mm，20 倍光学变倍
水平视场角	59.7°(广角)～3.8°(长焦)	61.9°(广角)～3.5°(长焦)
光圈	自动/手动，光圈范围：F1.6～F3.3	自动/手动，光圈范围：F1.6～F3.3
快门	自动/手动，快门范围：1/6～1/8000 s	自动/手动，快门范围：1/6～1/8000 s
日夜切换方式	自动红外滤片切换彩转黑	自动红外滤片切换彩转黑
最低照度	0.03 lx (F1.6 AGC ON，彩色) 0.01 lx (F1.6 AGC ON，黑白)	0.03 lx (F1.6 AGC ON，彩色) 0.01 lx (F1.6 AGC ON，黑白)
信噪比	>50 dB	>52 dB
宽动态	支持	支持
视频参数		
最大分辨率	1280×960	1920×1080
编码协议	H.264	H.264
编码制式	960p(1280×960)最大 30 帧/秒、720p(1280×720)最大 30 帧/秒、D1(720×576)最大 25 帧/秒	1080p(1920×1080)最大 30 帧/秒、720p(1280×720)最大 30 帧/秒、D1(720×576)最大 25 帧/秒
帧率	1～30 帧可调	1～30 帧可调
三码流	支持	支持
OSD	支持	支持
隐私遮盖	支持，8 个区域可设置	支持，8 个区域可设置

参数名称	不同型号高速球型摄像机的参数值	
	IPC621L 高清球机	IPC622L 高清球机
视频参数		
巡航	支持预置位巡航(最大 16 条，每条可添加 32 个预置位)、模式路径巡航(最大 4 条，记录时间不限)	支持预置位巡航(最大 16 条，每条可添加 32 个预置位)、模式路径巡航(最大 4 条，记录时间不限)
看守位	支持	支持
拉框放大	支持	支持
存储		
前端存储	Micro SD，最高 64 GB	Micro SD，最高 64 GB
结构特性		
水平范围	360°	360°
水平速度	0.1°/s～240°/s	0.1°/s～240°/s
	预置位速度：300°/s	预置位速度：300°/s
垂直范围	−15°～90°(自动翻转)	−15°～90°(自动翻转)
垂直速度	0.1°～160°/s	0.1°～160°/s
	预置位速度：240°/s	预置位速度：240°/s
预置位	256	256
网络描述		
协议	L2TP、IPv4、IGMP、ICMP、ARP、TCP、UDP、DHCP、PPPoE、RTP、RTSP、QoS、DNS、DDNS、NTP、FTP、UPnP、HTTP、SNMP 等	L2TP、IPv4、IGMP、ICMP、ARP、TCP、UDP、DHCP、PPPoE、RTP、RTSP、QoS、DNS、DDNS、NTP、FTP、UPnP、HTTP、SNMP 等
兼容性	ONVIF	ONVIF
接口特性		
网口	10 M/100 M Base-TX 自适应以太网电口	10 M/100 M Base-TX 自适应以太网电口
电源	AC24 V 电源接线端子(3pin，含接地)	AC24 V 电源接线端子(3 pin，含接地)
通用特性		
电源	AC 24 V±25%	AC 24 V±25%
	功耗：最小功耗 9 W，最大功耗 42 W(加热最大 24 W，红外灯 16 W)	功耗：最小功耗 9 W，最大功耗 42 W(加热最大 24 W，红外灯 16 W)
	支持过压/过流保护	支持过压/过流保护
尺寸	Φ227 mm×359.4 mm(Φ8.9"×14.2")	Φ227 mm×359.4 mm(Φ8.9"×14.2")
重量	5.28 kg(11.6lb)	5.28 kg(11.6lb)
工作环境	−40℃～65℃(−40°F～149°F)，≤90%RH	−40℃～70℃(−40°F～158°F)，≤90%RH
加热器	支持预加热及智能温控	支持预加热及智能温控
补光	内置红外补光	智能红外补光
防护等级	IP66	IP66

表 5-3 是某款摄像机系统系列产品标准报价清单，供方案设计时参考。

表 5-3 摄像机系列产品标准报价清单

型 号	形状	参 数	价格/元
IPC243S-IR5-P	筒机	200 万像素，1/3" CMOS，ICR 日夜型双灯大筒形网络摄像机，防水、防雷、红外 50 m(3.6 mm、6 mm、8 mm、12 mm 镜头)	574
IPC242S-IR5-P	筒机	200 万像素，1/3" CMOS，ICR 日夜型双灯大筒形网络摄像机，带 POE 功能、防水、防雷、红外 50 m(3.6 mm、6 mm、8 mm、12 mm 镜头)	618
IPC242S-IR9	筒机	200 万像素，1/3" CMOS，ICR 日夜型四灯大筒形网络摄像机，防水、防雷、红外 90 m(3.6 mm、6 mm、8 mm、12 mm 镜头)	664
IPC242S-IR9-P	筒机	200 万像素，1/3" CMOS，ICR 日夜型四灯大筒形网络摄像机，带 POE 功能、防水、防雷、红外 90 m(3.6 mm、6 mm、8 mm、12 mm 镜头)	714
IPC222E-IR	筒机	200 万像素，1/2.8" CMOS，ICR 日夜型筒形网络摄像机，带 POE 功能，红外 30 m，全尾线(3.6 mm、6 mm、12 mm 焦段)	996
IPC241S-IR9	筒机	130 万像素，1/3" CMOS，ICR 日夜型四灯大筒形网络摄像机，防水、防雷、红外 90 m(3.6 mm、6 mm、8 mm、12 mm 镜头)	578
IPC241S-IR9-P	筒机	130 万像素，1/3" CMOS，ICR 日夜型四灯大筒形网络摄像机，带 POE 功能、防水、防雷、红外 90 m(3.6 mm、6 mm、8 mm、12 mm 镜头)	646
IPC221E-DIR	筒机	130 万像素，1/3" CMOS，ICR 日夜型筒形网络摄像机，带 POE 功能，超宽动态，红外 50 m，全尾线(3.6 mm、6 mm、12 mm 镜头)	956
IPC232E-IR3	单灯大筒机	1080P(200 万像素)，1/2.8" CMOS，ICR 日夜型金属筒形网络摄像机，防水、防雷、红外 30～50 m(3.6 mm、6 mm、8 mm、12 mm 镜头)	576
IPC232E-IR5	双灯大筒机	1080P(200 万像素)，1/2.8"CMOS，ICR 日夜型金属筒形网络摄像机，防水、防雷、红外 50～80 m(16 mm 镜头)	610
IPC232E-IR3-P	单灯大筒机	1080P(200 万像素)，1/2.8" CMOS，ICR 日夜型金属筒形网络摄像机，带 POE 功能、防水、防雷、红外 30～50 m(3.6 mm、6 mm、8 mm、12 mm 镜头)	626
IPC232E-IR5-P	双灯大筒机	1080P(200 万像素)，1/2.8" CMOS，ICR 日夜型金属筒形网络摄像机，带 POE 功能、防水、防雷、红外 50～80 m(16 mm 镜头)	660
IPC232S-IR3	单灯大筒机	1080P(200 万像素)，1/3" CMOS，ICR 日夜型筒形网络摄像机，防水、防雷、红外 30～50 m(3.6 mm、6 mm、8 mm、12 mm 镜头)	510
IPC232S-IR5	双灯大筒机	1080P(200 万像素)，1/3"CMOS，ICR 日夜型筒形网络摄像机，防水、防雷、红外 50～80 m(3.6 mm、6 mm、8 mm、12 mm、16 mm 镜头)	558

型　号	形状	参　　　数	价格/元
IPC232S-IR3-P	单灯 大筒机	1080P(200 万像素),1/3" CMOS,ICR 日夜型筒形网络摄像机,带 POE 功能、防水、防雷、红外 30～50 m(3.6 mm、6 mm、8 mm、12 mm 镜头)	570
IPC232S-IR5-P	双灯 大筒机	1080P(200 万像素),1/3" CMOS,ICR 日夜型筒形网络摄像机,带 POE 功能、防水、防雷、红外 50～80 m(3.6 mm、6 mm、8 mm、12 mm、16 mm 镜头)	618
IPC231E-IR3	单灯 大筒机	720P(130 万像素),SONY 1/3" CMOS, ICR 日夜型筒形网络摄像机,防水、防雷、红外 30～50 m(3.6 mm、6 mm、12 mm 镜头)	476
IPC231E-IR5	双灯 大筒机	720P(130 万像素),SONY 1/3" CMOS, ICR 日夜型筒形网络摄像机,防水、防雷、红外 50～80 m(16 mm 镜头)	520
IPC231E-IR3-P	单灯 大筒机	720P(130 万像素),SONY 1/3" CMOS,ICR 日夜型筒形网络摄像机,带 POE 功能、防水、防雷、红外 30～50 m(3.6 mm、6 mm、12 mm 镜头)	526
IPC231E-IR5-P	双灯 大筒机	720P(130 万像素),SONY 1/3" CMOS, ICR 日夜型筒形网络摄像机,带 POE 功能、防水、防雷、红外 50～80 m(16 mm 镜头)	570
IPC331E-IR3	海螺半球	720P(130 万像素),SONY 1/3" CMOS, ICR 日夜型海螺形网络摄像机,防水、防雷、红外 30～50 m(2.8 mm、3.6 mm、6 mm 镜头)	502
IPC331E-IR3-P	海螺半球	720P(130 万像素),SONY 1/3" CMOS, ICR 日夜型海螺形网络摄像机,带 POE 功能、防水、防雷、红外 30～50 m(2.8 mm、3.6 mm、6 mm 镜头)	552
IPC331S-IR3	海螺半球	720P(130 万像素),1/3" CMOS,ICR 日夜型海螺形网络摄像机,防水、防雷、红外 30～50 m(2.8 mm、3.6 mm、6 mm、8 mm 镜头)	458
IPC331S-IR3-P	海螺半球	720P(130 万像素),1/3" CMOS,ICR 日夜型海螺形网络摄像机,带 POE 功能、防水、防雷、红外 30～50 m(2.8 mm、3.6 mm、6 mm、8 mm 镜头)	508

5.2.2　镜头

镜头(LENS)是摄像机的核心部件,一般采用许多单元的透镜组合而成,基本为凸透镜和凹透镜。凸透镜的作用是聚光成像,凹透镜的作用是散光不成像。一般镜头可视为像凸透镜这样的会聚透镜。这里其光学特性满足:

$$\frac{1}{S} + \frac{1}{S'} = \frac{1}{f}$$

其中 S 为像距,S' 为物距,f 为焦距。

通常把短焦距、视场角大于 $50°$(如 $f = 10$ mm 左右)的镜头称为广角镜头,把更短焦距(如 $f = 4$ mm)的镜头叫作超广角镜头,同时把很长焦距(如 $f > 50$ mm)的镜头称为望远(或远摄)镜头。介于短焦和长焦之间的镜头就叫标准镜头。

1. 镜头的种类

(1) 按光圈调整方式分为手动光圈镜头和自动光圈镜头。

(2) 按焦距尺寸是否可变分为定焦距镜头和变焦距镜头。

(3) 按镜头聚焦方式分为手动聚焦镜头和自动聚焦镜头。

(4) 焦距尺寸或视场角大小如下：

- 标准镜头：视角 30° 左右，使用范围较广。
- 远摄镜头：视角 20° 以内，可在远距离情况下拍摄。
- 广角镜头：视角 90° 以上，观察范围较大，近处图像有变形。
- 超广角镜头：视角 90° 以上，观察范围更大。

(5) 从镜头焦距上分为：

- 短焦距镜头：因入射角较宽，可提供一个较宽广的视野。
- 中焦距镜头：标准镜头，焦距的长度视 CCD 的尺寸而定。
- 长焦距镜头：因入射角较狭窄，故仅能提供狭窄视景，适用于长距离监视。
- 变焦距镜头：通常为电动式，可作广角、标准或远望等镜头使用。

(6) 镜头参数可调整的项目如下：

- 三可变镜头：光圈、聚焦、焦距为人为控制。
- 两可变镜头：自动光圈，聚焦、焦距为人为控制。
- 一可变镜头：自动光圈，自动焦距，仅焦距可人为控制。

(7) 镜头尺寸：有 1/4、1/3、1/2、2/3 和 1 英寸镜头规格。

(8) 镜头结构及不同使用条件：一般分为普通镜头、针孔镜头和其他特种镜头。

一般地，标准镜头的视角在 30° 左右，在 1/2 英寸 CCD 摄像机中，标准镜头焦距定为 12 mm，在 1/3 英寸 CCD 摄像机中，标准镜头焦距定为 8 mm。长焦镜头的视角在 20° 以内，焦距可达几十毫米或上百毫米。广角镜头的视角在 90° 以上，焦距可小于几毫米，可提供较宽广的视景。变焦镜头的镜头焦距连续可变，焦距可以从广角变到长焦，焦距越长成像越大。远摄镜头的视角在 20° 以内，焦距可达几米甚至几十米，此镜头可在远距离情况下将拍摄的物体影像放大，但使观察范围变小。针孔镜头直径约几毫米，可隐蔽安装，用于隐蔽观察，经常被安装在天花板或墙壁等地方。

2. 选择镜头的技术指标

1) 镜头的成像尺寸

镜头的成像尺寸应与摄像机 CCD 靶面尺寸相一致，如前所述，有 1 英寸、2/3 英寸、1/2 英寸、1/3 英寸、1/4 英寸、1/5 英寸等规格。

2) 镜头的分辨率

描述镜头成像质量的内在指标是镜头的光学传递函数与畸变，但对用户而言，需要了解的仅仅是镜头的空间分辨率，以每毫米能够分辨的黑白条纹数为计量单位，计算公式为

$$镜头分辨率 \ N = \frac{180}{画幅格式的高度}$$

由于摄像机 CCD 靶面大小已经标准化，如 1/2 英寸摄像机，其靶面为宽 6.4 mm×高

4.8 mm，1/3 英寸摄像机的靶面为宽 4.8 mm×高 3.6 mm，因此，对 1/2 英寸格式的 CCD 靶面，镜头的最低分辨率应为 38 对线，对 1/3 英寸格式的摄像机，镜头的分辨率应大于 50 对线。摄像机的靶面越小，镜头的分辨率越高。

3) 镜头焦距

镜头焦距是透镜中心或其第二主平面到图像聚集点处的距离，单位一般为毫米或英寸。常见的如 4 mm、6 mm、8 mm、3.5～8 mm。被摄物体的大小、距离与焦距成特定的关系。

设被摄物体的高度和宽度分别为 H、W，被摄物体与镜头间的距离为 D，镜头的焦距为 f。靶面成像的高度和宽度分别为 h、w，则覆盖景物镜头的焦距可用下述公式计算：

$$f = h \times \frac{D}{H} = w \times \frac{D}{W}$$

举例说明：当选用 1/2 英寸镜头时，图像尺寸为 $w = 4.8$ mm，$h = 6.4$ mm。镜头至景物的距离 $D = 3500$ mm，景物的实际宽度为 $W = 2500$ mm(景物的实际高度 $H = 1.333 \times W$，这种关系由摄像机取景器 CCD 片决定)。将以上参数代入上述公式中，可得 $f = 4.8 \times 3500/2500 = 6.72$ mm，故选用 6 mm 定焦镜头即可。

镜头焦距分定焦距和变焦距两种。镜头的焦距用于决定摄影机的观测视角，根据不同需求，可使用不同焦距之镜头以得到最佳视角。

(1) 定焦距：焦距固定不变，可分为有光圈和无光圈两种。

• 有光圈：镜头光圈的大小可以调节。根据环境光照的变化，应相应调节光圈的大小。光圈的大小可以通过手动或自动调节。人为手工调节光圈的称为手动光圈；镜头自带微型电机自动调整光圈的称为自动光圈。

• 无光圈：即定光圈，其通光量是固定不变的。主要用于光源恒定或摄像机自带电子快门的情况。

(2) 变焦距：焦距可以根据需要进行调整，使被摄物体的图像放大或缩小。常用的变焦镜头为六倍、十倍变焦。

4) 视场角

视场角是指摄像水平视觉度数及垂直视觉度数。摄取景物的镜头视场角是极为重要的参数，镜头视场角随镜头焦距及摄像机规格大小而变化(其变化关系如前所述)。摄像机的水平视觉度数及垂直视觉度数与摄像机 CCD 靶面尺寸 $h \times w$ 及镜头焦距 f 之间有如下关系：

水平视觉度数 $= 2 \arctan(h/2f)$

垂直视觉度数 $= 2 \arctan(w/2f)$

首先根据摄像机到被监控目标的距离选择镜头的焦距，镜头焦距确定后，则由摄像机靶面决定视野。

5) 光圈和通光量

光圈是位于摄像机镜头内部的可以调节的光学机械部件，可用来控制通过镜头的光线的多少。镜头光圈的数量指标一般用通光量表示。

镜头的通光量以镜头的焦距和通光孔径的比值来衡量，以 F 为标记，F 取值以镜头的焦距 f 和通光孔径 d 的比值来衡量，$F = f/d$。每个镜头上均标有其最大的 F 值，通光量与 F 值的平方成反比关系，F 值越小，则光圈越大。所以可根据被监控部分的光线变化程度来选择用手动光圈还是用自动光圈镜头。

6) 相对孔径

为了控制通过镜头的光通量的大小，在镜头的后部均设置了光圈。假定光圈的有效孔径为 d，由于光线折射的关系，镜头实际的有效孔径为 D(比 d 大)，D 与焦距 f 之比定义为相对孔径 A，即 $A = D/f$。镜头的相对孔径决定被摄像的照度，像的照度与镜头的相对孔径的平方成正比，一般习惯上用 $F = f/D$，即相对孔径的倒数来表示镜头光圈的大小。常用的 $F = 1.4$。F 值越小，光圈越大，到达 CCD 芯片的光通量就越大。所以在焦距 f 相同的情况下，F 值越小，表示镜头曝光特性越好。

3. 手动光圈和自动光圈

镜头有手动光圈(manual iris)和自动光圈(auto iris)之分。自动光圈是指镜头内的隔膜装置可根据电视摄像机传来的视频信号自行调节，以适应光照强度的变化。光圈隔膜通过打开或关闭光圈来控制通过镜头传送的光线。典型的补偿范围是 10 000－1 到 300 000－1。

配合摄像机的使用，手动光圈镜头适合于亮度不变的应用场合，自动光圈镜头因亮度变更时其光圈亦作自动调整，故适用亮度变化的场合。自动光圈镜头有两种驱动方式：

(1) 视频输入型(Video driver with Amp)，它将一个视频信号及电源从摄像机输送到透镜来控制镜头上的光圈，这种视频输入型镜头内包含有放大器电路，用以将摄像机传来的视频信号转换成对光圈马达的控制。

(2) DC 输入型(DC driver no Amp)，它利用摄像机上的直流电压来直接控制光圈，这种镜头内只包含电流计式光圈马达，摄像机内没有放大器电路。

这两种驱动方式产品不具有可互换性，但目前已有通用型自动光圈镜头推出。

自动光圈镜头上的 ALC(自动镜头控制)用于设定测光系统，可以通过整个画面的平均亮度，也可以通过画面中的最亮部分(峰值)来设定基准信号强度，供给自动光圈调整使用。一般而言，ALC 已在出厂时经过设定，可不作调整，但是当拍摄景物中包含一个亮度极高的目标时，明亮目标物之影像可能会造成"白电平削波"现象，而使得全部屏幕变成白色，此时可以调节 ALC 来变换画面。

另外，自动光圈镜头装有光圈环，转动光圈环时，通过镜头的光通量会发生变化，光通量即光圈，一般用 F 表示，F 值越小，则光圈越大。

采用自动光圈镜头，对于下列应用情况是理想的选择：在诸如太阳光直射等非常亮的情况下，用自动光圈镜头可有较宽的动态范围；要求在整个视野有良好的聚焦时，用自动光圈镜头可获得比固定光圈镜头更大的景深；要求在亮光上因光信号导致的模糊最小时，应使用自动光圈镜头。

4. 定焦镜头和变焦镜头

定焦、变焦镜头的选用取决于被监视场景范围的大小，以及所要求被监视场景画面的清晰程度。变焦(倍)镜头是指焦平面的位置固定，而焦路可连续调节的光学系统。变焦是通过移动镜头内部的镜片，改变它们之间的相对位置而实现的，这样就可以在一定范围内改变镜头的焦距长度和视角。

在镜头规格(镜头规格一般分为 1/3 英寸、1/2 英寸和 2/3 英寸等)一定的情况下，镜头焦距与镜头视场角的关系为：镜头焦距越长，其镜头的视场角就越小。在镜头焦距一定的情况下，镜头规格与镜头视场角的关系为：镜头规格越大，其镜头的视场角也越大。

所以由以上关系可知：在镜头物距一定的情况下，随着镜头焦距的变大，在系统末端监视器上所看到的被监视场景的画面范围就越小，但画面细节越来越清晰；而随着镜头规格的增大，在系统末端监视器上所看到的被监视场景的画面范围就增大，但其画面细节越来越模糊。在镜头规格及镜头焦距一定的前提下，CS 型接口镜头的视场角将大于 C 型接口镜头的视场角。

镜头视场角可分为图像水平视场角和图像垂直视场角，且图像水平视场角大于图像垂直视场角。通常我们所讲的视场角一般是指镜头的图像水平视场角。

可变焦点镜头(vari-focus lens)介于标准镜头与广角镜头之间，焦距连续可变，既可将远距离物体放大，同时又可提供一个宽广视景，使监视范围增加。变焦镜头可通过设置自动聚焦于最小焦距和最大焦距两个位置，但是从最小焦距到最大焦距之间的聚焦，则需通过手动聚焦实现。

对于一般变焦(倍)镜头而言，由于其最小焦距通常为 6.0 mm 左右，故其变焦(倍)镜头的最大视场角为 45° 左右，如将此种镜头用于这种狭小的被监视环境中，其监视死角必然增大，虽然可通过对前端云台进行操作控制减少这种监视死角，但这样必将会增加系统的工程造价(系统需增加前端译码器、云台、防护罩等)以及系统操控的复杂性，所以在这种环境中不宜采用变焦镜头。

5.2.3 云台

云台即回转台，是安装、固定与移动(水平/垂直)摄像机的支撑设备，它分为固定云台和电动云台两种。

固定云台适用于监视范围不大的情况，在固定云台上安装好摄像机后可调整摄像机的水平和俯仰的角度，达到最好的工作姿态后只要锁定调整机构就可以了。

电动云台适用于对大范围进行扫描监视，它可以扩大摄像机的监视范围。电动云台高速姿态是由两台执行电动机来实现的，电动机接受来自控制器的信号精确地运行定位。在控制信号的作用下，云台上的摄像机既可自动扫描监视区域，也可在监控中心值班人员的操纵下跟踪监视对象。

摄像机安装于云台上，可实现摄像机多个自由度运动，满足对固定监控目标的快速定位，或对大范围监控环境的全景观察。云台可以按下列分类来加以区分。

1) 按安装部位划分

室内云台——室内使用，抗环境干扰能力较弱。

室外云台——密封性能好，防水、防尘，负载大，可全天候服务。

2) 按能够承受负载的能力划分

轻载云台——最大负重 20 磅(9.08 kg)。

中载云台——最大负重 50 磅(22.7 kg)。

重载云台——最大负重 100 磅(45 kg)。

防爆云台——用于危险环境下，能够防爆和防粉尘点燃，带高转矩交流电机和可调螺杆驱动，可负重 100 磅。

3) 按运动方向划分

水平旋转云台——仅能实现水平旋转运动，故亦称为转台。

全方位云台——既能够作水平旋转运动，也能够作垂直俯仰运动，有的还能够作结合两者的复合运动。

4) 按回转范围划分

水平旋转有 0°～355°云台，两端设有限位开关；还有 360°自由旋转云台，可以作任意个 360°旋转。

垂直俯、仰均为 90°，现在已出现垂直可作 360°旋转并可在垂直回转至后方时自动将影像调整为正向(auto image invert for tilt)的新产品。

5) 按使用电压划分

按使用电压划分为 220 V 交流电压云台、24 V 交流电压云台和直流供电云台。

6) 按旋转速度划分

恒速云台——只有一档速度，一般水平旋转速度最小值为 6°～12°/s，垂直俯、仰速度为 3°～3.5°/s，但快速云台水平旋转和垂直俯仰速度更高。

可变速云台——水平旋转速度范围为 4°～400°/s，垂直倾斜速度范围多为 0°～120°/s，但已有最高达 480°/s 的产品。

此外，还可以按安装方式分为侧装和吊装，即云台是安装在天花板上还是安装在墙壁上；按外形分为普通型和球型，球型云台是把云台安置在一个半球形或球形防护罩中，除了防止灰尘干扰图像外，还有隐蔽、美观等特点。

在挑选云台时要考虑安装环境、安装方式、工作电压、负载大小，也要考虑性能价格比和外形是否美观。这种云台要区别于照相器材中的云台，照相器材的云台一般来说只是一个三脚架，只能通过手来调节方位；而监控系统所说的云台是通过控制系统在远端可以控制其转动方向的。

5.2.4　防护罩与固定支架

1. 防护罩

防护罩是监控系统中重要的组件，它是保证摄像机和镜头有良好的工作环境的辅助性防护装置。它将二者包含于其中，使摄像机在有灰尘、雨水、高温、低温等情况下可以正常使用。防护罩实物图参见图 5-3。

图 5-3　防护罩实物图

防护罩一般分为两类。一类是室内用防护罩，以装饰性、隐蔽性和防尘为主要目标，这种防护罩结构简单，价格便宜。其主要功能是防止摄像机落灰并有一定的安全防护作用，如防盗、防破坏等。另一类是室外用防护罩，这种防护罩一般为全天候防护罩，即无论刮风、下雨、下雪、高温、低温等恶劣情况，都能使安装在防护罩内的摄像机正常工作。因而这种防护罩具有降温、加温、防雨、防雪等功能。同时，为了在雨雪天气仍能使摄像机正常摄取图像，一般在全天候防护罩的玻璃窗前安装有可控制的雨刷。目前较好的全天候防护罩是采用半导体器件加温和降温的，这种防护罩内装有半导体元件，既可自动加温，也可自动降温，并且功耗较小。

在防护罩中，除了用于一体化摄像系统的球形防护罩外，还有圆柱形、长方形等不同形状。一般地，半球形、球形防护罩内置万向可调支架，使人有不被专盯的感觉，造型也较美观。防护罩的材料主要有铝质、合金、铝合金挤压成型、不锈钢等。

挑选防护罩时先看整体结构，首先是要包容所使用的摄像机和镜头，并留有适当的富余空间；其次是依据使用环境选择合适的防护罩类型，再看内部线路是否便于连接，在此基础上，将包括防护罩及云台在内的整个摄像前端之重量累计，选择具有相应承重值的支架。

2．支架

支架(Mounting Bracket)是固定云台及摄像机、防护罩的安装部件。一般方式为在支架上安装云台，再将带或不带防护罩的摄像机固定在云台上。制作支架的材料有塑料、金属镀铬、压铸。室外支架主要考虑负载能力是否合乎要求，再有就是安装位置。支架多种多样，依使用环境不同和结构不同，主要有以下类型(参见图5-4)：

(1) 天花板顶基支架，一端固定在天花板上，另一端为可调节方向的球形旋转头或可调倾斜度的平台，以便摄像机对准不同的方位。有直管圆柱形和 T 形之分。

(2) 墙壁安装型支架，一端固定在墙壁上，其垂直平面用于安装摄像机或云台，对于无云台的摄像机系统，其摄像机可以直接固定在支架上，也可以固定在支架上的球形旋转接头或可调倾斜平台上。

(3) 墙用支架加上安装连板可构成墙角支架，墙角支架加上圆柱安装连板，可将其安装在圆柱杆上。

图 5-4　支架实物图

5.3　电视监控系统的显示设备

5.3.1　视频监视器

监视器(Monitor)是用于显示摄影机所观测之影像的显示装置，如图 5-5 所示。在最小系统中可以仅有单台监视器，而在大系统中则可能是由数十台监视器组成的电视墙；监视器可以是黑白的，但更多的是彩色监视器；既可以是 6 英寸、9 英寸的小屏幕监视器，也可以是 40 英寸左右的大型监视器、等离子体平板显示器或上百英寸的投影。黑白监视器有9 英寸、14 英寸、17 英寸、20 英寸机型等，而彩色监视器常见的有 19 英寸、22 英寸、29

英寸、34 英寸机型。现在 42 英寸、55 英寸的大屏幕监视器也已经投入使用。

图 5-5　视频监视器

在实际应用中，有专业级的纯监视器，但目前基本用电脑显示器替代。在图像显示质量方面，电脑显示器对于追求高图像质量的显示均不成问题。以前特别是在经费不太充足的条件下，也有选用价格相对便宜的彩电的情形。从使用角度而言，监视器搭配摄像机使用时，实用性是最主要的选择原则，具体在选择时可参考下列一些应用经验：

(1) 监视器类型的选择应与前端摄像机类型基本匹配。以前因黑白摄像机一般具有分辨率较高的特点，且价格较为低廉，所以得到了广泛应用。

(2) 对于不仅要求看得清楚而且具有彩色要求的场合，随着彩色 CCD 摄像机的大量使用，视频图像的显示必然用彩色监视器。

(3) 600～800 线分辨率的高档彩色监视器可用在图像质量要求高的场合。

(4) 监视器有不同的扫描制式，选用时应注意。黑白有 EIA(美规)与 CCIR(欧规)，彩色亦有 NTSC(美规)与 PAL(欧规)。美规地区大致为加拿大、美国、中美洲一些国家、韩国、日本、中国台湾及菲律宾；其他国家大致为欧规。

(5) 监视器屏幕大小的选择应以与视频图像相匹配为原则。用于显示多画面分割器输出图像的监视器，由于一屏上有多个摄像机输出图像，因此宜采用大屏幕的监视器。

5.3.2　多画面分割器

在由多个摄像机组成的电视监控系统中，通常采用视频切换器使多路图像在一台监视器上轮流显示。但有时为了让监控人员能同时看到所有监控点的情况，往往采用多画面分割器，使得多路图像同时显示在一台监视器上。这种将若干台摄像机输出图像显示于同一个监视器屏幕上，实现图像分割或画中画功能的装置称为多画面分割器。

当采用几台多画面分割器时，就有可能用与多画面分割器相同数量的监视器将所有摄像机传送来的多个画面同时显示。这样，既减少了监视器的数量，又能使监控人员一目了然地监视各个部位的情况。常用的画面分割器为二画面、三画面、四画面、八画面、九画面和十六画面，分别可以在一台监视器上同时显示 2、3、4、8、9、16 个摄像机的图像，也可以送到录像机上记录。

1. 应用原理及主要性能

多画面分割器的基本工作原理是采用图像压缩和数字化处理的方法，把几个画面按同样的比例压缩在一个监视器屏幕上。有的还带有内置顺序切换器的功能，此功能可将各摄像机输入的全屏画面按顺序和间隔时间轮流输出显示在监视器上(如同主机轮流切换画面那样)，并可用录像机按上述的顺序和时间间隔记录下来，其间隔时间一般是可调的。多画面分割器一般有报警输入/输出接口，可与报警系统联动。报警时可调用全屏画面并产生报警输出信号启动录像机或其他相关设备。也就是说，当报警信号产生时，该警报相关区域的场景将以全屏画面显示出来，并可自动录像。用户可自行设定警报的持续时间和录像的持续时间。报警输入接口数目与画面输入数目相同。

典型多画面分割器的主要性能如下：

(1) 全压缩图像，数字化处理彩色/黑白画面。

(2) 四路(或九路、十六路)视频输入并带有四路(或九路、十六路)的环接输出。

(3) 内置可调校时间的顺序切换器和独立的切换输出。根据摄像机的编号对全屏画面按顺序切换显示，每路画面的显示时间可由用户自己进行优化编程调整。

(4) 高解像度以及实时更新率。画面指标为 512×512 像素，更新率为 25～30 场/s。

(5) 录像带重放时可实现 1/4(或 1/9、1/16)画面到全屏画面变焦(还原为实时全屏画面)。

(6) 与标准的 SUPER-VHS 录像机兼容(有的还具有 S-VHS 接口)。

(7) 有报警输入/输出接口，可与报警系统联动，进行监控和导引。

(8) 八个字符的摄像机名称。用户可以自己给每个摄像机编程设定最多达八个字符的名称。

(9) 报警画面叠加、视频信号丢失指标。该功能可以方便用户快速检查出信号丢失的原因。

(10) 设置屏幕菜单编程/调用。编程简单，操作容易，人机界面友好。

(11) 电子保险锁。用户可自行设定密码，被允许的操作者才能进行系统的操作。

除此之外，评价多画面分割器性能优劣的关键是影像处理速度和画面的清晰程度。

彩色多画面分割器有单工型和双工型，所不同的仅在于记录全部输入视频信号的同时，单工型只能显示一个单画面图像，不可监看分割画面，但在放像时可看全画面及分割画面；而双工型则在录像状态下可以监看多画面分割图像或全画面，在放像时也可看全画面或分割画面。性能更全的是称之为全双工的多画面分割器，它可以连接两台监视器和两台录像机，其中一台用于录像作业，另一台用于录像带回放。

使用多画面分割器可在一台监视器上同时观看多路摄像机信号，而且它还可以用一台录像机同时录制多路视频信号。有些较好的多画面分割器还具有单路回放功能，即能选择同时录下的多路视频信号的任意一路在监视器上满屏回放。目前多画面分割器有与视频矩阵切换系统相融合的趋势。

2. 四画面分割器简介

画面分割器有四分割、八分割、十六分割几种，可以在一台监视器上同时显示 4、8、16 个摄像机的图像。四画面分割器是最常用的设备之一，它是多画面分割器中的低价适用产品，其性能价格比较好，图像的质量和连续性可以满足大部分要求。其产品一般具备以下功能：

(1) 具备 4 个或 8 个摄像机输入端子，通常有两个视频输出端子，一路为录像输出，输出四画面图像供记录，另一路为视频输出，与监视器相连，可选择显示单一画面图像，也可顺序显示 4 路输入图像。

(2) 四画面分割器的影像处理技术是将四个视频信号同时进行数位处理，将每一个全画面缩小成 1/4 的画面大小并放置于不同位置，从而在监视器上组合成四画面分割显示。由于四画面分割器是同时处理四个画面信号，因此可以进行实时录像与监视，画面动作不会有延迟现象。

(3) 具有双工性能的装置，在回放时可放送四分割画面，也可指定某一画面作放大监视，但是图像比率、清晰度、连续性方面均可能受影响。

(4) 各画面上可显示多个英文或数字，以标明摄像机号和位置信息。

(5) 可以与报警探测器或视频移动探测器构成的报警系统联动。

(6) 具有快速放像、静止画面、时间发生器、单道声音输出等功能。

大部分分割器除了可以同时显示图像外，也可以显示单幅画面，可以叠加时间和字符，设置自动切换，连接报警器材，只是分割后每路图像的分辨率和连续性都可能下降。

5.3.3 视频分配器

视频分配器(Video Distributor)可将一路视频信号转变成多路信号，输送到多个显示与控制设备，实现将一个影像信号分配给多个接收端。

一般是一路视频信号对应一台监视器或录像机，若想将一台摄像机的图像送给多个管理者查看，可选择视频分配器。由于并联视频信号衰减较大，送给多个输出设备后由于阻抗不匹配等原因，图像会严重失真，线路也不稳定。使用视频分配器则可以实现阻抗的匹配，减少视频信号的衰减，使视频信号可以同时送给多个输出设备而不受影响。

5.3.4 视频放大器

视频放大器(Video Amplifier)用于实现视频信号的增益。当视频传输距离比较远时，最好采用线径较粗的视频线，同时可以在线路内增加视频放大器以增强信号强度，实现远距离传输。视频放大器可以增强视频的亮度、色度和同步信号，但线路内干扰信号也会被放大。另外，回路中不能串接太多视频放大器，否则会出现饱和现象，导致图像失真。

通常视频分配器除提供多路独立视频输出外，兼具视频信号补偿或放大功能，故也称为视频分配放大器。视频分配放大器以独立和隔离的互补晶体管或由独立的视频放大器集成电路提供 4～6 路独立的 75 Ω 负载能力，具备彩色兼容性和较宽的频率响应范围(7 Hz～10 MHz)，视频输入和输出均为 BNC 端子。

经过视频矩阵切换器输出的视频信号，可能要送往监视器、录像机、传输装置、硬拷贝成像等终端设备，完成成像的显示与记录功能。在此，经常会遇到需要将一个视频信号分配为多路视频信号输出的要求，在分配个数为二时，直接利用转接插头或者某些终端装置上配有的二路输出器来完成；但在分配个数较多时，则需要使用视频分配放大器，实现一路视频输入、多路视频输出的功能，以便在无扭曲或无清晰度损失的情况下观察视频输出。

5.3.5 解码器

对云台与镜头的控制，一般由主机经由双绞线或者多芯电缆先送至解码/驱动器，由解码器对传来的信号进行译码，以确定执行何种控制动作。包括对前端摄像机电源的开关控制，对来自主机的命令进行译码以控制云台与镜头，与切换控制主机间的传输控制，以及通过固态继电器提高对执行动作的驱动能力。

解码/驱动器可控制云台与镜头完成的动作包括：

- 云台的左右旋转
- 云台的上下俯仰
- 云台的扫描旋转(定速或变速)
- 云台预置位的快速定位
- 镜头光圈大小的改变
- 镜头聚焦的调整
- 镜头变焦变倍的增减
- 镜头预置位的定位
- 摄像机防护罩雨刷的开关
- 某些摄像机防护罩降温风扇的开关(大多数采用温度控制自动开关)
- 某些摄像机防护罩除霜加热器的开关(大多数采用低温时自动加电至指定温度时自动关闭)

在具体的闭路电视监控系统工程中，解码器是属于前端设备的，它一般安装在配有云台及电动镜头的摄像机附近，有多芯控制电缆直接与云台及电动镜头相连，另有通信线(通常为 2 芯护套线或 2 芯屏蔽线)与监控室内的系统主机相连。

依据解码器所接受代码的形式不同，通常有三种类型的解码器：一是直接接受由切换控制主机发送来的曼彻斯特码的解码器；二是由控制键盘传送来的或将曼彻斯特码转换后接受的 RS-232 输入型解码器；三是经同轴电缆传送视频代码的同轴视控型解码器，如有的同轴视控型解码器可支持 8 路 1080P 高清解码。因此，与不同解码器配合使用的云台存在着相互是否兼容的选择。

同一系统中有很多解码器，所以每个解码器上都有一个拨码开关，它决定了该解码器在该系统中的编号(即 ID)，在使用解码器时首先必须对拨码开关进行设置。在设置时，必须跟系统中的摄像机编号一致。如不一致，会出现操作混乱，例如：当摄像机的信号连接到 SP8000 系列主机第一视频输入口，即 CAM1 时，相对应的解码器的编号应设为 1。否则，操作解码器时，很可能在监视器上看不见云台的转动和镜头的动作，甚至可能认为此解码器有故障。

5.4　电视监控系统的传输设备

1. 通信转换器

RS-485 通信的标准通信长度约为 1.2 km，如增加双绞线的线径，则通信长度还可延长。实际应用中，用 RVV-2/1.0 的 2 芯护套线作通信线，其通信长度可达 2 km 以上。但是，当 RS-485 通信线的长度再长时，一般就需要使用中继器了，它可以将 RS-485 通信控制信号进行放大、整形后再继续传输。在某些应用场合，使用光隔离型的中继器还可以将前端设备与中心端设备的"地"隔离开，避免因前端与中心端的地电位不同而造成干扰。

2．视频电缆及连接器

视频电缆选用 75 Ω 的同轴电缆，通常使用的电缆型号为 SYV-75-3 和 SYV-75-5。它们对视频信号的无中继传输距离一般为 300～500 m，当传输距离更长时，可相应选用 SYV-75-7、SYV-75-9 或 SYV-75-12 的粗同轴电缆(在实际工程中，粗缆的无中继传输距离可达 1 km 以上)，当然也可考虑使用视频放大器。一般来说，传输距离越长则信号的衰减越大，频率越高则信号的衰减也越大，但线径越粗则信号衰减越小。当长距离无中继传输时，由于视频信号的高频成分被过多地衰减而使图像变模糊(表现为图像中物体边缘不清晰，分辨率下降)，而当视频信号的同频头被衰减得不足以被监视器等视频设备捕捉到时，图像便不能稳定地显示了。

视频信号实际所能传输的距离与同轴电缆的质量及所用的摄像机和监视器均有关。当摄像机输出电阻、同轴电缆特性阻抗、监视器输入电阻这三个量不能完全匹配时，就会在同轴电缆中造成回波反射(驻波反射)，因而长距离传输时会使图像出现重影及波纹，甚至使图像跳动(因同步头被衰减或回波反射都可能使图像产生跳动)。

因此，在实际工程中，尽可能一根电缆一贯到底，中间不留接头，因为中间接头很容易改变接点处的特性阻抗，还会引入插入损耗。以某一电视监控系统的布线为例，其仓库周界边线长应达 400 m，几个远端摄像机到主控室的距离达到了 800～1100 m(因防火因素，线缆不能从仓库中心穿过，只能沿围墙布设)。本工程事先定制了 SYV-75-7 和 SYV-75-9 两种超长电缆(配上线滚轴)，实际施工时是开着汽车沿周界进行布线(同时以总线方式布设了通信控制电缆及电源线)，每一根都直接引到了主控室，没有使用视频放大器，也得到了较好的图像质量。

视频同轴电缆的外导体用铜丝编织而成。不同质量的视频电缆其编织层的密度(所用的细铜丝的根数)是不一样的，如 80 编、96 编、120 编，有的电缆编数少，但在编织层外增加了一层铝箔。在电路中，其外导体接地，内导体(铜芯线)接信号端，内、外导体之间填充有绝缘介质，这样，传输的电磁能便被限制在内、外导体之间了，避免了辐射损耗和外界杂散信号的干扰。

3．音频电缆及连接器

音频电缆通常选用 2 芯屏蔽线，虽然普通 2 芯线也可以传输音频，但长距离传输时易引入干扰噪声。在一般应用场合下，屏蔽层仅用于防止干扰，并于中心控制室内的系统主机处单端接地，但在某些应用场合，也可用于信号传输，如用于立体声传输时的公共地线(2 芯线分别对应于立体声的两个声道)。常用的音频电缆有 RVVP-2/0.3 或 RVVP-2/0.5。

很多工程单位在承接诸如超市或宾馆、写字楼等电视监控工程项目的同时可能还会兼做公共广播(背景音乐)工程，这也需要布设音频电缆。但公共广播系统的声音传输采用的是高压(120 V)定压方式，其音频电缆采用总线式布线，这与监控系统中用于将监听头的音频信号传到中控室的点对点式布线方式截然不同。由于采用了高压小电源传输，因此采用非屏蔽的 2 芯电缆即可，如 RVV-2/0.5 等。

音频电缆与设备的连接通常为 RCA 连接器，专业音频设备通常采用卡侬连接器，个别设备也有选用普通 6.5 mm 或 3.5 mm 的"杰克"插头/座的。公共广播系统的音频电缆一般不需要专门的连接器，而是直接将电缆连接到音箱或功放设备的接线柱上。

4.控制电缆

控制电缆通常指的是用于控制云台及电动三可变镜头的多芯电缆,它一端连接控制器或解码器的云台、电动镜头控制接线端,另一端则直接接到云台、电动镜头的相应端子。由于控制电缆提供的是直流或交流电压,而且一般距离很短(有时还不足 1 m),基本上不存在干扰问题,因此不需要使用屏蔽线。常用的控制电缆大多采用 6 芯电缆或 10 芯电缆,如RVV-6/0.2、RVV-10/0.12 等。其中 6 芯电缆分别接于云台的上、下、左、右、自动、公共 6个接线端。10 芯电缆除了接云台的 6 个接线端外还包括电动镜头的变倍、聚焦、光圈、公共 4 个接线端。

在电视监控系统中,从摄像机到解码器的空间距离比较短(通常都是在几米范围内),因此从解码器到云台及电动镜头之间的控制电缆一般不作特别要求;而由控制器到云台及电动镜头的距离少则几十米,多则几百米,在这样的监控系统中,对控制电缆就有一定的要求,即线径要粗。这是因为导线的直流电阻与导线的截面积平方成反比,而控制信号经长距离导线传输时会因其导线电阻(几至几十欧姆甚至更高)而产生压降,线径越细或传输距离越长则导线电阻越大,控制信号压降越大,以至于控制信号到达云台或电动镜头时不能驱动负载电动机动作。

这种现象对于低电压控制信号尤为明显,如对于交流 24 V 驱动的云台及直流 6~12 V驱动的电动镜头,可能会出现云台经常被"卡"住而启动不了(特别是在大转矩情况下),电动镜头动作极慢或干脆不动作。其原因就是由于控制电流 I 会在导线电阻 R 上产生压降,使得控制器输出电压减去该压降后加在云台或电动镜头上的实际电压降低。因此,控制信号的长距离传输必须用粗线径的导线,如选用 RVV-10/0.5 或 RVV-10/0.75 等。

接于系统主机与解码器之间的是 2 芯通信电缆,可以选用普通的 2 芯护套线,但一般来说,带有屏蔽层的双绞 2 芯线抗干扰性能要好些,更适合于强干扰环境下的远距离传输。可选用的通信线如 RVVP-2/0.15 或 RVVP-2/0.3 等。

选择通信电缆的基本原则是距离越长,线径越粗。例如,RS-485 通信规定的基本通信距离是 1200 m,但在实际工程中选用 RVV-2/1.5 的护套线,可以将通信距离扩展到 2000 m以上。当通信线过长时,需使用 RS-485 通信中继器将控制信号放大整形。否则,长距离通信控制指令便不能被解码器稳定地接收或根本不能接收。

5.电源线

电视监控系统中的电源线一般都是单独布设的,在监控室安置总开关,以对整个监控系统直接控制。

一般情况下,电源线是按交流 220 V 布线的,在摄像机端再经适配器转换成直流 12 V,这样做的好处是可以采用总线式布线且不需很粗的线,当然在防火安全方面要符合规范(穿钢管或阻燃 PVC 管),并与信号线离开一定距离。

有些小系统也可采用 12 V 直接供电的方式,即在监控室内用一个大功率的直流稳压电源对整个系统供电。在这种情况下,电源线就需要选用线径较粗的线,且距离不能太长,否则就不能使系统正常工作。这是因为供电电源的功率一定时,电压越低则电流越大,而大电源在较小的线路电阻上也能产生较大的压降,使摄像机电源端口的实际电压达不到要求的值。在这种情况下,摄像机的图像要么抖动、无彩色,要么干脆无图像,此时在摄像机加载(即不断开摄像机电源)的前提下测量其电源端口处的电压值就可以发现问题所在(此时的电压值可能只有 10 V 左右)。

很多工程公司在初次对采用直流 12 V 电源直接供电的电视监控系统进行调试时都遇到过类似的问题。在这种情况下，如果不方便改为交流 220 V 供电，而且也不方便更换粗线时，就需要采用可调直流电源将供电电压提升到 13～14 V，以保障摄像机端口处的工作电压达到 12 V。

但是应该说明的是，这种做法并不是规范的做法，而仅仅是一种补救措施。特别是当各摄像机距中心控制室的距离差别较大时，可能会损坏近处原已正常工作的摄像机，因为该摄像机到控制室的电源线的长度较短(导线电阻较小)，不会产生太多的压降，而这种做法会使其电源端口电压升高到 13～14 V。遇到这种情况，只能采用多个电源分别供电，即近距离用标准电压供电，远距离用稍高的电压供电。

由于网络摄像机具备 PoE 接收功能，现在采用网络摄像机的系统可以由网线直接供电，大大节约了终端的电源布线成本。

5.5　电视监控系统的主机控制设备

5.5.1　硬盘录像机(DVR)

1. 硬盘录像机

录像机(Video Recorder)是闭路电视监视系统中的记录和重放装置，它可以记录的时间非常长，目前大部分监视系统专用的录像机都可以录制 24～960 小时的图像。此外，录像机还必须要有遥控功能，从而能够方便地对其进行远距离操作，或在闭路电视系统中用控制信号自动操作录像机。

录像机内设有字符信号发生器，可在图像信号上打出月/日/年/星期/时/分/秒/录像模式，还能在图像上示出摄像机与报警器的编号与报警方式。使用自动录像周期设定功能，可以对一星期内每一天的录像模式进行编程。

当收到报警信号后，录像机便自动进入连续录像状态，在无报警情况下，恢复正常间歇录像模式。此外，录像机还有一个锁定保护键，使非正常指令与操作无效，防止非专业人员及破坏性操作侵犯闭路电视监视系统。

闭路电视监视系统中的专用录像机一般是间歇式工作的，它有多种时间间隔录像模式，如早期在一盘 1/2 英寸 VHS/E180 的盒带上，最长可以录制长达 960 小时的图像，所以它能支持长延时录像，也叫长延时录像机。

按视频图像存储格式的不同，录像机分模拟录像机和数字录像机两种制式。按照存储媒介的不同，又可以分为磁带录像机、光盘录像机和硬盘录像机三种。磁带录像机(Video Cassette Recorder，VCR)是利用录像带记录监控模拟信号的，录像带是早期电子时代的产物，由于价格便宜，所以得到了广泛使用。不过录像带的保存条件和检索功能方面均不太理想，所以现在已经比较少用。光盘录像机采用数字格式将图像记录在光盘上，能够对图像进行快速检索，但是其在读取方面还是没有硬盘方便。随着硬盘磁记录技术的进展，大容量磁盘已经民用化，现在硬盘录像机已在安防监控领域普遍使用，并成为主流。

硬盘录像机是一种数字录像机(Digital Video Recorder，DVR)。硬盘录像机的基本功能是将模拟的音视频信号转变为 JPEG、MPEG 等数字信号存储在硬盘(HDD)上，并提供与录制、播放和管理节目相对应的功能。

2．硬盘录像机的类型

硬盘录像机产品按系统结构可以分为两大类：基于 PC 架构的 PC 式 DVR 和脱离 PC 架构的嵌入式 DVR。

PC 式硬盘录像机以传统的 PC 为基本硬件，以 Windows 为基本软件(也有的使用 Linux)，配备图像采集或图像采集压缩卡，编制软件成为一套完整的系统。PC 式硬盘录像机实质上就是一部专用工业计算机，利用专门的软件和硬件集视频捕捉、数据处理及记录、自动报警于一身。目前硬盘录像机一般可同时记录 16 路视频。其优点是控制功能和网络功能较为完善；不足之处是其操作系统基于 Windows 运行，不能长时间连续工作，必须隔时重启，且维护较为困难。PC 式 DVR 各种功能的实现都依靠各种板卡来完成，比如视/音频压缩卡、网卡、声卡、显卡等，这种插卡式的系统在系统装配、维修、运输中很容易出现不可靠的问题，不能用于工业控制领域，只适合于对可靠性要求不高的商用办公环境。

嵌入式硬盘录像机是基于嵌入式处理器和嵌入式实时操作系统的嵌入式系统，它采用专用芯片对图像进行压缩及解压回放，嵌入式操作系统主要完成整机的控制及管理。此类产品没有 PC 式 DVR 那么多的模块和多余的软件功能，在设计制造时对软、硬件的稳定性进行了针对性的规划，因此此类产品品质稳定，不会有死机的问题产生，而且在视/音频压缩码流的存储速度、分辨率及画质上都有较大的改善，就功能来说丝毫不比 PC 式 DVR 逊色。

嵌入式 DVR 系统的外形更像一部家用录像机，通过面板上的按键进行操作，不再采用鼠标和键盘，使用嵌入式实时操作系统，系统开关机快。嵌入式 DVR 系统建立在一体化的硬件结构上，整个视/音频的压缩、显示、网络等功能全部可以通过一块单板来实现，大大提高了整个系统硬件的可靠性和稳定性。其优点是操作简便，能长时间连续工作；不足之处是其控制功能和网络开放性较弱。

图 5-6 所示是嵌入式硬盘录像机实物图。

图 5-6　高品质数字嵌入式硬盘录像机实物图

3．硬盘录像机的功能特性

硬盘录像机的突出特性体现在以下几个方面：

(1) 实现了模拟节目的数字化高保真存储。能够将广为传播和个人收集的模拟音/视频节目以先进的数字化方式录制和存储，一次录制，反复多次播放也不会使质量有任何下降。

(2) 全面的输入/输出接口。提供了天线/电视电缆、AV 端子、S 端子输入接口、S 端子输出接口。可录制几乎所有的电视节目和其他播放机、摄像机输出的信号，方便与其他的视听设备连接。

(3) 多种可选图像录制等级。对于同一个节目源，提供了高、中、低三个图像质量录制等级。选用最高等级时，录制的图像质量接近于 DVD 的图像质量。

(4) 大容量、长时间节目存储，可扩展性强。用户可选用 500 GB、1 T、2 T 或更大容量的硬盘用于节目存储。

(5) 具有先进的时移(Time shifting)功能。当不得不中断收看电视节目时，用户只需按下 Time shifting 键，从中断收看时刻开始的节目都将被自动保存起来，用户在处理完事务后还可以从中断的位置起继续收看节目，而不会有任何停顿感。

(6) 完善的预约录制/播放节目功能。用户可以自由设定开始录制/播放节目的起始时刻、时间长度等选项。通过对预约节目单的编辑组合，可以系统化地录制各种间断性的电视节目，包括电视连续剧。

(7) 强大的网络信息家电中心。用户通过网络通信接口，使用 DVR 量身定制的网络浏览器，配备相应的网络资源，可以享用丰富的网络在线信息。

(8) 提供便捷的管理已录制节目的方法。用户可以按照录制时间、节目种类等方式对已录制的节目进行组织和分类，随意在喜好的位置设定书签。

(9) 提供随心所欲的播放方式。由于硬盘快速、随机存储的特点，欣赏录制好的和正在录制的节目时，都可以用比当前 DVD 播放机更多种、更灵活的方式进行特技播放，快速播放时图像更加平滑，慢速播放时具有更高的细节分辨率。

例如某款 ZTX00X 硬盘录像机有如下典型功能：

(1) 系统自检：视频源丢失时系统自动报警。

(2) 字符叠加：可以在每一路视频上叠加监控点的信息，字符自动调整，方便查询控制。

(3) 视频报警：每个视频画面可以设置两个敏感度相同的报警分区，精确报警触发，且敏感度可调，具有视频动态报警功能，可随意设置视频报警通道。

(4) 录像管理：具有任意点定时连续录像、手动录像、动态报警录像、传感器报警录像功能；可预置一星期的录像模板，方便准确；支持多种方式备份，包括扩展硬盘阵列、热插拔硬盘、CD-RW(刻录盘)、服务器、磁带等。

(5) 图像抓拍：可将单帧图像保存为 jpg、bmp 文件。

(6) 检索方便：可以按照文件、日期、时间、监控点、存储盘符进行检索。

(7) 定时录像：可分别设置每路录像视/音频码流、录像质量，在规定时间段内自动录像。

(8) 打印功能：可随时打印抓拍的图像，以便备份。

(9) 云镜控制：可以控制云台、镜头动作。

(10) 屏幕分割：可实现 1、4、6、9、16 监视模式。

(11) 录像回放：可扩大至满屏，采取正/反向播放、快进/快退或单帧播放、多文件连续播放等。

(12) 密码保护：采取密码授权的方式保护系统设置，防止无授权者修改系统。

(13) 长时录像：先进的压缩技术，压缩比可调，录像质量可调，帧率可调，可有效利用空间。

(14) 光盘备份：可选择指定盘符、通道、时间的录像文件转存到 CD-RW(刻录盘)上。

(15) 多任务方式：录像、监控可同时进行。

4．硬盘录像机的主要技术指标

1) 图像质量

图像质量是评价数字录像机产品质量的核心指标。模拟的视频图像信号输入到 DVR 变成数字信号后，经压缩、存储、解压缩，其转换的优劣及转换的速度，可以从图像的清晰度、灰度、色彩还原、实时性能等多个方面加以评价，其中清晰度是评价图像质量的最重要的指标。DVR 清晰度可以分为显示清晰度、录像清晰度和回放清晰度，回放清晰度能表达 DVR 的录像和回放的总效果。清晰度评价的度量标准主要为两个方面：

(1) 图像的分辨率。图像的分辨率是指一幅图像能分解成多少个像素，国际标准是按其水平和垂直的像素点的乘积来表征的。最常见的图像格式有 176×144(QCIF)、352×288(CIF)、704×576(FCIF)、720×576(D1)等。

(2) 回放画质。对于同样的图像分辨率，由于应用的压缩方式和/或压缩数据的速率不同，造成图像的大面积对比度和小面积对比度不同，这样人们肉眼所能观察到的图像效果也有所不同，这就是所谓的图像的画质。

影响 DVR 回放画质的因素有：视频 A/D 转换器的时钟(CP)速度和带宽；RAM 的存取速度；图像的压缩方式；硬盘存取速度。其中图像的压缩方式是十分重要的，另外，硬盘是一种机电设备，它的存取速度也可能是个瓶颈。

2) 录像速度

录像速度是指 DVR 每秒处理图像的总帧数，即 DVR 图像处理速度。

在早期数字录像机的应用中，主要考虑的是录像功能，以少路数、大存储容量为主。当要求视频监控点比较多时，必然会降低每路的时间分辨率或/和减少实时录像的路数。而采用多机层叠应用来增加输入路数时，则会使控制操作很不方便。同时在图像网络传输中，又会由于多机传输，远程客户端需要逐个切换登录，造成网络资源的浪费。所以，DVR 每秒处理图像的总帧数也是评价 DVR 性能优劣的一个方面。DVR 每秒处理图像的总帧数取决于 DVR 的图像处理速度，在基于 PC 的 DVR 中，图像处理速度又决定于 CPU 的处理速度、总线的传输速度、硬盘的存取速度和内存容量。目前，基于 PC 的 DVR 中，常见的提高图像处理速度的办法主要有下述三种：

(1) 选择高的 CPU 处理速度和内存容量较大的 PC。

(2) 采用纯硬件的解压缩方式。采用纯硬件解压缩能够尽可能节省占用 PC 的 CPU 和内存资源。在采用软件或硬件、软件相结合的解压缩技术的 DVR 中，因软件解压缩占用 CPU 和内存资源较多，因而使每秒能够处理和录制图像的能力受到影响。例如纯软件解压缩的数字录像机处理图像帧数一般不能超过 200 帧/秒，有些要求图像质量好、压缩比大的压缩算法，能处理的图像帧数会更少。另外，采用纯硬件解压缩还将减少软件运行的不确定因素，提高 DVR 的工作稳定性。

(3) 视/音频采集、编码压缩、解压缩显示。采用一片集成芯片，利用 PC 的 PCI 总线结构将多路视/音频流直接分配传输到显卡，用 IDE 总线进行图像显示和存储，使 CPU 只起到控制和分配作用。然而，总线传输速度、CPU 处理速度和硬盘存取速度是有限的，所以提高 DVR 的图像处理速度将受 PC 的限制。

3) 压缩方式

压缩方式是 DVR 的核心技术，压缩方式很大程度上决定着图像的质量、压缩比、传输效率、传输速度等性能，它是评价 DVR 性能优劣的重要一环。随着多媒体技术的发展，相继推出了许多压缩编码标准，目前主要有 JPEG/M-JPEG、H.261/H.263/H.264/H.265 和 MPEG等标准。

(1) JPEG/M-JPEG 标准。

JPEG 是一种静止图像的压缩标准，它是一种标准的帧内压缩编码方式。当硬件处理速度足够快时，JPEG 能用于实时动态图像的视频压缩。在画面变动较小的情况下能提供相当不错的图像质量，传输速度快，使用相当安全，缺点是数据量较大。

M-JPEG 源于 JPEG 压缩技术，是一种简单的帧内 JPEG 压缩。M-JPEG 压缩图像质量较好，在画面变动情况下无马赛克，但是由于这种压缩本身的技术限制，无法做到大比例压缩，录像时每小时约录 1～2 GB 空间，网络传输时需要 2 MHz 带宽，所以无论录像或网络发送传输，都将耗费大量的硬盘容量和带宽，不适合长时间连续录像的需求，不大适用于视频图像的网络传输。

(2) MPEG 标准。

MPEG 是压缩运动图像及其伴音的视/音频编码标准，它采用了帧间压缩，仅存储连续帧之间有差别的地方，从而达到较大的压缩比。MPEG 现有 MPEG-1、MPEG-2 和 MPEG-4三个版本格式，以适应于不同带宽和图像质量的要求。

MPEG-1 的视频压缩算法依赖于两个基本技术，一是基于 16×16(像素行)块的运动补偿，二是基于变换域的压缩技术来减少空域冗余度，压缩比相比 M-JPEG 要高，对运动不激烈的视频信号可获得较好的图像质量，但当运动激烈时，图像会产生马赛克现象。

MPEG-2 是获得更高分辨率(720×572)和提供广播级的视像质量的视/音频编码标准。MPEG-2 作为 MPEG-1 的兼容扩展，它支持隔行扫描的视频格式和许多高级性能，包括支持多层次的可调视频编码，适合多种质量如多种速率和多种分辨率的场合。它适用于运动变化较大，要求图像质量很高的实时图像。对每秒 30 帧、720×572 分辨率的视频信号进行压缩，数据率可达 3～10 Mb/s。由于数据量太大，不适合长时间连续录像的需求。

MPEG-4 是为移动通信设备在 Internet 上实时传输视/音频信号而制定的低速率、高压缩比的视/音频编码标准。MPEG-4 标准是面向对象的压缩方式，不是像 MPEG-1 和 MPEG-2那样简单地将图像分为一些像块，而是根据图像的内容，将其中的对象(物体、人物、背景)分离出来，分别进行帧内、帧间编码，并允许在不同的对象之间灵活分配码率，对重要的对象分配较多的字节，对次要的对象分配较少的字节，从而大大提高了压缩比，在较低的码率下获得较好的效果。MPEG-4 支持 MPEG-1、MPEG-2 中大多数功能，提供不同的视频标准源格式、码率、帧频下矩形图形图像的有效编码。MPEG-4 的应用能大幅度降低录像存储容量，获得较高的录像清晰度，特别适用于长时间实时录像的需求，同时具备在低带宽上优良的网络传输能力。

(3) H.261/H.263 标准。

H.261 标准对全色彩、实时传输的动态图像可以达到较高的压缩比，算法由帧内压缩加前后帧间压缩编码组合而成，以提供视频压缩和解压缩的快速处理。由于在帧间压缩算法中只预测到后 1 帧，所以在延续时间上比较有优势，但图像质量难以做到很高的清晰度，无法实现大压缩比和变速率录像等。

H.263 的基本编码方法与 H.261 是相同的，均为混合编码方法，但 H.263 为适应极低码率的传输，在编码的各个环节上作了改进，如以省码字来提高编码图像的质量，此外，H.263 还吸取了 MPEG 的双向运动预测等措施，进一步提高帧间编码的预测精度。一般来说，在低码率时，只要采用 H.263 一半的速率即可获得和 H.261 相当的图像质量。

(4) H.264/H.265 标准。

国际上制定视频编解码技术的组织有两个，一个是国际电联(ITU-T)，它制定的标准有 H.261、H.263、H.263+等，另一个是国际标准化组织(ISO)，它制定的标准有 MPEG-1、MPEG-2、MPEG-4 等。而 H.264 则是由两个组织联合组建的联合视频组(JVT)共同制定的新数字视频编码标准，所以它既是 ITU-T 的 H.264，又是 ISO/IEC 的 MPEG-4 高级视频编码(AVC)的第 10 部分。因此，不论是 MPEG-4 AVC、MPEG-4 Part 10，还是 ISO/IEC 14496-10，都是指 H.264。

H.264 标准的主要目标是：与其他现有的视频编码标准相比，在相同的带宽下提供更加优秀的图像质量。通过该标准，在同等图像质量下的压缩效率比以前的标准(MPEG-2)提高了 2 倍左右。

H.264 是在 MPEG-4 技术的基础之上建立起来的，其编解码流程主要包括 5 个部分：帧间和帧内预测(Estimation)、变换(Transform)和反变换、量化(Quantization)和反量化、环路滤波(Loop Filter)、熵编码(Entropy Coding)。

H.264 可以提供 11 个等级、7 个类别的子协议格式(算法)，其中等级定义是对外部环境进行限定，例如带宽需求、内存需求、网络性能等。等级越高，带宽要求就越高，视频质量也越高。类别定义则是针对特定应用定义编码器所使用的特性子集，并规范不同应用环境中的编码器复杂程度。

H.264 最大的优势是具有很高的数据压缩比率，在同等图像质量的条件下，H.264 的压缩比是 MPEG-2 的 2 倍以上，是 MPEG-4 的 1.5～2 倍。举个例子，原始文件的大小如果为 88 GB，采用 MPEG-2 压缩标准压缩后变成 3.5 GB，压缩比为 25：1，而采用 H.264 压缩标准压缩后变为 879 MB，从 88 GB 到 879 MB，H.264 的压缩比达到惊人的 102：1。低码率(Low Bit Rate)对 H.264 的高压缩比起到了重要的作用，与 MPEG-2 和 MPEG-4 ASP 等压缩技术相比，H.264 压缩技术将大大节省用户的下载时间和数据流量收费。尤其值得一提的是，H.264 在具有高压缩比的同时还拥有高质量流畅的图像，正因为如此，经过 H.264 压缩的视频数据，在网络传输过程中所需要的带宽更少，也更加经济。

2013 年，国际电联(ITU)正式批准通过了 HEVC/H.265 标准，全称为高效视频编码(High Efficiency Video Coding)。H.265 标准相较于之前的 H.264 标准有了相当大的改善，除了在编解码效率上的提升外，在对网络的适应性方面 H.265 也有显著提升，可很好地运行在 Internet 等复杂网络条件下。H.265 标准旨在有限带宽下传输更高质量的网络视频，仅需原先的一半带宽即可播放相同质量的视频。

H.263 可以 2～4 Mb/s 的传输速度实现标准清晰度广播级数字电视(符合 CCIR601、CCIR656 标准要求的 720×576)；而 H.264 由于算法优化，可以低于 2 Mb/s 的速度实现标清数字图像传送；H.265 High Profile 可在低于 1.5 Mb/s 的传输带宽下，实现 1080p 全高清视频传输。H.265 标准同时支持 4 K(4096×2160)和 8 K(8192×4320)超高清视频。可以说，H.265 标准让网络视频跟上了显示屏"高分辨率化"的脚步。

4) 监控功能

具有监控功能是 DVR 优越性能的一个表征，DVR 的监控功能应包括：

(1) 具有矩阵切换功能和多画面处理显示功能，使 DVR 的录像功能得到更充分的发挥。

(2) 报警输入输出和多云台、镜头的控制，支持外接的各种报警器及联动报警设备，支持云台、镜头一体化快球，这样在发生事故时，控制摄像机到预定的位置并自动启动录像机进行录像。

(3) 可通过 Internet 网、局域网、电话网进行远程实时监控，控制远程的云台、镜头、报警器，支持远程设置报警区域、检索、回放等功能的操作及远程录像。

5) 稳定性

稳定工作对于 DVR 而言是至关重要的，也是当前 DVR 最主要的问题。对于基于 PC 的 DVR，影响其稳定运行的主要因素如下：

(1) PC。兼容的 PC 用于 24 小时不间断工作的性能不是很稳定，工控机相对兼容 PC 在稳定性上是一种档次上的提高，适用于较复杂的工作环境，对外部电磁场的干扰有一定的抑制功能。

(2) 操作平台。有的操作系统的稳定性不高，容易死机。采用成熟的操作系统能得到更稳定的性能。

(3) 应用软件。应用软件的设计也必须进行稳定性的考证，应具有多任务并发处理，如监控、录像、回放、备份、报警、控制、远程接入等多工处理能力。

(4) 硬件压缩与软件压缩。硬件压缩在多工模式和系统稳定性上比软件压缩更为优越，其主要原因是软件压缩占用 CPU 资源非常大，使其他功能在运行时，CPU 来不及处理造成 DVR 死机。

(5) 视频采集的结构。视频采集可采用多卡方式，也可采用单卡方式，单卡方式集成度高，稳定性会优于多卡方式，有时为了提高性能，如提高图像的处理速度，采用多卡方式，甚至一路一卡方式，这样很容易形成软、硬件冲突，对 DVR 的稳定性有较大的影响。解决 DVR 稳定性的根本出路在于选用一体化嵌入式的 DVR，目前这种嵌入式 DVR 8 路以上的机型已经普遍使用，可靠性良好，在网络功能、视/音频同步等方面的功能均令人满意。

DVR 发展至今，各厂家针对安防行业的切实需要以及不同场所特殊应用所提出的技术改进及解决方案可谓百花齐放，从 M-JPEG、MPEG-2 到热门的 MPEG-4、H.264/H.265 压缩技术，从软压缩到硬压缩，视频路数不断增加(4、9、16、32 等)，系统的网络功能日渐强大，令人眼花缭乱。目前一个典型的硬盘 DVR 系统形如 1U 机箱，具有 2 盘位，8 路 IPC 接入，接入带宽 64 Mb/s，转发能力 48 Mb/s，支持 VGA 及 HDMI 同时输出，8 路同步回放，带触摸面板控制，带报警功能，支持 8 网口即插即用。

5.5.2　网络录像机(NVR)

随着网络技术的发展，以硬盘录像机(DVR)为核心的监控系统又进一步发展成为具有网络功能的网络录像机(NVR，Network Video Recorder)。

网络录像机(NVR)是网络视频监控系统的存储转发部分，NVR 与视频编码器或网络摄像机协同工作，完成视频的录像、存储及转发功能。与 DVR 相比，NVR 的功能比较单一，本身不具有模数转换及编码功能，不能独立工作，通常与视频编码器(DVS)或网络摄像机(IPC)协同工作，完成视频的录像、存储及转发功能。如尚维网络高清 NVR9136S 型(实物图参见图5-7)，具有 36 路 1080P/960P/720P，采用 H.264

图 5-7　NVR 实物图

视频压缩技术，具有更低的压缩码率和更好的画质，支持预览抓图、回放抓图、报警抓图，支持条件查询录像，支持全天/小时查询录像分布，支持各类智能手机监控，支持画面侦测报警，每个画面可设置 4 个单独侦测区域；支持多种网络浏览器，自带 NVSIP 协议，兼容海康、大华、美电等多家 IPC，ONVIF 协议，兼容市面主流网络摄像机；支持 4 TB 硬盘，支持 VGA\HDMI 同时输出，支持 P2P 云服务，一键实现远程；有强大的网络服务，能实现互联互通，有多机管理平台系统软件，可以实现多设备统一管理。

随着各种不同应用环境的出现，已开发出不同系列的 NVR 产品。市面上已有各种品牌、各种型号、功能特性各异的 NVR 产品。表 5-4 是某款硬盘录像机系列产品的性能指标，供参考。

表 5-4　网络录像机性能参数

参数项	不同型号 NVR 的性能参数		
	NVR202EN 系列	NVR202EP 系列	NVR208 系列
IPC 接入路数	8 路/16 路	8 路/16 路	16 路/32 路
接入带宽	64 M/128 M	64 M/128 M	100 M/200 M
网络视频录像分辨率	1080p/720p	1080p/720p	1080p/720p
支持网络协议	UNIVIEW 协议，ONVIF2.2	UNIVIEW 协议，ONVIF2.2	UNIVIEW 协议，ONVIF2.2
同步回放能力	8 路/16 路 720p	8 路/16 路 720p	16 路 720p
视频输出接口	HDMI/VGA	HDMI/VGA	HDMI/VGA
音频输入	1 路 RCA	1 路 RCA	1 路 RCA
音频输出	1 路 RCA	1 路 RCA	1 路 RCA
硬盘接口	2 个 SATA 接口	2 个 SATA 接口	8 个 SATA 接口
USB 接口	1 个 USB2.0，1 个 USB3.0	1 个 USB2.0，1 个 USB3.0	2 个 USB2.0，1 个 USB3.0
告警输入	N/A	N/A	8 个
告警输出	N/A	N/A	2 个
网络接口	1 个 RJ-45 1000 M，8 个 RJ-45 100 M	1 个 RJ-45 1000 M，8 个 RJ-45 100 M(PoE+)	2 个 RJ-45 1000M
并发带宽	64 M/128 M	64 M/128 M	128 M/200 M
电源	DC 12 V/2 A	DC 52 V/1.8 A	AC 220 V
功耗(不含硬盘)	24 W(满配硬盘)	25 W(满配硬盘)	<20 W
机箱	1U 机箱(触摸面板)	1U 机箱(触摸面板)	2U 机箱(触摸面板)
尺寸(宽×深×高)	360 mm×254.3 mm×43.6 mm	360 mm×254.3 mm×43.6 mm	442 mm×523 mm×86.1 mm

注：U 为标准机柜的一个单位高度。

5.5.3 视频切换器

视频切换器(Switcher)是选择视频信号的关键设备。在控制中心，主控制台对几路输入视频信号进行控制时，利用视频切换器可以选择其中一路视频信号输出。

多路视频信号要送到同一处监控，可以一路视频对应一台监视器，但监视器占地大，价格贵，如果不要求时时刻刻监控，可以在监控室增设一台切换器，把摄像机输出信号接到切换器的输入端，切换器的输出端接监视器。切换器的输入端分为 2、4、6、8、12、16 路，输出端分为单路和双路，而且还可以同步切换音频(视型号而定)。

切换器有手动切换、自动切换两种工作方式。手动方式是想看哪一路就把开关拨到哪一路；自动方式是让预设的视频按顺序延时切换，切换时间通过一个旋钮可以调节，一般在 1～35 s 之间。

5.5.4 矩阵切换主机

矩阵切换主机是一种矩阵切换形式的视频切换器主机(如图 5-8 所示)，也常简称为矩阵机。

图 5-8 矩阵切换主机实物图

1．矩阵切换主机的功能应用

在多路摄像机组成的电视监控系统中，一般没必要用同摄像机数量一样的监视器一一对应显示各路摄像机的图像信号。那样成本高，操作不方便，容易造成混乱，所以一般都是按一定的比例用一台监视器轮流切换显示几台摄像机的图像信号。视频切换器目前多采用由集成电路做成的模拟开关。这种形式切换控制方便，便于组成矩阵切换形式。

在闭路电视监视系统中，摄像机数量与监视器数量的比例在 2∶1 至 5∶1 之间，为了用少量的监视器看多个摄像机的图像信号，就需要用视频切换器按一定的时序把摄像机的视频信号分配给特定的监视器，这就是通常所说的视频矩阵。切换的控制信号可采用编码形式。切换的方式可以按设定的时间间隔对一组摄像机信号逐个循环切换到某一台监视器的输入端上，也可以在接到某点报警信号后，长时间监视该区域的情况，即只显示一台摄像机信号。切换的控制一般要求和云台、镜头的控制同步，即切换到哪一路图像就控制哪一路的设备。

目前所使用的主控制台上的视频切换器一般都做成矩阵切换形式以及积木式，即视频矩阵切换主机。可根据系统中摄像机的多少以及摄像机与监视器的比例来选用视频切换主机的输入/输出路数及任意组成切换比例。

在电视监控系统中，视频矩阵切换主机的主要作用实际上包括 3 个方面：使单台监视器(录像机)能够很方便地轮换显示(记录)多个摄像机摄取的图像(产生的视频信号)；单个摄像机摄取的图像(产生的视频信号)可同时送到多台监视器上显示(录像机上进行记录)；可同时处理多路控制指令，供多个使用者同时使用系统。

某款实现图像切换的矩阵切换器 TC8016-8 具有如下功能：

- 16 路音/视频输入，8 路音/视频输出；
- 主控键盘、多媒体计算机等多种控制；
- 内置报警模块，可实现报警联动功能；
- 多级分控管理设计，可连接多达 4 级分控计算机或分控键盘；
- 内置可编程中文字符叠加模块，实现各路视频信息叠加功能；
- 总线控制方式，无需中继器或分配器，可直接挂载多个解码器；
- 全屏幕汉字编程，可根据相应提示编辑点切时间、点切上限、密码等参数。

其产品参数如下：

- 工作温度：$-10 \sim +55$ ℃
- 工作电压：AC220 V/50 Hz($\pm 10\%$)
- 设备功耗：10 W
- 音/视频输入：16 路(两线制/三线制)
- 音/视频输出：8 路(750 m V_{pp}/10 kΩ)
- 频率响应：150 Hz$\sim$15 kHz
- 音/视频通道隔离度：>40 dB
- 视频通道隔离度：>56 dB
- 视频信噪比：>56 dB
- 视频通道带宽：$6 \sim 8$ mHz(± 3 dB)
- 视频输入：阻抗 75 Ω，1.0 V_{pp}
- 视频输出：阻抗 75 Ω，1.0 V_{pp}

2. 矩阵切换主机的应用连接

矩阵切换主机按系统的连接方式不同，可实现并联连接方式和星形连接方式。

矩阵切换主机并联连接方式是指电视监控系统中的所有控制设备(如矩阵切换主机、操作键盘、解码器、多媒体电脑控制平台、报警接口箱等)之间是通过一根通信总线相连接的，各控制设备之间的数据都是在这根通信总线上传输的。这一通信总线一般采用 RS-485 接口。这种连接方式在中小型电视监控系统中常常采用，具有施工简单、便于维护、便于扩展、节省材料等特点。

矩阵切换主机星形连接方式是指电视监控系统中的所有控制设备(如矩阵切换主机、操作键盘、解码器、多媒体电脑控制平台、报警接口箱等)之间是通过矩阵切换主机相连接的，各控制设备之间的数据交换都要通过矩阵切换主机进行转发。这种连接方式在大中型电视监控系统中常常采用，具有施工简单，便于维护，便于扩展，便于管理等特点。

矩阵切换主机按组成系统的容量大小，可分为小规模矩阵切换主机和大规模矩阵切换主机两种。

小规模矩阵切换主机亦可称为固定容量矩阵切换主机，因为这类矩阵切换主机的规模一般都不是很大，且在产品出厂前，其矩阵规模已经固定，在以后的使用中不能随意扩展。如我们常见的 32×16(32 路视频输入、16 路视频输出)、16×8(16 路视频输入、8 路视频输出)、8×4(8 路视频输入、4 路视频输出)矩阵切换主机均属于小规模矩阵切换主机，其特点是产品体积较小，成本低廉。

大规模矩阵切换主机亦可称为可变容量矩阵切换主机，因为这类矩阵切换主机的规模一般都较大，且在产品设计时，充分考虑了其矩阵规模的可扩展性。在以后的使用中，用户根据不同时期的需要可随意扩展。如我们常见的 128×32(128 路视频输入、32 路视频输出)、1024×64(1024 路视频输入、64 路视频输出)矩阵切换主机均属于大规模矩阵切换主机，其特点是产品体积较大，成本相对较高，系统扩展非常方便。

5.5.5　监控主机

1. 监控主机的功能

监控主机是大中型电视监控系统的核心设备，它通常是集系统控制单元与视频矩阵切换主机于一体，简称系统主机，也称视频服务器。系统主机的核心部件为微处理器(CPU)。常用的微处理器有 Intel 公司的 8031、89C51 以及华邦公司的 78E58。

系统主机的主要任务是实现多路视/音频信号的选择切换(输出到指定的监视器或录像机)，并在视频信号上叠加时间、日期、视频输入号及标题、监视状态等重要信息在监视器上显示，通过通信线对指定地址的前端设备(云台、电动镜头、雨刷、照明灯或摄像机电源等)进行各种控制。

工作中，微处理通过扫描通信端口检测是否有由控制面板、主控键盘、副控键盘、报警接口箱、多媒体传来的控制指令，还会扫描主机本身报警接口板检测是否有报警输出。当控制面板或控制键盘上有键被按下时，微处理器可正确判断该按键的功能含义，并向相应控制电路发出控制指令信号。

例如，向视频矩阵切换主机中的多路模拟开关芯片发出 8-4-2-1 选通码使其选通指定通道摄像机的视频信号输入，同时在该路视频信号上叠加字符，然后将该路输入信号在指定的输出口输出、显示。如系统主机同时含有内置(或外挂)音频矩阵切换器，则同样的控制码还可将选定摄像机外所对应的监听头的声音信号一并选入，并送到与上述视频输出通道编号相同的音频矩阵输出端口，使视频信号与音频信号同步切换。

如果控制键盘发出的是对于前端设备的控制指令(含有地址码信息)，则该指令经编码后通过双绞线传送到远端指定地址的解码器。解码器经过通信接口芯片收到系统主机传来的控制指令后对其进行解码，解出主控端的命令，使解码器内的相应继电器吸合，输出相应的控制信号(电压量或开关量)至指定的外接设备，使外接设备做出与主控端指令相符合的动作。这些受控的外接设备包括云台、电动三可变镜头、室外防护罩的雨刮器及除霜器、摄像机的电源、红外灯或其他可控制设备。

监控主机的控制画面如图 5-9 所示。

图 5-9　监控画面

2．典型监控主机的功能

这里介绍一款典型的前端主机 NETSERVER-1500，其主要功能如下。

1) 多画面显示、录像

- 多路摄像机视频图像同时显示和录像；
- 多种录像方式：即时录像、定时录像、报警和预报警记录；
- 每路摄像机可通过编程预定录像计划；
- 录像模式：循环录像、线性录像；
- 支持网络存储；
- 多路音频同步录音；
- 云台/镜头/变焦控制(多种协议)；
- 内置 Web 浏览器远程在线浏览视频图像。

2) 视频回放及搜索

- 视频录像、视频回放双工处理；
- 快速搜索录像资料、回放(按事件、时间、日期回放)；
- 单帧捕捉、打印或保存；
- 回放预览；
- 多画面分割回放。

3) 外接报警及移动检测

- 外部报警输入/输出接口；
- 内置视频移动检测；
- 报警录像；

- 远程报警警告、传输。

4) 远程回放、云台镜头控制及在线浏览

- 密码授权远程用户在线浏览视频图像；
- 客户端远程录像；
- 报警信号接收；
- 远程 PTZ 控制；
- 密码授权远程用户远程控制。

其主要技术指标如下：

- 支持 8 个四路视频信号输入；
- 每秒总帧数为 50 帧；
- 内置 Web 服务器，自带浏览器(IE6.0 以上版本)；
- 兼容多种云台、镜头控制协议(Pelco、Vicon、Philips、Kalatel、Ultra&Mutlivision)；
- 兼容 Philips、Pelco 和 Multlivision 矩阵控制；
- 多路视频记录，多路视频传输；
- 支持 PAL 制式和 NTSC 制式；
- 高分辨率(PAL：768×576。NTSC：640×480)；
- 视频压缩方式：MPEG-4/Wavelt(Indeo 5)可选；
- 可通过局域网、Internet、ISDN 和 PSTN 远程连接察看/回放/记录多路摄像机；
- 远程监控软件 UCW 系列(UCW-500/1000/2000)；
- 用户友好图形界面；
- 系统易于扩展升级；
- 视频记录防篡改保护；
- 兼容 Microsoft Windows。

5.5.6　控制台

控制台实际上有主控制台和副控制台两种，参见图 5-10。

图 5-10　控制台

1. 主控制台

主控制台(又称为总控制台)是电视监控系统中的控制室设备，从这里发出信号控制系统内所有设备。控制台本身是各种具体设备组合而成的，主要有视频分配放大器、视频切换器(或画面分割器)、控制键盘、录像机(或长延时录像机)、电源(给摄像机等设备供电的专用电源)等。目前生产的控制台，有些采用多媒体计算机作为控制台的主体控制设备。

由于实质上主控制台是多种设备的组合，而这种组合又是根据系统的功能要求来设定的，所以主控制台虽然在总体上功能是相似的，但具体又千差万别。因此，选择控制台的组合时，务必弄清系统的要求再进行订购。如果考虑到将来系统有可能扩展，则在考虑控制台的组合时应适当备有预备输入口或留有扩展时的空间(在控制台机柜内留有扩展时能容得下扩展设备所需的空间)。

组合控制台时，应遵循如下主要原则：

(1) 根据系统中摄像机的台数，选择视频切换器(或画面分割器)的最大输入路数，最大输入路数一般应大于摄像机的台数，以便为今后扩展留有余地。

(2) 根据系统所防范区域的风险等级及区域内要害地点的数目选择录像机的台数。需要 24 小时录像的，应选择"长延时录像机"。

(3) 当整个系统中摄像机的台数很多时，可考虑选用矩阵控制系统。

(4) 根据系统控制的要求，考虑在总控制台之外是否要设分控制台。

(5) 根据整个系统供电的要求，考虑电源的设定。

(6) 当系统有多路远距离信号传输时，还应根据远距离信号传送的方式(视频传输、光纤传输、射频传输、视频平衡式传输等)，考虑在控制台中是否应增设解调装置(对应光纤传输或射频传输)、补偿装置(对应视频传输)、还原装置(对应平衡式视频传输)以及远端切换控制装置(对应视频传输的远端切换方式)等。

根据上述基本原则组合起来的控制台，一般来说是能满足系统要求的。

2. 副控制台

副控制台的设置，一般是为了在除总控制台所在的监控中心之外，还需要设置一个或几个监控分点。

副控制台与总控制台的连接一般都采用总线方式，连接非常方便。同时，各副控制台与总控制台之间还可设定优先控制权。比如，设定某一副控制台具有第一优先控制权，那么当这一副控制台对系统进行操作和控制时，总控制台与其他的一些分控制台都没有了对系统的控制和操作能力。

副控制台实际上是一个操作键盘。在该键盘上，具有与总控制台上的操作键盘完全相同的功能。因此通过副控制台(操作键盘)可以对整个系统进行各种控制和操作。在副控制台的工作室内，一般只设一台监视器，通过这台监视器可以切换巡视各个摄像机返回的监视画面。

某款三维控制键盘的产品特性如下：

· 金属壳体，电脑键盘按键设计；

· 支持 Pelco-D、Pelco-P、Visca 控制协议；

· 液晶中英文显示、按键声音提示；

· 采用三维控制杆对摄像机(或云台)变速调控；

· 支持二维键控，可精确到每一级速度；

- 可控制摄像机(或云台)转动、变焦、光圈、聚焦及摄像机参数设置；
- 可控制摄像机(或云台)多个预置点巡航、花样扫描操作、绝对位置操作、变倍操作、辅助位操作等常用功能；
- 常用特殊功能按键选择定义；
- 实时显示解码器和矩阵的工作状态；
- 通信接口均有短路过流保护自动恢复设计；
- 采用 RS-485、RS-422、RS-232 多种接口控制信号；
- 最多可接 256 个一体化球型摄像机；
- 最长通信距离 1200 m(0.5 mm 双绞线)。

5.6　电视监控系统工程设计

5.6.1　系统方案总体设计

1．电视监控系统的设计原则

设计电视监控系统时，应遵循以下原则：

- 规范性和实用性；
- 先进性和互换性；
- 准确性；
- 完整性；
- 联动兼容性。

以上设计要求与入侵报警系统的设计要求基本是一样的，这里不再重复。

2．电视监控系统的功能要求

电视监控系统应具有图像信号采集、信号传输、切换控制、图像显示、分配、信号的记录和重放等基本功能。

1) 探测与图像信号采集

(1) 探测设备应能清晰有效地(在良好配套的传输和显示设备下)探测到现场的图像，达到四级(含四级)以上图像质量等级。对于电磁环境特别恶劣的现场，其图像质量应不低于三级。

(2) 探测设备应能适应现场的照明条件。环境照度不满足视频检测要求时，应配备辅助照明。

(3) 探测设备的防护措施应与现场环境相协调，具有相应的设备防护等级。

(4) 探测设备应与观察范围相适应，必要时，固定目标监视与移动目标跟踪配合使用。

(5) 探测范围应与其检测范围相适应。

2) 控制

(1) 根据系统规模，可设置独立的视频监控室，也可与其他系统共同设置联合监控室，监控室内放置控制设备，并为值班人员提供值守场所。

(2) 监控室应有保证设备和值班人员安全的防范设施。

(3) 系统的运行控制和功能操作应在控制台上进行。

(4) 大型系统应能对前端视频信号进行监测，并能给出视频信号丢失的报警信息。

(5) 系统应能手动或自动操作，对摄像机、云台、镜头、防护罩等各种动作进行遥控。

(6) 系统应能手动切换或编程自动切换，对所有的视频输入信号在指定的监视器上进行固定或时序显示。

(7) 大型和中型系统应具有存储功能，在市电中断或关机时，对所有编程设置、摄像机号、时间、地址等信息均可保持。

(8) 大型和中型系统应具有与报警控制器联动的接口，报警发生时能切换出相应部位摄像机的图像，予以显示和记录。

(9) 系统其他功能配置应能满足使用要求和冗余度要求。

(10) 大型和中型系统应具有与音频同步切换的能力。

(11) 根据用户使用要求，系统可设立分控设施，通常应包括控制设备和显示设备。

(12) 系统联动响应时间应不大于 4 s。

3) 信号传输

(1) 信号传输可采用有线和/或无线介质，利用调制解调等方法，可以利用专线或公共通信网络传输。

(2) 各种传输方式均应力求视频信号输出与输入的一致性和完整性。

(3) 信号输出应保证图像质量和控制信号的准确性(及时响应和防止误操作)。

(4) 信号传输应有防泄密措施，有线专线传输应有防信号泄漏和/或加密措施，有线公网传输和无线传输应有加密措施。

4) 图像显示

(1) 系统应能清晰显示摄像机所采用的图像，即显示设备的分辨率应不低于系统图像质量等级的总体要求。

(2) 系统应有图像来源的文字提示，以及日期、时间和运行状态的提示。

5) 信号的处理和记录/回放

(1) 视频移动报警与视频信号丢失报警功能可根据用户的使用要求增加必要的设施。

(2) 当需要多画面组合显示或编码记录时，应提供视频信号处理装置——多画面分割器。

(3) 根据需要，对下列视频信号和现场声音应使用图像和声音记录系统存储：

· 发生事件的现场及其全过程的图像信号和声音信号；

· 预定地点发生报警时的图像信号和声音信号；

· 用户需要掌握的动态现场信息。

(4) 应能对图像的来源、记录的时间、日期和其他的系统信息进行全部或有选择的记录。对于特别重要的固定区域的报警录像宜提供报警前的图像记录。

(5) 记录图像数据的保存时间应根据应用场合和管理需要确定。

(6) 图像信号的记录方式可采用模拟式和/或数字式。应根据记录成本和法律取证的有效性(记录内容的唯一性和不可改性)等因素综合考虑。

(7) 系统应能够正确回放记录的图像和声音,回放的效果应满足完整性的要求。系统应能正确检索信息的时间和地点。

3．系统方案设计的一般方法

(1) 由摄像机配置的数量决定控制主机输入的路数。

(2) 由摄像机配置的数量决定监视器的数量,比如用 4∶1 方式时,假设有 16 台摄像机,则应配 4 台监视器,并由监视器的数量决定控制主机输出的最少路数。

(3) 由摄像机所用镜头的性质决定系统是否应该有对应的控制功能(如变倍、聚焦、光圈控制等)。

(4) 由是否使用云台决定总系统是否应该有对应的控制功能(如云台水平、垂直运动的控制)。

(5) 由是否用解码器决定控制台输出控制命令的方式。用解码器时,控制台输出的编码信号用总线方式传送给解码器;不用解码器时,控制台输出直接控制信号。一般来说,摄像机距离控制台较远,且摄像机相对较多,又都是有镜头和云台的情况下,用解码器方式;反之,可以用直接控制方式。

(6) 由传输方式决定控制台上是否应加装附加设备。比如射频传输方式应加装射频解调器;光纤传输时应加装光解调器,等等。

(7) 由传输距离决定是否采用远端视频切换方式,并由此决定控制台的切换控制方式以及对远端切换的控制方式。

(8) 根据用户单位的风险等级、用户要求、摄像机数量等因素,综合考虑是否用录像机、多画面分割器、监听、对讲等。

(9) 根据上述情况决定电源的配置。

(10) 根据风险等级、用户要求决定采用单独的电视监控系统,还是电视监控系统与防盗报警系统相结合。

总之,系统的设计应在实用、可行、节约的情况下尽量满足用户要求和保证系统的功能与可靠性。

4．系统设计的性能指标

根据国家标准《民用闭路监视电视系统工程技术规范》(GB 50198—2011)和《民用建筑电气设计标准》(GB 51348—2019),监控电视系统的技术指标和图像质量应满足如下要求:

(1) 在摄像机的标准照度情况下,整个系统的技术指标应满足表 5-5 所示的要求。

表 5-5　CCTV 系统的技术指标

指标项目	指标值	指标项目	指标值
复合视频信号幅度	$1 V_{pp} \pm 3$ dB　VBS(注)	灰度	8 级
黑白电视水平清晰度	≥400 线	信噪比	见表 5-8
彩色电视水平清晰度	≥270 线		

注: VBS 为图像信号、消隐脉冲和同步脉冲组成的全电视信号的英文缩写代号。

(2) 在摄像机的标准照度下，对于监视电视图像质量的主观评价可采用五级损伤制评分等级，系统的图像质量不应低于表 5-6 中的 4 分的要求，摄像机的照度选择参见表 5-7。

表 5-6　五级损伤制评分等级

图像质量损伤的主观评价	评分等级
图像上觉察不出有损伤或干扰存在	5
图像上稍有可觉察的损伤或干扰，但并不令人讨厌	4
图像上有明显的损伤或干扰，令人感到讨厌	3
图像上损伤或干扰较严重，令人相当讨厌	2
图像上损伤或干扰极严重，不能观看	1

表 5-7　照度与选择

监控目标的照度	对摄像机最低照度的要求(在 F/1.4 情况下)
<50 lx	≤1 lx
50~100 lx	≤3 lx
>100 lx	≤5 lx

相对应 4 分图像质量的信噪比应符合表 5-8 的规定。系统在低照度使用时，监视画面图像质量应达到可用图像的标准，其系统信噪比不得低于 25 dB。

表 5-8　信噪比(dB)

单位：dB

指标项目	信噪比		达不到指标时出现的现象
	黑白电视系统	彩色电视系统	
随机信噪比	37	36	出现画面噪波，即"雪花干扰"
单频干扰	40	37	图像中有纵、斜、人字形或波浪状的条纹，即"网纹"
电源干扰	40	37	图像中有上下移动的黑白间置的水平横条，即"黑白滚道"
脉冲干扰	37	31	图像中有不规则的闪烁、黑白麻点或"跳动"

(3) 系统各部分信噪比的指标分配应符合表 5-9 的规定。

表 5-9　系统各部分信噪比指标分配

单位：dB

项　目	摄像部分	传输部分	显示部分
连续随机信噪比	40	50	45

(4) 系统的制式宜与通用的电视制式一致，系统采用的设备和部件的视频输入和输出阻抗以及电缆的特性阻抗均应为 75 Ω；音频设备的输入、输出阻抗应为高阻抗或 600 Ω。

(5) 系统设施的工作环境温度应符合下列要求：

- 寒冷地区室外工作的设施：$-40 \sim +35$ ℃；
- 其他地区室外工作的设施：$-10 \sim +55$ ℃；

- 室内工作的设施：$-5 \sim +40\ ℃$。

5. 电视监控系统的设备选型

1) 摄像部分

应根据监视目标的照度选择不同灵敏度的摄像机。监视目标的最低环境照度应高于摄像机最低照度的 10 倍。

摄像机镜头的选择应符合下列规定：

- 镜头的焦距根据视场大小和镜头与监视目标的距离确定。摄取固定监视目标时，可选用定焦距镜头；当视距较小而视角较大时，可选用广角镜头；当视距较大时，可选用望远镜头；当需要改变监视目标的观察视角时，宜选用变焦距镜头。
- 当监视目标照度有变化时，均应采用自动光圈镜头。
- 当需要遥控时，可选用具有光对焦、光圈开度、变焦距的遥控镜头装置。

另外，应遵循以下原则：

(1) 可选用体积小、重量轻、便于现场安装与检修的电荷耦合器件(CCD)型摄像机。

(2) 根据工作环境应选配相应的摄像机防护套，防护套可根据需要设置调温控制系统和遥控刷等。

(3) 将摄像机固定在特定部位上的支撑装置，可采用摄像机托架或云台。当一台摄像机需要监视多个不同方向的场景时，应配置自动调焦装置和遥控电动云台。

(4) 摄像机需要隐蔽时，可设置在天花板或墙壁内，镜头可采用针孔或棱镜镜头。对防盗用的系统，可装设附加的外部传感器与系统组合，进行联动报警。

(5) 监视水下目标的系统设备，应采用灵敏度摄像管和密封耐压、防水防护套，以及渗水报警装置。

摄像机的设置位置、摄像方向及照明条件应符合下列规定：

(1) 摄像机宜安装在监视目标附近不易受外界损伤的地方，安装位置不应影响现场设备运行和人员正常活动。安装的高度，室内宜距地面 $2.5 \sim 5\ m$；室外宜距地面 $3.5 \sim 10\ m$，并不得低于 $3.5\ m$。

(2) 电梯厢内的摄像机应安装在电梯厢顶部、电梯操作器的对角处，并应能监视电梯厢内全景。

(3) 摄像机镜头应避免强光直射，保证摄像管靶面不受损伤。镜头视场内不得有遮挡监视目标的物体。

(4) 摄像机镜头应从光源方向对准监视目标，并应避免逆光安装；当需要逆光安装时，应降低监视区域的对比度。

2) 传输部分

(1) 系统的图像信号传输方式宜符合下列规定：

- 传输距离较近时，可采用同轴电缆传输视频基带信号的视频传输方式。
- 当传输的黑白电视基带信号在 5 MHz 点的不平坦度大于 3 dB 时，宜加电缆均衡器；当大于 6 dB 时，应加电缆均衡放大器。当传输的彩色电视基带信号在 5.5 MHz 点的不平坦度大于 3 dB 时，宜加电缆均衡器；当大于 6 dB 时，应加电缆均衡放大器。
- 传输距离较远，监视点分布范围广，或需进入电缆电视网时，宜采用同轴电缆传输射频调制信号的射频传输方式。

• 长距离传输或需避免强电磁场干扰的传输,宜采用传输光调制信号的光缆传输方式。当有防雷要求时,应采用无金属光缆。

(2) 系统的控制信号可采用多芯线直接传输或将遥控信号进行数字编码用电(光)缆进行传输。

(3) 传输电、光缆的选择应满足下列要求:

• 在满足衰减、屏蔽、弯曲、防潮性能的要求下,宜选用线径较细的同轴电缆;

• 光缆的选择应满足衰减、带宽、温度特性、物理特性、防潮等要求。

(4) 光缆外护层的选择应符合下列规定:

• 当光缆采用管道、架空敷设时,宜采用铝-聚乙烯黏结护层。

• 当光缆采用直埋时,宜采用充油膏铝塑黏结加铠装聚乙烯外护套。

• 当光缆在室内敷设时,宜采用聚氯乙烯外护套或其他的塑料阻燃护套。当采用聚乙烯护套时,应采取有效的防火措施。

• 当光缆在水下敷设时,应采用铝塑黏结(或铝套、铅套、钢套)钢丝铠装聚乙烯外护套。

• 无金属的光缆线路应采用聚乙烯外护套或纤维增强塑料护层。

(5) 解码箱、光部件在室外使用时,应具有良好的密闭防水结构。光缆接头应设接护套,并应采取防水、防潮、防腐蚀措施。

(6) 传输线路路由设计应满足下列要求:

• 路由应短捷、安全可靠、施工维护方便;

• 应避开恶劣环境条件或易使管线损伤的地段;

• 与其他管线等障碍物不宜交叉跨越。

(7) 室外传输线路的敷设应符合下列要求:

• 当采用通信管道敷设时,不宜与通信电缆共管孔。

• 当电缆与其他线路共沟敷设时,其最小间距应符合表 5-10 的规定。

表 5-10　电缆与其他线路共沟的最小间距

种　类	最小间距/m
220 V 交流供电线	0.5
通信电缆	0.1

• 当采用架空电缆与其他线路共杆架设时,其两线间最小垂直间距应符合表 5-11 的规定。

表 5-11　电缆与其他线路共杆架设的最小垂直间距

种　类	最小垂直间距/m
1~10 kV 电力线	2.5
1 kV	1.5
广播线	1.0
通信线	0.6

• 线路在城市郊区、乡村敷设时,可采用直埋敷设方式。

• 当线路敷设经过建筑物时,可采用沿墙敷设方式。

- 当线路跨越河流时，应采用桥上管道或槽道敷设方式，当没有桥梁时，可采用架空敷设方式或水下敷设方式。

(8) 室内传输线路敷设方式的选择，应符合下列要求：

- 无机械损伤的建筑物内的电(光)缆线路或扩建、改建工程，可采用沿墙明敷方式。
- 在要求管线隐蔽的地方或新建的建筑物内可用暗管敷设方式。
- 对下列情况可采用暗管配线：易受外界损伤的线路；线路上其他管线和障碍物较多，不宜明敷的线路；易受电磁干扰或易燃易爆等危险场所的线路。
- 电缆与电力线平行或交叉敷设时，其间距不得小于 0.3 m；与通信线平行或交叉敷设时，其间距不得小于 0.1 m。

(9) 同轴电缆宜采取穿管暗敷或线槽的敷设方式。当线路附近有强电磁场干扰时，电缆应从金属管内穿过，并埋入地下。当必须采取架空敷设时，应采取防干扰措施。

(10) 线路敷设应符合现行国家标准《工业企业通信设计规范》的规定。

3) 监控中心

(1) 根据系统大小，宜设置监控点或监控室。监控室的设计应符合下列规定：

- 监控室宜设置在环境噪声较小的场所；
- 监控室的使用面积应根据设备容量确定，宜为 12～50 m^2；
- 监控室的地面应光滑、平整、不起尘，门的宽度不应小于 0.9 m，高度不应小于 2.1 m；
- 监控室内的温度宜为 16～30 ℃，相对湿度宜为 30%～75%；
- 监控室内的电缆、控制线的敷设宜设置地槽，当属改建工程或监控室不宜设置地槽时，也可敷设在电缆架槽、电缆走道、墙上槽板内，或采用活动地板；
- 根据机柜、控制台等设备的相应位置设置电缆槽和进线孔，槽的高度和宽度应满足敷设电缆的容量和电缆弯曲半径的要求；
- 监控室内设备的排列应便于维护与操作，并应满足安全、消防的规定要求。

(2) 监控室根据需要具备下列基本功能：

- 能提供系统设备所需的电源；
- 监视和记录；
- 输出各种遥控信号；
- 接收各种报警信号；
- 同时输入输出多路视频信号，并对视频信号进行切换；
- 时间、编码等字符显示；
- 内外通信联络。

(3) 当电梯厢安装摄像机时应在监控室内配置楼层指示器显示电梯运行情况。

(4) 监视器的选择宜符合下列规定：

- 监视器的屏幕大小应根据监视者与屏幕墙之间的距离来确定，一般监视距离为屏幕对角线的 4～6 倍较合适；
- 在射频传输方式中，可采用电视接收机作监视器；
- 有特殊要求时，可采用大屏幕监视器或投影电视。

(5) 录像机的选择应符合下列规定：

- 在同一系统中，录像机的制式和磁带规格宜一致；

- 录像机输入、输出信号，视、音频指标均应与整个系统的技术指标相适应；
- 当长时间记录监视画面时，可采用长时间记录的录像机(如大容量硬盘录像机)。

(6) 对几台摄像机的信号进行频繁切换并需录像的系统，宜采用主从同步方式或外同步方式稳定信号。

(7) 用于保安的闭路监视电视系统应留有接口和安全报警联动装置，当需要时可选用图像探测装置报警。

(8) 监控室距监视场所较近时，对各控制点可采用直接控制方式；当距控制点较远或控制点较多时，可采用间接控制或脉冲编码的微机控制方式。

(9) 系统的运行控制和功能操作宜在控制台上进行，其操作部分应方便、灵活、可靠。控制台装机容量应根据工程需要留有扩展余地。

(10) 放置显示、测试、记录等设备的机架尺寸，应符合现行国家标准《高度进制为 20 mm 的面板、架和柜的基本尺寸系列》的规定。

(11) 控制台布局、尺寸和台面及座椅的高度应符合现行国家标准《电子设备控制台的布局、型式和基本尺寸》的规定。

(12) 控制台正面与墙的净距不应小于 1.2 m；侧面与墙或其他设备的净距，在主要走道不应小于 1.5 m，次要走道不应小于 0.8 m。

(13) 机架背面和侧面距离墙的净距不应小于 0.8 m。

5.6.2　电视监控系统的配置

1. 配置形式

(1) 单头单尾系统：即最简单的单一小系统，用于在一处连续监视一个固定目标，由摄像机、传输电(光)缆、监视器组成。

(2) 多头单尾系统：用于在一处集中监视多个分散目标，由摄像机、传输电(光)缆、切换控制器、监视器等组成。

(3) 单头多尾系统：用于在多处监视同一个固定目标，由摄像机、传输电(光)缆、视频分配器组成。

(4) 多头多尾系统：用于在多处监视多个目标，由摄像机、传输电(光)缆、切换分配器、视频分配器等组成。

CCTV 系统组成方式参见表 5-12。

表 5-12　CCTV 系统组成方式

组　成　方　式		应　用　场　合
单头单尾方式	固定云台	用于在一处连续监视一个目标或一个区域
	电动云台	
单头多尾方式		用于在多处监视同一个固定目标或区域
多头单尾方式		用于在一处集中监视多个目标或区域
多头多尾方式		用于在多处监视多个目标或区域

2. 摄像系统配置

为了保证监视的质量，并考虑经济效果，一般都采用分级监视方式，则摄像机与监视器的数量配备应有恰当的比例。若比例很小，设备增多，不经济也不太必要；若比例过大，画面切换间隔时间过长，则不能及时发现问题。由摄像机配置的数量决定监视器数量，例如采用 4：1 方式时，假设有 20 台摄像机，则应配 5 台监视器，并由监视器的数量决定控制台输出的最少路数。

若控制台上有录像机，还应考虑选择专用的监视器对应录像机。

应根据监视场合的监视目标的照度来选用摄像机，以确保监视画面的清晰度。监视目标的照度应高于摄像机最低照度的 10 倍，这是工程中的经验值。摄像机按适用照度分为普通、低照度和微光摄像机三种。因照度条件要求不同，在价格上有较大差异。

摄像机镜头焦距应根据视场大小和镜头与监视目标的距离而定。

为了便于电视监控系统中前端设备的安装使用，将摄像机、变焦距镜头、摄像机防护罩、云台和解码器等组装在一起，做成一体化结构。例如球形(或半球形)监控用摄像机，尤其是"全功能"球形摄像机，不仅具备一般 CCD 摄像机的功能，还具有自动水平、垂直俯仰，快速扫描，预置点设定及报警等功能。

摄像机功能的遥控可采用直接控制、间接控制和数据编码微机控制方式。一般而言，摄像机距离控制台较远，且摄像机相对较多，又都是有变焦镜头和云台的情况下，宜用解码器方式。

3. 控制台组合配置

主控制台(总控制台)是电视监控系统的终端设备，也是核心设备。它由各种具体设备组成，主要有视频分配放大器、视频切换器、控制键盘、时间地址符号发生器、录像机等。有些装有多画面分割器，有些则采用多媒体计算机作为控制台的主体控制设备。

根据系统中摄像机的台数，选择视频切换器的最大输入路数，并且一般还应大于摄像机的台数，为今后扩展留有余地。

根据系统防范风险等级及区域内要害地点的数目选择录像机的台数。需要连续录像时，还应选择长延时录像机。

系统中摄像机台数很多时，可考虑选用多画面分割器。常用的有四画面、九画面和十六画面。多画面分割器中以四分割(Quad)与图框压缩处理器(Multiplexers)的应用最普遍。前者最先开发，使用量最大；后者的功能较强，技术层次也较高，依序压缩处理个别的画面。从其技术的发展又分为单工、双工及全双工，即只能录像不能同时监看、可同时录像及监看以及在监看同时可进行回放。四分割具有实时录像的功能，佐证效果强；而图框压缩处理器回放的功能较强。

电视监控系统中选用的录像机都是两磁头螺旋扫描长时间录像机(又称长延时录像机)，一般采用抽帧或选帧的记录方式，记录时间长，从 24、48 直至 960、999 h，使用方便，图像便于存档，经济性较高。目前数字硬盘录像机已成为主流应用，应积极考虑。

5.6.3 视频切换与主机控制方式

1. 单纯型的云台、镜头及防护罩控制器

此类装置的功能是仅仅实现对单台或多台云台执行旋转、上下俯仰，对云台上的摄像机镜头控制聚焦、光圈调整及变焦变倍功能，较复杂的装置还可对云台上的防护罩进行加热、除霜等控制。

2. 手动视频切换器

这是视频切换器中最简单的一种，该装置上有若干按键，用以对单一监视器输出显示所选择的某台摄像机图像。手动切换比较经济可靠，可将 4~16 路视频输入切换到一台监视器上输出。其缺点是使用这种类型切换器对摄像机进行手动切换时，监视器上会出现垂直翻转和滚动，直至监视器确定有输入摄像机的垂直同步脉冲后才会消失。

3. 顺序视频切换器

顺序视频切换器是使来自多台摄像机的图像在一台监视器上选择显示一幅，再显示另一幅，摄像机的显示顺序和显示停留时间可由用户程序设置或修改。顺序视频切换器采用垂直间隔切换，以消除监视器上的图像闪烁、抖动或滚动，使观察监视器的人可以舒适地观看。所谓垂直间隔切换，是视频播放时切换视频的一种方式。切换器中的电子系统寻找每一台摄像机的垂直同步脉冲，然后切换这一垂直脉冲间的视频，消除监视器上的垂直滚动和抖动，得到无滚动切换的效果。实现无滚动切换的前提是摄像机需要有行同步电路，这样多台摄像机用同一交流电源相位的电源供电时，可使多台摄像机同时产生垂直同步脉冲，这也是使用 24 V 交流电源的摄像机能在闭路电视监控系统中得到广泛应用的原因之一。

在较大型的系统中，如果摄像机使用不同相位的非 24 V 交流电源，此时需要消除监视器上的垂直滚动，则要么要求摄像机具有非同步或信号锁定功能，要么使用摄像机上的可调相位选择，根据不同交流电源相位间的垂直同步定时差异来进行调整。为了监控的需要，一般顺序切换器带有报警切换功能，即发生报警时，该顺序切换器会自动将报警区域的摄像机图像切换到监视器上显示输出。

4. 视频矩阵切换与控制主机

所谓视频矩阵切换就是可以选择任意一台摄像机的图像在任一指定的监视器上输出显示，犹如 M 台摄像机和 N 台监视器构成的 $M \times N$ 矩阵一般。视应用需要和装置中模板数量的多少，矩阵切换系统可大可小，小型系统是 4×1，大型系统可以达到 1024×256 或更大。

在以视频矩阵切换与控制主机为核心的系统中，每台摄像机的图像需要经过单独的同轴电缆传送到切换与控制主机；对云台与镜头的控制，则一般由主机经由双绞线或者多芯电缆先送至解码/驱动器，由解码器对传来的信号进行译码，以确定执行何种控制动作。

视频矩阵切换控制主机是闭路电视监控系统的核心，多为插卡式箱体，内有电源装置，插有一块含微处理器的 CPU 板、数量不等的视频输入板、视频输出板、报警接口板等，有众多的视频 BNC 接插座、控制连线插座及操作键盘插座等。具备的主要功能如下：

(1) 接收各种视频装置的图像输入，并根据操作键盘的控制将它们有序地切换到相应的监视器上供显示或记录，完成视频矩阵切换功能。

(2) 接收操作键盘的指令，完成对摄像机云台、镜头、防护罩的动作控制。

(3) 键盘有口令输入功能，可防止未授权者非法使用本系统，多个键盘之间有优先等级安排。

(4) 可以对系统运行步骤进行编程，有数量不等的程序可供使用，可以按时间来触发运行所需的程序。

(5) 有一定数量的报警输入和继电器接点输出端，可接收报警信号输入和端接控制输出。

(6) 有字符发生器可在屏幕上生成日期、时间、场所摄像机号等信息。

5．同轴视控矩阵切换控制系统

这是以微处理器为核心，具有视频矩阵切换和摄像机前端控制能力的系统。同轴视控传输技术是当今监控系统设备发展的主流，它只需要一根视频电缆便可同时传输来自摄像机的视频信号以及对云台、镜头的预置位功能等所有的控制信号，这种传输方式节省材料和成本，施工方便，维修简单，在系统扩展和改造时更具灵活性。

同轴视控实现方法有两类，一是采用频率分割，即把控制信号调制在与视频信号不同的频率范围内，然后同视频信号复合在一起传送，再在现场进行解调将两者区分开；二是利用视频信号场消隐期间来传送控制信号，类似于电视图文传送。

同轴视控切换控制主机由于是通过单根电缆实现对云台、镜头等摄像前端的动作控制，故必定要通过主机端编码经传输后在前端以译码的方式来完成。这就决定了在摄像前端也需要有完成动作控制译码和驱动的解码器装置。与普通视频矩阵切换系统不同的是，此类解码器与主机之间只有一个连接同轴电缆的 BNC 接插头。

6．微机控制或微机一体化的矩阵切换与控制系统

这是随着计算机应用的普及而出现的电脑式切换器，有的由计算机芯片和外围电路控制，有的直接以微机控制，除完成常规的视频矩阵切换和对摄像机前端的控制功能外，它同时具有很强的计算机功能。例如它有较强的键盘密码系统，可以有效地防止无权者操作使用；它有启动配置程序，能够以下拉式菜单的方式进行程序控制；它有系统诊断程序以监视系统所有功能；有打印机接口可以输出整个系统的操作情况；有网络互联功能，有多种输入/输出接口，有的系统还有视频图像的移动探测报警功能。微机一体化控制系统均内置有多路报警输入与输出，可配接多台分控键盘和连接较多的解码器。大型系统可用于分级层控联网。

5.6.4　电视监控系统的基本类型

1．简单的定点监控系统

最简单的定点监控系统就是在监视现场安置定点摄像机(摄像机配接定焦镜头)，通过同轴电缆将视频信号传输到监控室内的监视器。例如，在小型工厂的大门口安置一台摄像机，并通过同轴电缆将视频信号传送到厂办公室内的监视器(或电视机)上，管理人员就可以看到哪些人上班迟到或早退，离厂时是否携带了厂内的物品。若是再配置一台录像机，还可以把监视的画面记录下来，供日后检索查证。

这种简单的定点监控系统适用于多种应用场合。当摄像机的数量较多时，可通过多路切换器、画面分割器或系统主机进行监视。以某著名外企总部为例，该总部曾多次丢失高档笔记本电脑，后来在其各楼层的所有 12 个出口都安装了定点摄像机，并配备了 3 台 4 画面分割器和 24 小时实时录像机，有效地杜绝了上述被盗现象。

如某招待所也是采用了这种简单的定点监控系统。具体配置为在 1～6 层客房通道的两端各安装一台定点黑白摄像机，加上大门口、门厅、后门、停车场等 4 个监视点共计 16 台摄像机，再配置一台 16 画面分割器、一台 29 英寸大屏幕彩电和一台 24 小时录像机，便构成了完整的监控系统。

2. 简单的全方位监控系统

全方位监控系统是将前述定点监控系统中的定焦镜头换成电动变焦镜头，并增加可上下左右运动的全方位云台(云台内部有两个电动机)，使每个监视点的摄像机可以进行上下左右的扫视，其所配镜头的焦距也可在一定范围内变化(监视场景可拉远或推进)。很显然，云台及电动镜头的动作需要由控制器或与系统主机配合的解码器来控制。

最简单的全方位监控系统与最简单的定点监控系统相比，在前端增加了一个全方位云台及电动变焦镜头，在控制室增加了一台控制器，另外从前端到控制室还需多布设一条多芯(10 芯或 12 芯)控制电缆。以某小型制衣厂的监控系统为例，在其制衣车间安装了两台全方位摄像机，在厂长办公室内配置了一台普通电视机、一台切换器和两台控制器。当厂长需要了解车间情况时，只需通过切换器选定某一台摄像机的画面，并通过操作控制器使摄像机对整个监控现场进行扫视，也可以对某个局部进行定点监视。

在实际应用中，并不一定使每一个监视点都按全方位来配置，通常仅是在整个监控系统中的某几个特殊的监视点才配备全方位设备。例如，在前述的某招待所的定点监控系统中，也可考虑将监视停车场情况的定点摄像机改为全方位摄像机(更换电动变焦镜头并增加全方位云台)，再在控制室内增加一台控制器，这样就可以把对停车场的监视范围扩大，既可以对整个停车场进行扫视，也可以对某个局部进行监视。特别是当推近镜头时，还可以看清车牌号码。

3. 多媒体视频监控系统

通常的文字、数据、声音、图形、图像等信息一般是通过不同的设备和网络来进行传输和处理的，而多媒体技术就是用一个设备和网络来传输和处理文字、数据、声音、图形、图像等信息的技术。

多媒体视频监控集视频监控、音频监听、报警等功能为一体，具有功能强大、操作简单、灵活、直观，便于组成联网监控系统等独特的优势。

一种典型的监控系统是具有声音监听的监控系统，因为电视监控系统中还常常需要对现场声音进行监听(例如银行柜员机监控系统)，因此从系统结构上看，整个电视监控系统由图像和声音两部分组成。由于增加了声音信号的采集及传输，从某种意义上说，系统的规模相当于比纯定点图像监控系统增加了一倍，而且在传输过程中还应保证图像与声音信号的同步。

对于简单的一对一结构(摄像机—录像机—监视器)，只要增加监听头及音频传输线，即可将视音频信号一同显示、监听并记录。对于切换监控的系统来说，则需要配置视/音频同步切换器，它可以从多路输入的视/音频信号中切换并输出已选中的视频及对应的音频信号。

5.7　电视监控系统的工程施工

5.7.1　电视监控系统施工的一般要求

(1) 施工现场必须设一名现场工程师以指导施工进行，并协同建设单位做好隐蔽工程的检测与验收。

(2) 电视监控工程施工前应具备下列图纸资料：系统原理及系统连线图、设备安装要求及安装图、中心控制室的设计及设备布置图、管线要求及管线敷设图。

(3) 电视监控系统施工应按设计图纸进行，不得随意更改。确需更改原图纸时，应按程序进行审批，审批文件(通知单等)经双方授权人签字，方可实施。

(4) 电视监控系统工程竣工时，施工单位应提交下列图纸资料：施工前所接的全部图纸资料、工程竣工图、设计更改文件。

5.7.2　电缆敷设

(1) 必须按图纸进行敷设，施工质量应符合《电力工程电缆设计标准》的要求。

(2) 施工所需的仪器设备、工具及施工材料应提前准备就绪，施工现场有障碍物时应提前清除。

(3) 根据设计图纸要求选配电缆，尽量避免电缆的接续。必须接续时应采取焊接方式或采用专用接插件。

(4) 电源电缆与信号电缆应分开敷设。

(5) 敷设电缆时尽量避开恶劣环境，如高温热源和化学腐蚀区域等。

(6) 远离高压线或大电流电缆，不易避开时应各自穿配金属管，以防干扰。

(7) 随建筑物施工同步敷设电缆时，应将管线敷设在建筑物体内，并按建筑设计规范选用管线材料及敷设方式。

(8) 有强电磁场干扰的环境(如电台、电视台附近)应将电缆穿入金属管，并尽可能埋入地下。

(9) 在电磁场干扰很小的情况下，可使用 PVC 阻燃管。

(10) 电缆穿管前应将管内积水、杂物清除干净，穿线时宜涂抹黄油或滑石粉，进入管口的电缆应保持平直，管内电缆不能有接头和扭结，穿好后应做防潮、防腐等处理。

(11) 管线两固定点之间的距离不得超过 1.5 m。

(12) 电缆应从所接设备下部穿出，并留出一定余量。

(13) 在地沟或天花板内敷设的电缆,必须穿管(视具体情况选用金属管或 PVC 阻燃管)，并固定在墙上。

(14) 在电缆端做好标志和编号。

5.7.3 光缆敷设

(1) 敷设光缆前,应检查光纤有无断点、压痕等损伤。

(2) 根据施工图纸选配光缆长度,配盘时应使接头避开河沟、交通要道和其他障碍物。

(3) 光缆的弯曲半径不应小于光缆外径的 20 倍。光缆可用牵引机牵引,端头应做好技术处理,牵引力应加于加强芯上,牵引力大小不应超过 150 kg,牵引速度宜为 10 m/min,一次牵引长度不宜超过 1 km。

(4) 光缆接头的预留长度不应小于 8 m。

(5) 光缆敷设一段后,应检查光缆有无损伤,并对光缆敷设损耗进行抽测,确认无损伤时,再进行接续。

(6) 光缆接续应由受过专门训练的人员操作,接续时应用光功率计或其他仪器进行监视,使接续损耗最小。接续后应做接续保护,并安装好光缆接头护套。

(7) 光缆端头应用塑料胶带包扎,盘成圈置于光缆预留盒中,预留盒应固定在电杆上。地下光缆引上电杆,必须穿入金属管。

(8) 光缆敷设完毕时,需测量通道的总损耗,并用光时域反射计观察光纤通道全程波导衰减特性曲线。

(9) 光缆的接续点和终端应做永久性标志。

5.7.4 设备的安装

1. 前端设备的安装

1) 一般要求

(1) 按安装图纸进行安装。

(2) 安装前应对所装设备通电检查。

(3) 安装质量应符合《电气装置安装工程及验收规范》的要求。

2) 支架、云台的安装

(1) 检查云台转动是否平稳、刹车是否有回程等现象,确认无误后,根据设计要求锁定云台转动的起点和终点。

(2) 支架与建筑物、支架与云台均应牢固安装。所接电源线及控制线接出端应固定,且留有一定的余量,以不影响云台的转动为宜。安装高度以满足防范要求为原则。

3) 解码器的安装

解码器应牢固安装在建筑物上,不能倾斜,不能影响云台(摄像机)的转动。

4) 摄像机的安装

(1) 安装前应对摄像机进行检测和调整,使摄像机处于正常工作状态。

(2) 摄像机应牢固地安装在云台上,所留尾线长度以不影响云台(摄像机)转动为宜,尾线须加保护措施。

(3) 摄像机转动过程尽可能避免逆光摄像。

(4) 室外摄像机明显高于周围建筑物时，应加避雷措施。

(5) 在搬动、安装摄像机过程中，不得打开摄像机镜头盖。

(6) 安装固定摄像机时，可参考以上要求。

2. 中心控制设备的安装

1) 监视器的安装

(1) 监视器应端正、平稳地安装在监视器机柜(架)上；应具有良好的通风散热环境。

(2) 主监视器距监控人员的距离应为主监视器荧光屏对角线长度的 4～6 倍。

(3) 避免日光或人工光源直射荧光屏。荧光表面背景光照度不得高于 100 lx。

(4) 监视器机柜(架)的背面与侧面距墙不应小于 0.8 m。

2) 控制设备的安装

(1) 控制台应端正、平稳安装，机柜内设备应安装牢固，安装所用的螺钉、垫片、弹簧、垫圈等均应按要求装好，不得遗漏。

(2) 控制台或机架柜内插件设备均应接触可靠，安装牢固，无扭曲、脱落现象。

(3) 监控室内的所有引线均应根据监视器、控制设备的位置设置电缆槽和进线孔。

(4) 所有引线在与设备连接时，均要留有余量，并做永久性标志，以便维修和管理。

5.7.5　供电与接地

供电与接地施工时的注意事项如下：

(1) 测量所有接地极的接地电阻，必须达到设计要求。达不到要求时，可在接地极回填土中加入无腐蚀性的长效降阻剂或更换接地装置。

(2) 系统的防雷接地安装应严格按设计要求施工。接地安装最好配合土建施工同时进行。

5.7.6　电视监控系统的调试

1. 一般要求

(1) 电视监控系统的调试应在建筑物内装修和系统施工结束后进行。

(2) 电视监控系统调试前应具备施工时的图纸资料和设计变更文件以及隐蔽工程的检测与验收资料等。

(3) 调试负责人必须有中级以上专业技术职称，并由熟悉该系统的工程技术人员担任。

(4) 具备调试所用的仪器设备，且这些设备符合计量要求。

(5) 检查施工质量，做好与施工队伍的交接。

2. 调试前的准备工作

(1) 电源检测。接通控制台总电源开关，检测交流电源电压；检查稳压电源上电压表读数；合上分电源开关，检测各输出端电压、直流输出极性等；确认无误后，给每一回路通电。

(2) 线路检查。检查各种接线是否正确。用 250 V 兆欧表对控制电缆进行测量，线芯与线芯、线芯与地绝缘电阻不应小于 0.5 MΩ；用 500 V 兆欧表对电源电缆进行测量，其线芯间、线芯与地间绝缘电阻不应小于 0.5 MΩ。

(3) 接地电阻测量。监控系统中的金属护管、电缆桥架、金属线槽、配线钢管和各种设备的金属外壳均应与地连接，保证可靠的电气通路。系统接地电阻应小于 4 Ω。

3. 摄像机的调试

(1) 闭合控制台、监视器电源开关，若设备指示灯亮，即可闭合摄像机电源，监视器屏幕上便会显示图像。

(2) 调节光圈(电动光圈镜头)及聚焦，使图像清晰。

(3) 改变变焦镜头的焦距，并观察变焦过程中图像的清晰度。

(4) 遥控云台，若摄像机静止和旋转过程中图像清晰度变化不大，则认为摄像机工作正常。

4. 云台的调试

(1) 遥控云台，使其上下、左右转动到位，若转动过程中无噪声(噪声应小于 50 dB)、无抖动现象、电机不发热，则视为正常。

(2) 在云台大幅度转动时，如遇以下情况应及时处理：

① 摄像机、云台的尾线被拉紧；

② 转动过程中有解码器、对讲器、探测器等阻挡了摄像机转动；

③ 重点监视部位有逆光摄像情况。

5. 系统调试

(1) 系统调试在单机设备调试完后进行。

(2) 按设计图纸对每台摄像机进行编号。

(3) 用综合测试卡测量系统水平清晰度和灰度。

(4) 检查系统的联动性能。

(5) 检查系统的录像质量。

(6) 在现场环境允许、建设单位同意的情况下，改变灯光的位置和亮度，以提高图像质量。

(7) 在系统各项指标均达到设计要求后，可将系统连续开机 24 小时，若无异常，则调试结束。

6. 填写调试报告

(略)

7. 写竣工报告

(略)

5.8 通用远程监控系统设计方案

1. 方案说明

本设计方案描述了一个比较典型的远程监控系统，它涉及远程现场构成、监控中心构成、视频传输、多点控制、视频进入计算机网络等目前客户较为关心的内容。本方案的编制力求全面和典型，并且留有很大的扩展余地。可以根据自己的特殊情况加以修改，直接

形成实际应用的工程设计具体方案。(本方案由北京天讯达公司提供)

2．系统描述

本系统由多个远程现场和一个监控中心组成，如图 5-11 所示。

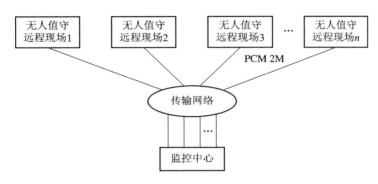

图 5-11　监控中心和远程现场示意图

远程现场和监控中心之间由 PCM 2 M(2.048 Mb/s)通信线路连接。

远程现场分为两类：有人值守和无人值守。每个现场均有若干台摄像机。摄像机的镜头、云台可控，并可加装若干传感器、警灯、警号等外围设备。

在有人值守的远程现场可以设置多媒体控制计算机，也可以设置控制键盘，这些控制设备可以控制该现场的摄像机切换以及镜头、云台动作，并且可以处理报警信息。对于无人值守的现场可以不放置计算机，但为了方便检修起见，建议放置控制键盘。

在监控中心可以任意监视各个现场，并接收各现场的报警信息。监控中心由中心机房内部的多媒体监控主机、普通分控计算机和机房以外的网络分控计算机组成。

3．关键技术及设备

1) 视频压缩传输

对于远程监控，最关键的技术是视频信号的压缩传输。在这个设计方案中，我们选用了 T400A/B 视频传输编解码器，它可以将视频信号、音频信号、数据信号压缩编码，通过 PCM 2M 通信线路传输。

PCM 2M 线路是一种常见的数字通信线路，2M(2.048 Mb/s 或 2048 kb/s)指的是通信速率，也常被称作 E1，它由 32 个时隙组成，每个时隙的速率是 64 kb/s。PCM 2M 线路的物理接口一般是 G.703 接口，G.703 接口常见的形式是 2 个 BNC 插座，输入阻抗为 75 Ω。

2) 视频进入计算机网络

目前，计算机网络迅速普及，各个单位都在建设办公自动化网络，客户往往要求能够通过网络传输视频信号，使网络上的很多部门加入到监控系统中。在本设计方案中，我们在监控中心的设计中增加了"网络视频服务器"，它是一台配置相对较高的计算机，内含视频处理卡和视频服务软件，能够在计算机网络中广播发送视频信号流，使网络上的其他计算机可以通过软件来接收视频信号。

4．远程现场构成

远程现场设备构成如图 5-12 所示。

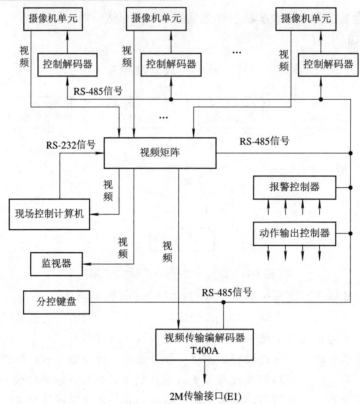

图 5-12 远程现场设备构成示意图

远程现场的核心设备是视频矩阵和 T400A 视频传输编解码器。现场控制计算机是可选部件，如果客户不希望在现场放置计算机，则可以省去这台设备，只用分控键盘控制摄像机切换和云台、镜头的动作，但是分控键盘不能处理报警信息(报警信息可以由 T400A 传输到中心去处理)。

在图 5-12 的现场配置中，还可以增加多台分控计算机、多个分控键盘以及长延时录像机、警灯、警号等设备和器材。

(1) 视频信号连接。所有摄像机输出的视频信号都连接到视频矩阵，再由矩阵分别输出给主控计算机、分控键盘对应的监视器以及 T400A 视频传输编解码器。

(2) 控制信号连接。在监控现场，视频矩阵、报警控制器、动作输出控制器、分控键盘、T400A 视频传输编解码器都由一条 RS-485 控制总线连接。RS-485 总线是一条 2 芯电缆，上面传输双向控制信号，所有的信息传递都可以由它来实现。在图 5-12 中，主控计算机对矩阵的控制是通过 RS-232 接口实现的。之所以这样做，是因为一般计算机本身都具备 RS-232 接口，用 RS-232 连接很方便。在这个方案中选定的视频矩阵中含有一个 RS-232/RS-485 转换器，它先把来自主控计算机的 RS-232 信号转换成 RS-485 格式再送给矩阵动作。如图 5-13 所示，实际上主控计算机也可以看作是与 RS-485 总线连接在了一起。

(3) 音频处理。在图 5-12 中没有涉及音频处理，如果要增加音频监听，可以加入 1 台音频矩阵，与视频矩阵并列放置，控制接口是 RS-485。

(4) 压缩传输处理。由视频矩阵输出的一路视频信号、音频信号和 RS-485 控制信号分别连接到 T400A 传输编解码器的相应接口上，由 T400A 压缩处理后通过 PCM 2M 线路传送到监控中心，同时将监控中心的 RS-485 控制命令(和话音信号)传送回来，实现远程监控。

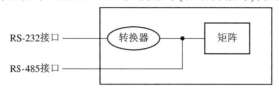

图 5-13　视频矩阵局部示意图

现场设备如表 5-13 所示。

表 5-13　现 场 设 备

设备名称	型　号	简 要 参 数	参考价格
视频矩阵	XT0804V	8 路视频输入，4 路输出	—
	XT1604V	16 路视频输入，最大 9 路输出	—
	XT2406V	24 路视频输入，最大 9 路输出	—
	XT3209V	32 路视频输入，9 路输出	—
	XT4809V	48 路视频输入，9 路输出	—
	XT6409V	64 路视频输入，9 路输出	—
音频矩阵	XT0804A	8 路音频输入，4 路输出	—
	XT1604A	16 路音频输入，4 路输出	—
	XT2406A	24 路音频输入，6 路输出	—
控制解码器	ZDH-7	可控制云台、镜头、灯光、雨刷等	—
报警控制器	BJ-8	8 防区报警控制，具有开路和短路报警	—
	BJ-16	16 防区报警控制，具有开路和短路报警	—
动作输出控制器	KG-8	8 路继电器输出控制，通过 RS-485 控制	—
	KG-24	24 路继电器输出控制，通过 RS-485 控制	—
分控键盘	SM-9	可直接控制视频矩阵	—
现场控制计算机	视频采集卡	—	—
	监控软件	—	—
视频传输编解码器	T400A	利用 PCM 2M 信道传输实时图像、话音和数据	—

5．监控中心构成

图 5-14 所示的监控中心设备构成方案采用了多台 T400B 与各个远程现场一一对应通信，这样设计的优点是在监控中心可以获得各个现场的图像，便于切换处理，并且主控和分控之间互不干扰，还可以在中心监控机房建设电视墙。这个方案的缺点是采用了多个 T400B，使得系统造价较高。

图 5-15 所示的方案采用了 1 台视频通信多点控制器 TXD-MCU400，这样中心只用 1 台 T400B 即可以与各个远程现场分时通信。它的优点是系统造价低，缺点是中心只能获得 1 路视频信号(采用 8×2 MCU，配接 2 台 T400B，可以有 2 路视频信号)，主控和分控的独立性差，要设定优先级，按照优先级进行切换。

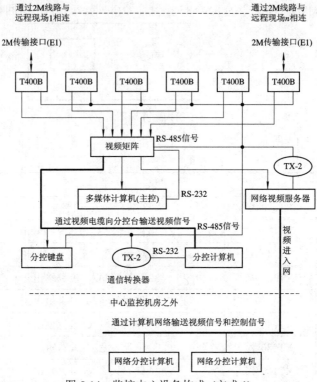

图 5-14 监控中心设备构成 (方式 1)

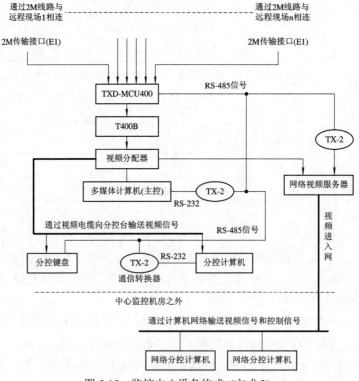

图 5-15 监控中心设备构成 (方式 2)

监控中心设备如表 5-14 所列。

表 5-14　监控中心设备

设备名称	型　号	简　要　参　数	参考价格
视频传输编解码器	T400B	利用 PCM 2M 信道传输实时图像、话音和数据	—
多点控制器 TXD-MCU400	8×2 端口	可配接 8 个远程现场，2 个 T400B	—
	16×4 端口	可配接 16 个远程现场，4 个 T400B	—
视频矩阵	同表 5-13	—	—
主控多媒体计算机	视频采集卡	—	—
	监控软件	—	—
分控多媒体计算机	视频采集卡	—	—
	监控软件	—	—
分控键盘	SM-9	可直接控制视频矩阵	—
通信转换器	TX-2	RS-232 与 RS-485 转换	—
网络视频服务器	视频处理卡	AV-8	—
	视频服务软件	将视频信号压缩送入计算机网络进行广播	—
网络分控计算机	视频接收软件	从网络中接收视频信号并解压缩	—
	网络监控软件	通过 TCP/IP 进行监控控制	

5.9　本章小结

　　电视监控系统是安防工程的主体。本章详细介绍了以摄像机、镜头、云台为主的电视监控系统的前端设备，以及以矩阵切换器、硬盘录像、监控主机等为主的电视监控系统的主机控制设备；分析了电视监控系统的配置、视频传输、视频切换与主机控制方式等；提出了多主机系统、远程数字视频监控以及一些复杂电视监控系统的工程设计；并介绍了若干典型电视监控系统的应用；最后介绍了电视监控系统的工程施工问题。目前多主机系统、异地远程监控、网络化监控、多级联网、数字监控、视频防盗报警集成监控等是大中型电视监控系统主要的应用发展方向。

【实践材料 1】　镜头的选用

　　在电视监控系统中，如何根据现场被监视环境正确选用摄像机镜头是非常重要的，因为它直接影响到系统组成后在系统末端监视器上所看到的被监视画面的效果能否满足系统的设计要求(就画面范围或图像细节而言)。所以说正确选用摄像机镜头可以使系统得到最优化设计并可获得良好的监视效果。

　　为了获得预期的摄像效果，在选配镜头时，应着重注意被摄物体的大小、被摄物体的细节尺寸、物距、焦距、CCD 摄像机靶面的尺寸以及镜头及摄像系统的分辨率等基本要素。下面就以使用环境的不同介绍如何正确选用摄像机镜头。

1. CCD 芯片的尺寸

CCD 芯片是摄像头的核心，CCD 的成像尺寸越小，则摄像机的体积可以做得越小。在相同的光学镜头下，成像尺寸越大，视场角越大，如表 5-15 所示。CCD 芯片已经开发出多种尺寸，目前采用的芯片大多数为 1/3 英寸和 1/4 英寸。

表 5-15   CCD 芯片的成像尺寸

芯 片 规 格	成像面大小(宽 × 高)	对 角 线
1/4 英寸	3.6 mm × 2.7 mm	4.5 mm
1/3 英寸	4.8 mm × 3.6 mm	6 mm
1/2 英寸	6.4 mm × 4.8 mm	8 mm
2/3 英寸	8.8 mm × 6.6 mm	11 mm
1 英寸	12.8 mn × 9.6 mm	16 mm

在购买摄像头时，特别是对摄像角度有比较严格的要求时，CCD 靶面的大小以及 CCD 与镜头的配合情况将直接影响视场角的大小和图像的清晰度。

因为芯片生产时等级不同，各厂家获得芯片的途径不同等原因，造成 CCD 采集效果也大不相同。在购买时，可以采取如下方法检测：接通电源，连接视频电缆到监视器，关闭镜头光圈，看图像全黑时是否有亮点，屏幕上雪花大不大，这些是检测 CCD 芯片最简单直接的方法，而且不需要其他专用仪器。然后可以打开光圈，看一个静物，如果是彩色摄像头，最好摄取一个色彩鲜艳的物体，查看监视器上的图像是否偏色、扭曲，色彩或灰度是否平滑。好的 CCD 可以很好地还原景物的色彩，使物体看起来清晰自然；而残次品的图像就会有偏色现象，即使面对一张白纸，图像也会显示蓝色或红色。个别 CCD 由于生产车间的灰尘，CCD 靶面上会有杂质，在一般情况下，杂质不会影响图像，但在弱光或显微摄像时，细小的灰尘也会造成不良的后果。

目前我国市场上大部分摄像头采用的是日本 SONY、Sharp、松下及韩国 LG 等公司生产的 CCD 芯片，现在台湾也有能力生产，但质量就要稍逊一筹。

2. 分辨率的选择

评估摄像机分辨率的指标是水平分辨率，其单位为线对，即成像后可以分辨的黑白线对的数目。常用的黑白摄像机的分辨率一般为 380～600 线，彩色的为 380～480 线，其数值越大成像越清晰。一般的监视场合，用 400 线左右的黑白摄像机就可以满足要求，而对于医疗、图像处理等特殊场合，用 600 线的摄像机能得到更清晰的图像。彩色摄像机的典型分辨率在 320 到 500 线之间，主要有 330 线、380 线、420 线、460 线、500 线等不同档次。

高清视频监控随着社会的进步得以迅速发展，主要是为了解决人们在正常监控过程中"细节"看不清的问题。"高清"即"高分辨率"，最早来源于数字电视领域，其高清划分方式如下：

1080i 格式是标准数字电视显示模式，1125 条垂直扫描线，1080 条可见垂直扫描线，

16：9，分辨率为 1920×1080，隔行/60 Hz，行频为 33.75 kHz。

720p 格式是标准数字电视显示模式，750 条垂直扫描线，720 条可见垂直扫描线，16：9，分辨率为 1280×720，逐行/60 Hz，行频为 45 kHz。

3. 成像灵敏度

通常用最低环境照度要求来表明摄像机灵敏度。2～3 lx 属一般照度，现在也有低于 1 lx 的普通摄像机问世。月光级和星光级等高增感度摄像机可工作在很暗的条件下，如 0.1 lx 的摄像机用于普通的监视场合。在夜间使用或环境光线较弱时，推荐使用 0.02 lx 的摄像机。与近红外灯配合使用时，也必须使用低照度的摄像机。

4. 光谱响应特性

CCD 器件由硅材料制成，对近红外比较敏感，光谱响应可延伸至 1.0 μm 左右。其响应峰值为绿光(550 nm)。夜间隐蔽监视时，可以用近红外灯照明，人眼看不清环境情况，在监视器上却可以清晰成像。由于 CCD 传感器表面有一层吸收紫外线的透明电极，所以 CCD 对紫外光不敏感。彩色摄像机的成像单元上有红、绿、蓝三色滤光条，所以彩色摄像机对红外光、紫外光均不敏感。

5. 手动、自动光圈镜头的选用

手动、自动光圈镜头的选用取决于使用环境的照度是否恒定。自动光圈用于被照物光线变化较多的场合，手动光圈用于被照物光线稳定的场合。

在环境照度恒定的情况下，如电梯轿厢内、封闭走廊里、无阳光直射的房间内，均可选用手动光圈镜头，这样可在系统初装调试中根据环境的实际照度，一次性调定镜头光圈大小，获得满意亮度画面。

对于环境照度经常变化的情况，如随日照时间而照度变化较大的门厅、窗及大堂内等，均需选用自动光圈镜头(必须配以带有自动光圈镜头插座的摄像机)，这样便可以实现画面亮度的自动调节，获得良好的恒定亮度的监视画面。

对于自动光圈镜头的控制信号，又可分为 DC 及 VIDEO 控制两种，即直流电压控制及视频信号控制。在自动光圈镜头的类型选用、摄像机自动光圈镜头插座的连接方式以及自动光圈镜头驱动方式开关的选择上，注意三者协调配合好即可。

6. 定焦、变焦镜头的选用

镜头是摄像机的眼睛，正确选择镜头以及良好的安装与调整是清晰成像的第一步。当前，1/3 英寸镜头是应用的主流，自动光圈镜头销售量最多，变焦镜头是应用发展的趋势。

定焦镜头从焦距上区分有短焦距广角镜头、中焦距标准镜头、长焦距远镜头。应依据摄像机到被监视目标的距离来选择定焦镜头(Fixed Focal Lens)的焦距。

变焦镜头分手动变焦和电动变焦(电动光圈和自动光圈)两种。变焦镜头在规则上可以划分为 10 倍、6 倍和 2 倍变焦镜头，其尺寸有 1/3 英寸、1/2 英寸和 1 英寸等。

选择变焦镜头的原则是镜头的规格不应小于摄像机的规格，也就是说 1/2 英寸的镜头可以与 1/3 英寸的摄像机一起使用，但是 1/3 英寸的镜头不能够在 1/2 英寸的摄像机上使用。摄像机镜头规格一般应视摄像机的 CCD 尺寸而定，两者应相对应，即：

摄像机的 CCD 靶面大小为 1/2 英寸时，镜头应选 1/2 英寸；

摄像机的 CCD 靶面大小为 1/3 英寸时，镜头应选 1/3 英寸；

摄像机的 CCD 靶面大小为 1/4 英寸时，镜头应选 1/4 英寸。

如果镜头尺寸与摄像机 CCD 靶面尺寸不一致，观察角度将不符合设计要求，或者发生画面在焦点以外等问题。

7. 伸缩镜头(Zoom Lens)

伸缩镜头有手动伸缩镜头和自动伸缩镜头两大类。伸缩镜头由于在一个镜头内能够使镜头焦距在一定范围内变化，因此可以使被监控的目标放大或缩小，所以也常被称为变倍镜头。典型的光学放大规格有 6 倍(6.0～36 mm，F1.2)、8 倍(4.5～36 mm，F1.6)、10 倍(8.0～80 mm，F1.2)、12 倍(6.0～72 mm，F1.2)、20 倍(10～200 mm，F1.2)等档次，并以电动伸缩镜头应用最为普遍。为增大放大倍数，除光学放大外还可施以电子数码放大。

在自动伸缩镜头中，光圈的调整有三种，即自动光圈、直流驱动自动光圈、电动调整光圈。其聚焦和变倍的调整，则只有电动调整和预置两种，电动调整是由镜头内的马达驱动的，而预置则是通过镜头内的电位计预先设置调整停止位，这样可以免除成像必须逐次调整的过程，可精确、快速定位。在球形罩一体化摄像系统中，大部分采用带预置位的伸缩镜头。

伸缩镜头另一项重要特征是快速聚焦功能，它由测焦系统与电动变焦反馈控制系统构成。

伸缩镜头由于在一个镜头内能够使镜头焦距在一定范围内变化，因此可以使被监控的目标放大或缩小。典型的光学放大规格有 6～20 倍等不同档次，并以电动缩放镜头(Zoom Lens)应用最为普遍。缩放/变焦镜头(Vari Focal Lens)是变焦镜头配合缩放镜头功能，焦距连续可变，可将远距离物体放大，又可提供一个宽广视景，使监视宽度增加。日本 Kowa 公司提供从 1.6～3.4 mm 的宽角度镜头到 15.0～300 mm 的远距镜头。按参数可调整的项目可将变焦镜头划分为三种类型：

- 三可变镜头——光圈、聚焦、焦距均需人为调节。
- 二可变镜头——通常是自动光圈镜头，而聚焦和焦距需人为调节。
- 单可变镜头——一般是自动光圈和自动聚焦的镜头，而焦距需人为调节。

在开阔的被监视环境中，首先应根据被监视环境的开阔程度，用户要求在系统末端监视器上所看到的被监视场景画面的清晰程度，以及被监视场景的中心点到摄像机镜头之间的直线距离，在直线距离一定且满足覆盖整个被监视场景画面的前提下，尽量考虑选用长焦距镜头，这样就可以在系统末端监视器上获得一幅具有较清晰细节的被监视场景画面。

在这种环境中也可考虑选用变焦镜头(电动三可变镜头)，这可根据系统的设计要求以及系统的性能价格比决定，在选用时还应考虑两点：在调节至最短焦距时(看全景)应能满足覆盖主要被监视场景画面的要求；在调节至最长焦距时(看细节)应能满足观察被监视场景画面细节的要求。

通常情况下，在室内的仓库、车间、厂房等环境中一般选用 6 倍或者 10 倍镜头即可满足要求，而在室外的库区、码头、广场、车站等环境中，可根据实际要求选用 10 倍、16 倍或 20 倍镜头即可(一般情况下，镜头倍数越大，价格越高。可在综合考虑系统允许造价的前提下，适当选用高倍数变焦镜头)。

8. 非球面镜头的选用

除传统的球面镜头外，新一代的是非球面镜头(Aspherical Lens)，镜片研磨的形状为抛物线、二次曲线、三次曲线或高次曲线，并且在设计时就考虑到了镜头的相差、色差、球差等校正因素。通常一片非球面镜片就能达到多个球面镜片矫正像差的效果，因此可以减少镜片的数量，使得镜头的精度更佳，清晰度更好，色彩还原更为准确，镜头内的光线反射得以降低，镜头体积也相应缩小。

非球面镜头具有变倍高、物距短、光圈大的特点。变倍高可以简化镜头的种类，物距短可以应用在近距离摄像的场合，光圈大则可以适应光线较暗的场所，因此应用领域日渐宽广。日本 AVENIA 的非球面镜头产品 SSV0770 的近摄距离可到 30 cm，光圈值也可到 F1.6，变焦范围为 7～70 mm，变倍率高达 10 倍，可用于电视监控等领域。

 **【实践材料 2】　摄 像 机 的 功 能 调 整**

摄像机的选择除了考虑镜头的性能指标外，还应注意如下一些问题。

1. 自动增益控制

所有摄像机都有一个将来自 CCD 的信号放大到可以使用的水准的视频放大器，其放大量即增益，等效于有较高的灵敏度，可使其在微光下灵敏，然而在亮光照的环境中放大器将过载，使视频信号畸变。为此，需利用摄像机的自动增益控制(AGC)电路去探测视频信号的电平，适时地开关 AGC，从而使摄像机能够在较大的光照范围内工作，此即动态范围，即在低照度时自动增加摄像机的灵敏度，从而提高图像信号的强度来获得清晰的图像。

2. 背景光补偿

通常，摄像机的 AGC 工作点是通过对整个视场的内容作平均来确定的，但如果视场中包含一个很亮的背景区域和一个很暗的前景目标，则此时确定的 AGC 工作点有可能对于前景目标是不够合适的，背景光补偿有可能改善前景目标的显示状况。

当背景光补偿开启时，摄像机仅对整个视场的一个子区域求平均来确定其 AGC 工作点，此时如果前景目标位于该子区域内，则前景目标的可视性有望改善。

3. 电子快门

在 CCD 摄像机内，是用光学电控影像表面的电荷积累时间来操纵快门的。电子快门控制摄像机 CCD 的累积时间，当电子快门关闭时，对于 NTSC 摄像机，其 CCD 累积时间为 1/60 s；对于 PAL 摄像机，则为 1/50 s。当摄像机的电子快门打开时，对于 NTSC 摄像机，其电子快门以 261 步覆盖从 1/60 s 到 1/10 000 s 的范围；对于 PAL 型摄像机，其电子快门则以 311 步覆盖从 1/50 s 到 1/10 000 s 的范围。当电子快门速度增加时，在每个视频场允许的时间内，聚焦在 CCD 上的光减少，结果将降低摄像机的灵敏度。而较高的快门速度对于观察运动图像会产生一个"停顿动作"效应，这将大大地影响摄像机的动态分辨率。

通常电子快门的时间在 1/50～1/100 000 s 之间，摄像机的电子快门一般设置为自动电子快门方式，可根据环境的亮暗自动调节快门时间，以得到清晰的图像。有些摄像机允许用户自行手动调节快门时间，以适应某些特殊应用场合。

4. 白平衡调整

白平衡只用于彩色摄像机，其用途是实现摄像机图像能精确反映景物状况。有手动白平衡和自动白平衡两种调整方式。

自动白平衡有下述两种工作方式:

(1) 连续方式——此时白平衡设置将随着景物色彩温度的改变而连续地调整,范围为2800~6000 K。这种方式对于景物的色彩温度在拍摄期间不断改变的场合是最适宜的,使色彩表现自然,但对于景物中很少甚至没有白色时,连续的白平衡不能产生最佳的彩色效果。

(2) 按钮方式——先将摄像机对准诸如白墙、白纸等白色目标,然后将自动方式开关从手动拨到设置位置,保留在该位置几秒钟或者至图像呈现白色为止;在白平衡被执行后,将自动方式开关拨回手动位置以锁定该白平衡的设置,此时白平衡设置将保持在摄像机的存储器中,直至再次执行被改变为止,其范围为 2300~10 000 K。在此期间,即使摄像机断电也不会丢失该设置。以按钮方式设置白平衡最为精确和可靠,适用于大部分应用场合。

手动白平衡调整则可以做得更精微。此时改变图像的红色或蓝色状况有多达107个等级供调节,如增加或减少红色各一个等级,增加或减少蓝色各一个等级。开手动白平衡将关闭自动白平衡。但有的摄像机可将白平衡固定在3200 K(白炽灯水平)和5500 K(日光水平)等档次。

5. 色彩调整

对于大多数应用而言,是不需要对摄像机进行色彩调整的,如需调整则需细心调整以免影响其他色彩。可调色彩方式有:

- 红色-黄色色彩增加,此时将红色向洋红色移动一步。
- 红色-黄色色彩减少,此时将红色向黄色移动一步。
- 蓝色-黄色色彩增加,此时将蓝色向青蓝色移动一步。
- 蓝色-黄色色彩减少,此时将蓝色向洋红色移动一步。

新型摄像机对前述各项可选参数的调整采用数字式调整控制,此时不必手动调节电位计而是采用辅助控制码,而且这些调整参数被储存在数字记忆单元中,增加了系统的稳定性和可靠性。

6. 同步方式的选择

对单台摄像机而言,主要的同步方式有下列三种:

- 内同步——利用摄像机内部的同步信号发生电路(晶体振荡电路)产生同步信号来完成操作。

- 外同步——利用外同步信号发生器产生的同步信号送到摄像机的外同步输入端来实现同步。可将摄像机信号电缆上的 VD 同步脉冲输入完成外 VD 同步。

- 电源同步——也称为线性锁定或行锁定(line lock),是利用摄像机的交流电源来完成垂直推动同步,即摄像机和电源零线同步。

对于多台摄像机系统,利用外同步,使每一台摄像机可以在同样的条件下同步作业,这样即使其中一台摄像机转换到其他景物,同步摄像机的画面亦不会失真。

外同步可使不同的视频设备之间用同一同步信号来保证视频信号的同步,它可保证不同的设备输出的视频信号具有相同的帧、行的起止时间。但是由于多摄像机系统中的各台摄像机供电可能取自三相电源中的不同相位,甚至整个系统与交流电源不同步,此时可采

取下述两种措施:

(1) 均采用同一个外同步信号发生器产生的同步信号送入各台摄像机的外同步输入端来调节同步。

(2) 调节各台摄像机的"相位调节"电位器。因摄像机在出厂时,其垂直同步是与交流电的上升沿正过零点同相的,故使用相位延迟电路可使每台摄像机有不同的相移,从而获得合适的垂直同步。相位调整范围为 $0° \sim 360°$。

为了实现外同步,需要给摄像机输入一个复合同步信号(C-sync)或复合视频信号。对于多摄像机系统固定外同步,只要所有的视频输入信号是垂直同步的,则在变换摄像机输出时,就不会造成画面失真。但外同步并不能保证用户从指定时刻得到完整、连续的一帧图像,要实现这种功能,必须使用特殊的具有外触发功能的摄像机。

7. 镜头安装方式的选择

常见的镜头安装方式有 C 型和 CS 型两种,二者间的不同之处在于感光距离,即镜头与摄像机接触面至镜头焦平面(摄像机 CCD 光电感应器应处的位置)的距离不同,C 型接口此距离为 17.5 mm,CS 型接口此距离为 12.5 mm。C 型镜头比之 CS 型,增加了一个 5 mm 的可调整光圈值的 C/CS 转接环以配合使用。

通常情况下,C 型镜头与 C 型摄像机配合使用、CS 型镜头与 CS 型摄像机配合使用,但 C 型安装的摄像机可用 CS 型镜头,而 CS 型安装的摄像机不能使用 C 型镜头,它们之间无法完全互相兼容。Philips 公司推出了革命性的镜头工艺与 Wizard 安装向导,保证镜头与摄像机的完全兼容,这使得在任何环境下都可得到最优图像。

 **【实践材料3】 教育局网络化电视监控系统设计方案**

1. 系统概述

随着社会经济的发展和人民生活水平的提高,人们越来越重视教育,尤其重视高等教育。但国内高考的竞争还是非常激烈,高考舞弊现象屡禁不止,甚至出现集体作弊的恶劣行为。为了加大打击高考和自学考试的舞弊行为,某省教育厅计划在全省考场范围内安装闭路电视监控系统,借助高科技技术对考试过程进行全程监控。考场安装闭路电视监控系统,不但可以对舞弊行为起到威慑和打击的作用,还可减少监考的人力,减轻监考人员的劳动强度。另外,考虑到数字化教育的需要,学校管理层要求对整个学校的课堂教育进行网络化管理。

本设计方案以硬盘录像机为核心构建智能化监控系统,利用计算机技术和多媒体技术,是集多画面处理、数字化录像机、远程视频传输管理为一体的多媒体控制中心设备。该系统的应用将大大提高课堂教育的现代化和教育管理的电子化、网络化程度,直接规范各类考试的考场纪律,进一步体现我国教育的公平竞争体制。

2. 系统设计依据

· GA/T 75-1994《安全防范工程程序与要求》
· GA/T 70-2014《安全防范工程建设与维护保养费用预算编制办法》

- GA/T 74－2017《安全防范系统通用图形符号》
- GB 50198－2011《民用闭路电视监控系统工程技术规范》
- 某省教育厅和某市教育局课堂监控和考场监控要求

3．系统需求分析

某市教育局下辖多所学校，每所学校大约有 50 间教室，每间教室计划安装 2 台摄像机和一路高灵敏度音频监听器。

4．系统设计目标

根据某市教育局提出的系统建设设想和教育系统的特点，我们确定以下系统设计目标：

(1) 建立音/视频采集系统，在每个教室安装 2 个摄像机和 1 个监听头，对整个教室进行音视频实时监控；

(2) 建立学校多媒体控制中心，在监控中心安装网络化监控主机，对前端所有教室的音/视频进行集中监控管理，所有音/视频信号记录在电脑硬盘上；

(3) 建立教育局网络化监控中心，在教育局监控中心安装中央监控主机，通过教育网，可以实时察看各学校的课堂情况或考场情况；

(4) 预留上级主管机关集中监控接口，未来可以与教育厅的网络监控中心或网上巡考中心进行全省联网管理控制。

5．系统设备选型

1) 系统设备选型基本原则

(1) 先进性。目前市场上电视监控系统主要有两大类：一是以视频矩阵为代表的模拟监控系统，一是以硬盘录像机为代表的数字化监控系统。模拟监控因其固有的特点，无法实现教育局要求的网络化传输的要求，因此不在考虑之列。而数字化监控也有两种：网络摄像机和硬盘录像机。

经分析认为该市教育局电视监控系统中心控制设备宜采用基于 MPEG-4 算法的硬盘录像机，每个教室考场则安装数字摄像机。这里我们选择加拿大贸泰公司的贸泰系列硬盘录像作为电视监控中心控制设备。

(2) 实用性。随着多媒体技术和计算机技术的发展，MPEG-4 压缩标准草案的制定，MPEG-4 真正到了实际应用的阶段。加拿大贸泰公司的贸泰硬盘录像机是国内最早应用 MPEG-4 视频压缩的硬盘录像机，其产品进入中国两年多的时间，已实际应用于机场、银行、教育等诸多领域。而网络摄像机以目前技术的限制，还难以达到实用的阶段。

(3) 可靠性。稳定性和可靠性是一个系统实际应用的先决条件。贸泰硬盘录像机已经广泛应用于国内多个领域，实践证明该系统的稳定性和可靠性是经得起考验的。另外，为了提高系统的可靠性，贸泰系列硬盘录像机采用软、硬件看门狗技术，一旦出现意外死机，系统能自动重新启动恢复正常运行。

(4) 兼容性和扩展性。贸泰系列硬盘录像机具备良好的扩展性和兼容性，其视频信号和音频信号经过 MPEG-4 压缩后，文件格式为 AVI，因此其录像资料可以在任何一台装有 Windows 的系统上回放，从而保证录像查证的方便和快捷。系统采用模块化设计，设计时充分考虑到系统的扩展性。

(5) 易操作性。贸泰系列硬盘录像机全部采用中文人性化操作界面，操作直观简捷，操作人员无需记忆摄像机号码和各网点的 IP 地址,只要接受一个小时的培训即可熟练使用该系统。

2) 系统设备选型

(1) 教室闭路电视监控系统前端设备选型——摄像机选型。

为了确保各教室的电视监控图像效果并综合考虑系统造价,我们选择日本 AKITA(秋田)彩色摄像机作为教室的视频采集前端设备。日本秋田摄像机在 20 世纪 90 年代末进入中国,以其优越的产品性能和合理的价位赢得国内广大用户的认可,广泛应用于银行、小区、电信、电力等监控场合。

音频监听和控制系统采用深圳来邦电子开发生产的监听对讲设备。该套音频传输控制设备具有灵敏度高、简单可靠而且价位适中等诸多优点。

(2) 系统控制中心设备选型。

系统控制中心设备作为安防系统的灵魂,它体现了整个系统的先进性、可靠性和实用性。我们选择深圳市中联盾实业有限公司提供的贸泰系列网络化硬盘录像机作为该市教育局的中心控制设备。

① 贸泰硬盘录像系统简介。

贸泰硬盘录像系统由加拿大 MultiVision 公司开发生产。加拿大 MultiVision 公司是世界上最早开发生产数字硬盘录像机的厂家之一,其贸泰系列硬盘录像机自从进入中国市场以来,已广泛应用于国内各个领域。贸泰硬盘录像系统由 Netserver 网络视频服务器和 UCW 监控中心组成,Netserver 网络视频服务器安装在各个要求监控的现场,接收各现场摄像机的视频信号和音频信号,并将模拟视频信号转换为数字信号,所有录像资料存储在电脑硬盘中。UCW 则安装在要求进行网络集中监控的控制中心,通过网络(局域网、教育网等),UCW 可以实时观察各现场图像和录像资料。

贸泰硬盘录像系统基本特点如下:

- 采用先进的 MPEG-4 视频压缩算法,视频压缩率高,视频传输带宽要求低;
- 采用先进的并行传输技术,多路视频传输效率高;
- 内置软硬件看门狗,系统死机时自动复位;
- 量身定做 Win 嵌入式操作系统,占用系统资源低,运行速度快,经微软授权,保证知识产权的合法性;
- 视频环通输出可连接模拟电视设备;
- 可编程 AV 端口输出,可连接模拟显示设备;
- 内置 RS-485 控制接口;
- 具有视频移动监测功能;
- 多路报警接口,可直接连接报警探测器;
- 多路报警输出,可联动控制外部报警设备;
- 可通过多种网络途径(PSTN/ISDN/DDN/E1/LAN/WAN)进行视频传输。

② 贸泰 Netserver 视频服务器功能简介。

- 显示功能:

多画面分割显示功能:1、4、7、9、10、13、16 画面显示;

单通道显示可达全解析度:768×576,多通道显示可达 CIF 解析度:384×288。

- 录像功能：

多路视频、音频信号同时录像；

录像压缩比、帧率可调；

制定录像计划；

报警触发录像；

循环录像：当硬盘录满时，自动覆盖循环录像。

- 回放功能：

可选择不同速度快速回放；

智能搜索回放录像，根据摄像机编号、日期和时间快速回放录像；

录像回放双工：系统录像和回放可同时进行；

图像捕捉和打印：可捕捉任何单帧画面，均可进行打印或另存。

- 报警功能：

视频移动报警：侦测画面中移动物体；

外部报警接入：可接受多种报警信号；

报警录像：当发生报警，即可联动录像功能；

报警输出：当发生报警，自动联动报警输出，联动控制外部相关设备。

- 云台控制功能：

可接入和控制多路云台和镜头；

可设置多级云台、镜头控制权限。

- 远程传输功能：

可通过局域网、广域网、电话线、DDN、帧中继等多种网络进行视频远传；

采用 MPEG-4 视频压缩算法,网络占用带宽资源非常低(每路实时传输占用 500 kb/s 带宽)。

③ 贸泰 UCW 监控中心功能简介。

- 远程现场监控：UCW 提供 1、4、7、9、10、13、16、25、36 等多种画面分割形式显示和监控各个网点传输来的现场画面，也即在同屏下最多可以监控 36 个网点现场图像；

- 远程回放录像资料：通过网络，UCW 可以同时远程回放多个网点的录像资料；

- 远程云台控制：通过 UCW 监控中心，可以同时控制多个网点的云台和镜头；

- 可实现多级用户权限管理；

- 地图编辑功能：可编辑监控平面布防图，可将各网点的分布地图通过扫描或编辑的方式输入 UCW 监控中心；

- 双显示功能：一台 UCW 可连接两台显示设备，两台显示设备互为补充，一台主显示器显示多画面现场图像，另一台显示网点分布。

6. 系统设计说明

1) 系统构成原理

系统构成原理如图 5-16 所示。

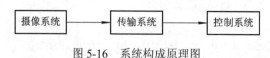

图 5-16　系统构成原理图

各子系统说明如下：

摄像系统采用摄像机对前端所监控画面进行现场图像的采集，配备变焦镜头和全方位云台，可对所采集图像进行远、近距离跟踪及自动巡视观察。传输系统利用传输线缆对前端图像信号和终端控制信号进行传输，完成前端系统和后端系统的联系。控制系统完成对前端系统所采集图像信号的还原(监视显示)和存储，能对前端设备发出指令进行控制。

2) 系统方案设计

(1) 学校教室电视监控方案设计。

每个学校按 40 间教室设计，每个教室安装 1 台变焦摄像机(配全方位云台)和 1 个广角镜头摄像机，另外每个教室安装语音对讲监听分机。

电视监控前端设备配置见表 5-16。

表 5-16　电视监控前端设备配置

序号	名　称	型号	单位	数量	产地
1	彩色摄像机	AK303D	台	80	日本 AKITA
2	6 倍三可变镜头	SSL0636M	个	40	日本精工
3	自动光圈镜头(3～8 mm 可调)	SSV0358GNB	个	40	日本精工
4	室内解码器	PICO2400	台	40	中国
5	室内全方位云台	APT-301	台	40	日本 AKITA
6	高灵敏度监听对讲分机	HBT-A	个	40	中国
7	摄像机电源	12VDC	个	40	中国

学校主控设备配置见表 5-17。

表 5-17　学校主控设备配置

序号	名　称	型号	单位	数量	产地
1	数字监控主机	MNS1500P	台	10	加拿大
2	19 英寸显示器	NS95F	台	1	日本 NEC
3	音、视频切换器	AQH-812A	台	1	日本 AKITA
4	音频控制主机	HBT-40	台	1	中国

(2) 教育局监控中心方案设计。

教育局监控中心设备配置见表 5-18。

表 5-18　教育局监控中心设备配置

序号	名　称	型号	单位	数量	产地
1	集中监控中心主机	UCW 2000	台	1	加拿大
2	远程分控软件	UCW 500	台	1	加拿大
3	等离子显示器	42PD3	台	1	日本 NEC
4	19 英寸显示器	NS95F	台	1	日本 NEC

3) 系统原理架构图

系统原理架构图见图 5-17。

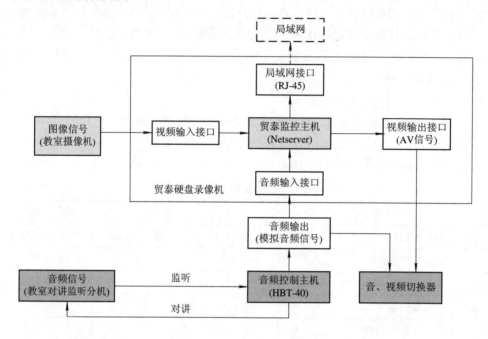

图 5-17　系统原理架构图

7. 系统功能说明

1) 学校多媒体控制中心的功能和特点

(1) 建立数字化录像系统，所有教室的视频、音频信号经过压缩后，以数字形式存储在硬盘中，录像的存储和检索非常方便快捷。

(2) 建立数字化音/视频控制系统，可实时浏览各教室的图像信号和监听教室的实时声音，并可与各教室进行对讲。

(3) 建立多媒体教学控制中心，控制中心可以将任何教室的图像和声音信号切换到学校内部有线电视网，从而实现多媒体公开教学。

(4) 其他控制功能：

· 循环录像：硬盘录像机根据存储天数要求自动进行循环录像，其间不用进行人工干预，如更换硬盘等操作。

· 定时录像：操作者可根据工作时间设置硬盘录像机的启动录像时间，系统完全按照事先设置的录像计划进行自动录像。

· 云台镜头控制：操作员通过键盘、鼠标即可控制云台和镜头的动作。

· 系统为全中文操作界面，操作简单。

· 具有多级用户权限保护功能。

· 全数字化系统架构，可通过各种网络进行远程视频传输和分控。

· 可与教育局和教育厅级监控中心联网。

2) 市教育局网络化监控中心的功能和特点

根据某市教育系统网络状况，可建立一个强有力的集中监控中心，通过该集中监控中心可以实现以下功能：

(1) 实时监控市属各个学校教学情况和考场状况，监控中心安装一台 UCW 2000 监控主机，一个屏幕可以同时显示 16 个(最多可达 36 个)学校传输过来的实时图像；

(2) 远程浏览各学校的录像资料，UCW 2000 监控中心主机同一屏幕可以同时进行 16 个(最多可达 36 个)网点的录像资料回放，相当于 16 台录像机同时工作；

(3) 远程控制学校教室的云台镜头；

(4) 监控中心可制作学校分布电子地图，操作人员可透过电子地图进行操作；

(5) 教育局监控中心主机具有完全人性化的操作界面，操作人员无需记忆每个学校的 IP 地址和摄像机号码；

(6) 各级领导可安装 UCW 500 网络分控系统，可实时浏览现场图像、录像资料，亦可进行云台控制等操作。

为了在教育局建立集中监控中心，需要在集中监控中心安装贸泰 UCW 2000 监控中心主机一套，系统的监控画面如图 5-18 所示。鉴于教育局管辖的学校较多，为达到集中监控效果，监控中心可安装两台大屏幕显示器，建议采用 42 英寸以上的等离子显示器(也可采用投影机)，其中一台屏幕用来实时显示各网点的图像，另一屏幕用来显示网点分布电子地图。

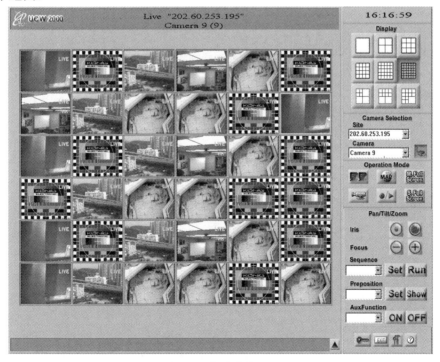

图 5-18　集中监控画面

3) 省教育厅网络化监控中心的功能和特点

系统预留网络接口可与省教育厅网络化监控中心进行联网，教育厅监控中心安装设备与实现功能与教育局类似,可实现全省范围的教育系统多媒体电视监控系统大联网。

8. 系统特点综述

贸泰系列硬盘录像系统具有如下特点:

(1) 录像清晰度高。录像清晰度高达 400TVL,远高于普通录像带的 240TVL,完全符合教育局对录像清晰度的高标准、高要求。

(2) 录像数据量小。采用 MPEG-4 压缩标准,压缩比大、清晰度高,占用硬盘容量较小。平均每小时每路实时录像占用硬盘容量 0.15~0.2 GB。

(3) 网络传输稳定。采用先进的并行传输技术,实时图像传输占用带宽非常小,效率高,网络远程传输非常稳定,彻底解决了 MPEG-1 等压缩方式在窄带上传输易掉线的缺点,并且多个考点图像同时传输到监控中心,不会因为带宽不够而影响整个网络的正常运行。

(4) 知识产权的合法性。该系统所有设备均具有原产厂家的正式授权,包括 Win XP 操作系统也是经过微软公司正式授权合法使用的。

(5) 先进的 MPEG-4 并行传输技术,点对面的网络集中监控中心,确保监控中心可以同时进行多达几百个学校的多媒体网络控制和管理。

(6) 独创性的双显示功能,使监控中心可同步进行音/视频监控和平面地图的管理。

(7) 系统稳定性能高。采用先进的软、硬件看门狗技术,完全避免了系统死机的烦恼。

(8) 系统实用性和可操作性强,操作人员只需经过简单的培训即能进行正确的操作。

第 6 章

停车场管理系统的方案设计

随着科技的进步，电子技术、计算机技术、通信技术不断地向各种收费领域渗透，当今的停车场收费系统已经向智能型的方向转变。先进可靠的停车场收费系统在停车场管理系统中的作用越来越大。

感应卡停车场管理系统是一种高效快捷、公正准确、科学经济的停车场管理手段，是停车场对于车辆实行动态和静态管理的综合。从用户的角度看，其服务高效、收费透明度高、准确无误；从管理者的角度看，其易于操作维护，自动化程度高，大大减轻了管理者的劳动强度；从投资者的角度看，彻底杜绝了失误及任何形式的作弊，防止停车费用流失，使投资者的回报有了可靠的保证。

系统以感应卡为信息载体，通过感应卡记录车辆进出信息，利用计算机管理手段确定停车计费金额，结合工业自动化控制技术控制机电一体化外围设备，从而控制进出停车场的各种车辆。

6.1　停车场管理系统概述

这里所讲的停车场管理系统，是一种以现代电子信息技术为特征的智能停车场管理系统，它设立有自动收费站，无需操作员即可完成其收费管理工作。智能停车场系统按其所在环境不同可分为内部智能停车场管理系统和公用智能停车场管理系统两大类。

内部智能停车场管理系统主要面向该停车场的固定车主与长期租车位的单位、公司及个人，一般多用于单位自用停车场、公寓及住宅小区配套停车场、办公楼的地下停车场、长期车位租借停车场与花园别墅小区停车场等。此种停车场的特点是使用者固定，禁止外部车辆使用。

公用智能停车场管理系统一般设在大型的公共场所，使用者通常是一次性的，不但供散客临时停车，而且对内部用户的固定长期车辆进行服务。该停车场的特点是：对固定的长期车辆与临时车辆共用出入口，分别管理。

智能停车场管理系统一般由入口管理站、出口管理站和计算机监控中心等几部分构成，如图 6-1 所示。

智能停车场管理系统是一个以非接触式智能 IC 卡为车辆出入停车场凭证、以车辆图像对比管理为核心的多媒体综合车辆收费管理系统，用以对停车场车道入口及出口管理设备实行自动控制，对在停车场中停车的车辆按照预先设定的收费标准实行自动收费。该系统将先进的 IC 卡识别技术和高速的视频图像存储比较相结合,通过计算机的图像处理和自动识别,对车辆进出停车场的收费、保安等进行全方位的控制、管理。

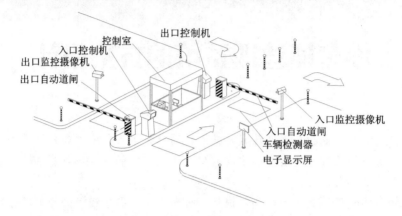

图 6-1 停车场系统结构示意图

6.2 停车场管理系统设备简介

停车场系统的基本设备组成一般包括入口控制机、出口控制机、自动道闸、数字车辆检测器、卡读写器、收费管理软件等。

1. 入口控制机

入口控制机的功能特点如下:非接触感应读卡功能(可以选配远距离读卡模块);自动吐票、防月卡反传功能;液晶图文操作提示(可选配语音提示及对讲);精密数冲机柜,优质的抗紫外线静电喷涂。入口控制机自动控制入口道闸灯设备的运转。入口控制机实物图参见图 6-2。

图 6-2 入口控制机

1) 入口控制机工作原理

入口控制机设备可独立运转,也可以联网运转,联网工作可为管理提供更加严谨的数据。入口控制设备包括入口控制机、数字电动道闸、车辆检测器及可选的图像抓拍摄像机、车位指示屏及报警灯等设备。入口控制机是自助终端,为车主提供自助读卡、自动取票功能。自动道闸受入口控制机控制,具备防砸车功能。车辆检测器为入口控制机提供有无车辆及行车方向信号,确保无车不读卡、不出票。图像抓拍摄像机自动抓拍每部进场车辆的高清晰照片,抓拍信号由入口控制机提供。报警和帮助由入口控制机控制,警告非正常进场的车主及提醒值班工作人员。

2) 入口控制机结构

入口控制机由箱体、供电系统、控制系统、面板四部分组成。

箱体由机箱、机门和面板组成。材料选用 2 mm 厚的 Q235 钢板,表面经磷化喷塑处理,防紫外线。机箱具有防水功能。箱体的颜色为 RAL2000(橘黄色)。

供电系统由两个 AC-DC 稳压开关电源组成。两开关电源分别提供 24 V/100 W 和 12 V/35 W 供系统使用。

控制系统由系统控制盒、读卡器模块、纸票打印机模块、液晶屏显示模块、感应线圈检测模块组成。其结构采用单元组装式。图 6-3 所示为入口控制机模块示意图。

面板主要有出票口和取票按钮、帮助按钮以及液晶屏显示区和读卡区。面板经过特殊防水处理。

扩展功能模块包括红绿灯出入场报警、图像自动抓拍和自动识别功能模块、满位输出和车位引导系统模块。

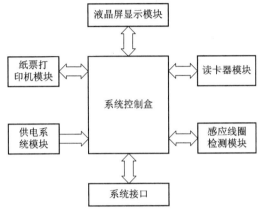

图 6-3 入口控制机模块示意图

3) 入口控制机技术参数

入口控制机技术参数如表 6-1 所示。

表 6-1 入口控制机技术参数

供电电源	220 V/AC(10%)50 Hz (4%)
工作温度	−30～80 ℃
工作湿度	5%～95%
工作电压	12 V/DC 35 W，24 V/DC 100 W
机箱尺寸	350 mm×320 mm×1260 mm(长×宽×高)
机箱重量	60 kg
读卡模块	兼容 ID、IC/TAG 等多种感应卡体系
自动纸票机	热敏纸条形码打印机，自动切票
票容量	5500 张(直径 150 mm)
取票时间	小于 0.8 s，典型值为 0.5 s
显示模块	宽温图形点阵 LCD 液晶屏，高亮背光
网络接口	5 kb/s～1 Mb/s 工业 CAN 总线
防砸车反应时间	<50 ms

2. 出口控制机

出口控制机与入口控制机类似，是系统功能得以充分发挥的关键外部设备，是智能卡与系统沟通的桥梁。其基本结构包括控制机箱与智能卡读写器，选配设备包括中文电子显示屏、语音提示报价器、对讲系统。如果入口控制机选配自动出卡机，则出口控制机选配自动吞卡机。

1) 出口控制机分项结构

(1) 控制机箱：密封设计，防雨、防尘，外观采用交通标准色，精工制作。

(2) 智能卡读写器：智能卡与系统沟通的桥梁，对 IC 卡进行读/写操作。

(3) 中文电子显示屏：中文 LED 显示，安装在出入口控制机的正面，智能卡读写器的上方以汉字形式显示停车时间、收费金额、卡上余额、卡的有效期等。若系统不予入场或出场，则显示相关原因，明了直观。在空闲时显示时间日期、欢迎用语或其他系统相关提示信息。该系统具有如下特点：

- 采用露天超高亮 LED 发光管，白天显示更明了；
- 采用超大规模集成电路和高性能单片机，系统稳定，升级方便；
- 全中文滚动显示，内容丰富；
- 防雨式设计，确保全天候可靠运行；
- 外观设计新颖，主从模式，系统分级运行且不影响系统整体性能。

(4) 对讲系统：出入口控制机安装对讲系统后，工作人员可以提示、指导用户使用停车场，用户也可以询问有关情况，方便两者之间及时联系。

(5) 自动出卡机：用于临时停车者取卡进场。泊车者驾车至入口控制机前，数字车辆检测器自动检测车辆的存在，泊车者按键取卡(凭车取卡、一车一卡)，泊车者取卡并读卡入场。

2) 出口控制机功能特点

- 可在线运行，也可脱机运行。
- 可对卡的有效性进行自动识别。
- 可与监控计算机和其他控制设备实时通信，可实时将所读卡信息传递到监控计算机，监控计算机也可向其加载时间、收费标准等。
- 可与自动道闸实现联动，当读到有效卡时，可控制道闸自动打开。
- 对储值卡自动扣费，对临时卡自动计费，有效月卡在有效的时间范围内可无限次出入。
- 对临时卡进行自动回收。
- 中文显示功能：当读到有效卡时，显示应交纳的停车费额和礼貌用语，读到无效卡时则显示相关原因。
- 语音提示功能：当读到有效卡时，用语音说明应交纳的停车费额和礼貌用语，读到无效卡时则用语音说明相关原因。
- 顾客在出口处可以通过对讲系统与停车场工作人员进行对话。
- 短时停车免费功能：当在停车场停车时间不超过一定时间(如 10 分钟)时，实行免费停车。

3．自动道闸

自动道闸也叫智能道闸，外观如图 6-4 所示。

图 6-4　自动道闸

1) 自动道闸主要功能

- 手动按钮可作"升闸""降闸"及"停止"操作；
- 无线遥控可作"升闸""降闸"及"停止"或对手动按钮的"加锁"操作；
- 停电自动解锁、停电后可手动抬杆；
- 具有便于维护与调试的"自栓模式"；
- 可选配道闸及通道两对红绿灯；
- 可选配光隔离长线驱动器，有到电脑的 RS-232-C 串行通信接口，具备丰富的底层控制及状态返回指令，使收费系统电脑可对道闸进行最完备的控制；
- 可根据客户需要增加其他特殊功能。

2) 自动道闸机械特点

- 采用精密的四连杆机构，使闸杆作缓启、渐停、无冲击的快速平稳动作，并使闸杆只能在限定的 90°范围内运行，不出意外；
- 采用精密的全自动跟踪平衡机构，使任意位置静态力矩为零，从而最大限度地减小驱动功率和延长机体寿命；
- 箱体采用先进的防水结构及抗老化的室外型喷塑处理，坚固耐用，永不褪色。

3) 自动道闸电气特性

- 采用具备软件陷阱与配件看门狗的单片机控制，永不死机。
- 采用磁感应霍尔器件进行行程控制，非接触工作，永无磨损偏移。采用光电耦合、无触点、过零导通技术，主控板无火花干扰，高可靠工作。
- 采用升降超时与电机过热保护，防止电闸非正常损坏。
- 采用双重机械行程开关，进行切电总保护。
- 宽范围的单相电源输入(160～260 V)，适于野外道路等恶劣收费环境。
- 光隔离串行通信接口，隔离电压大于 1500 V，确保上位机安全，实现抗汽车电火花等强电磁干扰的高可靠通信。

4) 自动道闸技术参数

- 道闸类型：快速道闸，可选外观 (包括直杆、折臂杆、栅栏杆等)；
- 通信协议：RS-485 接口或地感检测保护装置；
- 箱体尺寸：350 mm×290 mm×1020 mm；
- 工作电源：AC220 V/150 W，50 Hz；
- 闸杆长度：≥300 cm，可选；
- 起杆时间：0.9 s；

- 电机功率：≤140 W；
- 落杆时间：1.0 s；
- 旋转速率：2～5 s/90°；
- 机身净重：65 kg；
- 适用温度：−25～+65 ℃。

4. 感应式 IC 卡

感应式 IC 卡一般作为月租卡，其主要技术参数如下：

- 外形尺寸：(54.0±0.08) mm×(85.6±0.2) mm；
- 厚度：(0.9±0.025) mm；
- 擦写次数：10 万次以上；
- 数据保留期：10 年以上。

5. 卡读写器

停车场卡的发售及授权均由收费管理处的电脑及读写器完成。管理中心配备的读写器一般是一种大容量的台式读写器，如图 6-5 所示。

读写器的功能特点如下：

- 读写器无机械动作，无摩擦，IC 卡与读写卡设备使用寿命长，近乎永久使用。
- 读写速度快，操作简便。
- 读写器不需要卡座，完全密封在盒子内。
- 读写器与 IC 卡实施双向密码鉴别制。

图 6-5 台式读写器

- 非接触感应式 IC 卡数据储存量大，且具备防强磁、防水、防静电等功能，加之其芯片隐藏于卡内，比接触式 IC 卡具有更好的防污损功能，数据保持可达十年以上。
- 非接触感应式 IC 卡绝不能仿冒，加之软件设置完善、周密，可以更为有效地防止资金流失和确保车辆安全。

6. 车辆感应器

车辆感应器(如图 6-6 所示)是由一组环绕线圈和电流感应数字电路板组成的，与道闸或控制机配合使用。线圈埋于闸杆前后地下 20 cm 处，只要路面上有车辆经过，线圈即产生感应电流信号，经过车辆检测器处理后发出控制信号至控制机或道闸。闸杆前的检测器用来向主机传输工作状态的信号，闸杆后的检测器实际上是与电动闸杆连在一起的，当车辆经过时起防砸作用。

图 6-6 车辆感应器

线圈感应系数为 50～200 μH，线圈激磁频率为 300～250 Hz。感应灵敏度在满足要求的前提下越低越好，以提高感应系统的抗干扰性能。有的车辆检测器采用的是数字电路多重判断，感应电路不会漂移，无需经常调"零"。

7. 车辆检测器

一种典型的单通道车辆检测器可直接置于露天的车道边，该系列产品采用 SMD 技术并内置单处理器芯片，可应用于停车场及各类门的控制：触发读卡机与发卡机、栏栅机/大门/电动门关闭检测、生成车辆计数脉冲等，适用于车辆出入管理控制、工业控制等环境。

1) 结构特点

· 结构紧凑：外形虽小，但性能优越，运行可靠，如图 6-7 所示。

· 具有诊断功能：可用 DU100 诊断单元对其进行检测，节省安装与售后维护时间。

· 可选永久存在功能：无限保持存在中继，防止栏栅机/电动门等提前关闭，避免车辆受损。

· 线圈绝缘保护：Nortech 公司不遗余力，为线圈提供雷电及其他可能的瞬间损坏的保护。

· 线圈频率指示：内部提示相邻的线圈/检测器间可能的串扰(干扰)。

· 灵敏度自适应(ASB)：可靠检测拖车/挂车与高底盘车，自动调整灵敏度至最佳。

· 检测过滤功能：允许自行车与小推车通过而不被检测。

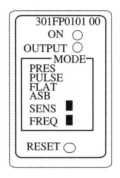

图 6-7　车辆检测器

2) 技术参数

· 感应自调范围：20～1500 μH。

· 灵敏度：面板上有四级可调灵敏度。即：

　　高：0.02%($\Delta L/L$)

　　中高：0.05%($\Delta L/L$)

　　中低：0.1%($\Delta L/L$)

　　低：0.5%($\Delta L/L$)

· 频率：面板上四级可调，即 12～80 kHz(频率取决于线圈的几何尺寸)。

· 输出设置：两个输出继电器。即：

　　继电器 1：存在输出

　　继电器 2：脉冲输出

· 脉冲输出时间：大约 150 ms(工厂可设为 250 ms)。

· 响应时间：100 ms。

· 漂移补偿率：每分钟大约 1%($\Delta L/L$)。

· 运行模式：面板上有四种可调模式，即限存在/永久存在、检测/未检测脉冲、灵敏度自适应关/开、过滤功能关/开(2 s 延迟)。

- 电源：230 V AC±15%，48～60 Hz；12～24 V AC/DC±15%。
- 工作温度范围：−40～+80 ℃。
- 保护：线圈隔离变压器、稳压二极管和气体放电管。

8．图像捕捉卡

图像捕捉卡接于电脑扩展槽，用于捕捉车辆的视频图像并传输给电脑，如图 6-8 所示。其功能特点如下：

- 总线结构：PCI 总线。
- 图像功能：亮度、对比度、灰度调节。
- 图像分辨率：16/24 位 RGB 彩色，160×120 线。

图 6-8　图像捕捉卡

9．抗暴防冲器

在入口处设置一组单向路挡，限制车辆逆向行驶，防止由入口撞杆离场；在出口处设置自动路挡，防盗车或逃费撞杆。

10．楼层车位引导系统

在车场入口及地下各楼层通道入口设有能自动显示本层车位余数的 LED 汉字显示屏。本层位满时，能自动提示引导车辆进入下层。

11．收费管理软件

收费管理软件的功能如下：

- 控制出、入口设备的设定功能。
- 卸载挂失黑名单。
- 读/写操作员或管理员及其他卡内的数据记录，并整理建档。
- 生成各类统计报表。
- 完成卡的发放、挂失、查询。

6.3　停车场管理系统的应用原理

6.3.1　停车场管理系统的特点

1．灵活的扩展性

停车场管理系统采用模块化结构，内置电源模块、地感检测模块、通信模块、驱动模块、遥控模块、系统保护模块等，并可根据用户需要对输出进行编程控制、选择，实现自动控制、遥控、系统自动保护功能。

停车场管理系统的安装、升级扩展比较容易。整个系统出入口控制采用脱机方式进行收费、控制、管理，安装方便，无需复杂的联网通信调试安装，而且具备良好的扩展性。

2．完美的安全性

停车场管理系统的安全性表现在：

(1) 数据加密功能：系统使用感应式 IC 卡(Mifare-1 卡)作为用户卡。此种 IC 卡采用高安全性加密算法，保证信息安全，无法复制。

(2) 摆线减速结构：独特的减速平衡结构，运行平稳，无震动，起落准确。

(3) 防砸功能：可配备可靠的车辆位置检测系统，绝不出现自动道闸砸车现象。

(4) 软件适用：管理软件功能实用、操作简便，系统具备黑名单下载功能，便于对恶意欠费现象进行管理。

3．高度的可靠性

停车场管理系统采用脱机方式进行控制，出错概率极小。停车场管理系统使用非接触式感应式读卡，绝无读卡时的机械损伤。

4．使用的方便性

停车场管理系统在 Windows 平台下运行，中文环境，图形界面，鼠标操作，使用方便。收费操作员可根据实际收费情况进行出入控制，避免恶意逃费现象的发生。

5．应用的灵活性

停车场管理系统应用的灵活性表现在：

(1) 适用于一个或多个出入口的停车场管理；

(2) 适用于同一区域内多个不同用途的停车场地的管理；

(3) 适用于多种不同要求的用户卡类型；

(4) 适用于多种不同联动方式进行出入控制的停车场。

6．管理的全面性

停车场管理系统可以实现停车计费功能、记录车辆事件功能、操作员管理功能、停车场设备管理功能、LED 显示屏显示车辆信息功能、固定车辆和临时车辆的管理功能。

6.3.2 停车场管理系统的使用

1．入口部分

入口部分主要由入口票箱(内含感应卡读卡器、感应卡出卡机、车辆感应器、对讲分机)、自动道闸、车辆检测线圈组成。

临时车辆进入停车场时，设在车道下的车辆检测线圈检测车到，入口处的票箱显示屏则以汉字提示司机按键取卡，司机按键，票箱内发卡器即发送一张感应卡，经输卡机芯传送至入口票箱出卡口，并同时读卡。司机取卡后，自动道闸起栏放行车辆，车辆通过车辆检测线圈后栏杆自动放下。

月租卡车辆进入停车场时，设在车道下的车辆检测线圈检测车到，司机把月租卡在入口票箱感应区 15 cm 距离内掠过，入口票箱内感应卡读卡器读取该卡的特征和有关信息，判断其有效性(即月卡使用期限、卡类、卡号合法性),若有效,自动道闸起栏放行车辆,车辆通过车辆检测线圈后栏杆自动放下;若无效,则报警,不允许入场。

图 6-9 是车辆进场示意图。

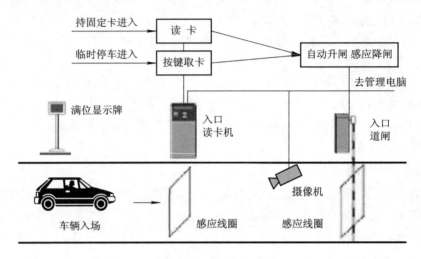

图 6-9 进场示意图

对于月卡持有者、储值卡持有者,进场操作过程如下:

(1) 将车驶至读卡机前取出 IC 卡,在读卡机感应区域晃动(约 10 mm),值班室电脑自动核对、记录,并显示车牌;

(2) 感应过程完毕,发出"嘀"的一声,过程结束;

(3) 道闸自动升起,中文电子显示屏显示礼貌用语:"欢迎入场",同时发出语音,如读卡有误,中文电子显示屏亦会显示原因,如"金额不足""此卡已作废"等;

(4) 进场后道闸自动关闭。

对于临时泊车者,操作过程如下:

(1) 司机将车驶至读卡机前;

(2) 值班人员通过键盘输入车牌号;

(3) 司机按动位于读卡机盘面的出卡按钮取卡;

(4) 在读卡机感应区晃动 IC 卡,将车牌号读进卡片中;

(5) 感应过程完毕,发出"嘀"的一声,同时读卡机盘面以中文显示礼貌语言,并同步发出语音;

(6) 道闸开启,司机开车入场;

(7) 进场后道闸自动关闭。

2. 出口部分

出口部分主要由感应卡读卡器、车辆感应器、对讲分机、自动道闸、车辆检测线圈等组成。

临时车驶出停车场时,在出口处,司机将感应卡交给收费员,收费电脑根据感应卡记录信息自动计算出应交费用,并通过收费显示牌显示,提示司机交费。收费员收费确认无误后,按确认键,电动栏杆升起。车辆通过埋在车道下的车辆检测线圈后,电动栏杆自动落下，同时收费电脑将该车信息记录到交费数据库内。

月租卡车辆驶出停车场时，设在车道下的车辆检测线圈检测车到，司机把月租卡在出口票箱感应器 15 cm 距离内掠过，出口票箱内感应卡读卡器读取该卡的特征和有关感应卡信息，判别其有效性。若有效，自动道闸起栏放行车辆，车辆感应器检测车辆通过后，栏杆自动落下；若无效，则报警，不允许放行。

图 6-10 是车辆出场示意图。

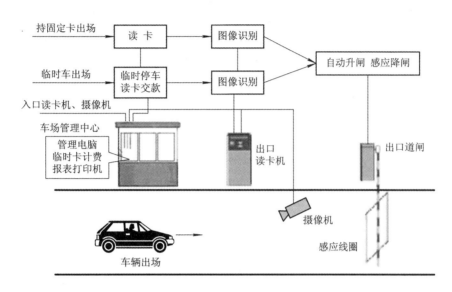

图 6-10 出场示意图

对于月卡、储值卡持有者，出场操作过程如下：

(1) 司机将车驶至车场出场读卡机旁；

(2) 取出 IC 卡在读卡机盘面感应区晃动；

(3) 读卡机接收信息，电脑自动记录、扣费，并在显示屏显示车牌，供值班人员与实车牌对照，以确保"一卡一车"制及车辆安全；

(4) 感应过程完毕，读卡机发出"嘀"的一声，过程完毕；

(5) 读卡机盘面上设的滚动式 LED 中文显示屏显示字幕"一路顺风"，同时发出语音(如不能出场，会显示原因)；

(6) 道闸自动升起，司机开车离场；

(7) 出场后道闸自动关闭。

对于临时泊车者，出场操作过程如下：

(1) 司机将车驶至车场出场收费处；

(2) 将 IC 卡交给值班员；

(3) 值班员将 IC 卡在收费器的感应区晃动，收费电脑根据收费程序自动计费；

(4) 计费结果自动显示在电脑显示屏及读卡机盘面的中文显示屏上，同时作语音提示；

(5) 司机付款；

(6) 值班人员按电脑确认键，电脑自动记录收款金额；

(7) 中文显示屏显示"一路顺风",同时作语音提示;

(8) 道闸开启,车辆出场;

(9) 出场后道闸自动关闭。

3. 泊位监测

系统一般可选配泊位监测功能。泊位监测有两种方式:第一种方式是在每个泊车的泊位上安装泊位监测传感器,可动态实时监测泊位状况,配合显示、语音可全自动实现多媒体泊车引导和泊位车辆防盗监控;第二种方式不在每个泊车的泊位上安装泊位监测传感器,只是通过软件计数(车辆进入停车场泊位减少,车辆离开停车场泊位增加)告之泊位信息,泊位信息可用于对进入车辆和保安的提示,无法实现更多功能。

6.3.3 停车场控制网络的 CAN 总线

在停车场管理的控制网络中,更多的是使用 CAN 总线。控制器局域网(Controller Area Net,CAN)总线是 BOSCH 公司于 20 世纪 80 年代为解决现代汽车中众多的智能化、电脑化单元之间的数据交换而开发的串行数据通信总线。CAN 总线技术符合 IEC-11898 标准,是当代工业现场最智能化的、最强健的通信总线。CAN 总线具有以下特点。

1. 多主工作方式

任一节点在任意时间均可向网上其他节点发出信息,而原来的 RS-485、BITBUS 总线均为单主工作方式,一主多从,必须让主机呼叫方可通信。

在泊车系统中,采用 CAN 总线技术,在门闸机下有人/车时,传感器会告知智能化门闸机不能落下;而采用传统的单主工作方式,则应是主机询问传感器有无人/车,传感器回答后主机再告知门闸控制机,由门闸控制机控制门闸动作。

2. 丰富的优先级划分

所有总线上的节点可划分为十分丰富的优先级,满足不同的实时要求,使有限的网络带宽得到最大和充分的利用;而单主多从方式的总线则是以主机为中心,网络带宽利用率不高。

3. 非破坏性总线裁决技术

总线裁决时间一般大于通信时间,当网络上有两个以上节点要求通信时,网络常会因为总线冲突而瘫痪,RS-485 就是这样。CAN 允许优先级较高的节点通信,而较低的节点暂停通信,这就大大节省了总线冲突的裁决时间,即使网络的负荷极重也不会发生网络瘫痪。

4. 灵活的组网功能

CAN 总线对于点对点、点对多、全局广播等传统的好的方式全部予以继承。

5. 较高的可靠性

CAN 总线的帧结构、检测措施、自动关闭、NRZ 反向归零编码方式等,都使其可靠性出类拔萃,网络未检出错误的概率小于 10^{-13}。

6. 网络性能指标

CAN 直接通信距离最远为 10 km,通信速度最大为 1 Mb/s,物理节点最多有 110 个,逻辑节点数目理论上为无穷大。

6.3.4　图像识别系统

图像识别系统由摄像机、视频接口和彩色监视器等组成。在出入口各设置一台摄像机，车辆入场时摄下车牌及外形，储存于电脑中；车辆出场时，由中央管理处管理人员或电脑自动进行比较；同者准予放行，异者报警处理。

1. 图像识别系统构成

图像识别系统配合感应式 IC 卡停车场电脑管理系统，形成了一个完整的停车场管理体系，全套系统采用计算机网络控制，包括微机、两个 CCD 摄像头、两张图像处理网络卡和两台聚光灯。

CCD 摄像头拍摄进场车辆的图像，经微机和图像处理网络卡加以编制，并传输到管理中心主系统储存起来；车辆出场时，读出 IC 卡的编号，在显示器上调出入场车辆的图像和出口 CCD 拍摄的图像进行对比，经判断一致时，给予放行。车辆识别界面参见图 6-11。

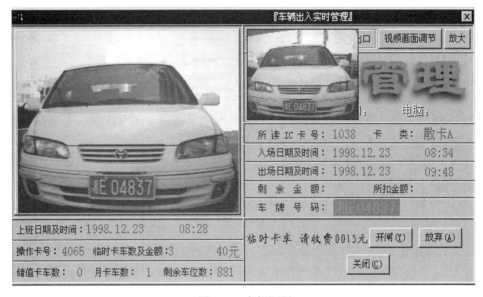

图 6-11　车辆识别

图像识别系统的运用，减少了车型及车牌的识别和读写的时间，加快了 IC 卡信息与车辆之间确认、判断的速度，提高了出、入车辆的车流速度。图像识别加 IC 卡配合使用，能准确判断出 IC 卡和车牌是否吻合，杜绝了偷车者的盗车途径。计算机及图像存档，那些谎报免费车辆的现象将被杜绝，减少人为资金流失。

2. 车牌识别一体化摄像机

随着视频监控技术的发展，车牌识别一体化摄像机目前已在停车场行业广泛使用。车牌识别一体化摄像机简称车牌识别一体机。当车辆进入地磅、地磁等感应系统时触发车牌识别一体机，能自动识别车牌号码。一体化摄像机是可自动聚焦、镜头内建的摄像机，车牌识别一体机则在一体化摄像机上加入了车牌识别的功能。车牌识别一体摄像机针对停车场行业，推出的基于嵌入式的智能高清车牌识别一体机产品，集车牌识别、摄像、前端储存、补光等于一体。车辆识别一体化摄像机的特点包括：可采用视频流或视频流＋地感两种识别模式；基于车牌自动曝光控制算法，成像优异；性能佳、功能多、适应性强、稳定性强；与传统摄像机相比，一体化摄像机体积小巧、美观，安装、使用方便，监控范围广、性价比高。

车牌识别一体机具优异的成像自动控制：自动跟踪光线变化、有效抑制顺光和逆光；夜间抑制汽车大灯；补光灯基于图像分析算法进行控制，避免了传统基于光敏电阻补光的不稳定性；以嵌入式车牌视觉识别算法为基础，车牌识别系统针对这些基础的算法有了更进一步优化，综合识别率高于99.58%，这种更进一步、深层次的运用解决了在复杂背景的图像中如何准确而迅速地定位分割牌照区域。

车牌识别一体机可脱机运行，前置数据存储功能，可针对无车牌车辆进行智能处理，具有多触发机制以保证无车牌(或严重污损等)车辆的正常通行管理。

6.3.5 停车场收费软件功能

1. 结算收费

停车场管理系统的核心是收费软件。收费有多种方式，除了传统的 IC 卡结账收费方式以外，目前自动扣费 ETC 和微信/支付宝也广泛采用，软件功能要提供相应的接口。

(1) 快速结账：提供实时详细信息和快速结账功能，可以灵活选取收费规则，可以手动缴费放行，同时提供交接班、结账以及收费小票补打等丰富功能。

(2) 节假日优惠：节假日收费、周计划收费可以随心所欲进行配置，不用担心系统只有单一的收费模式。此外还有线下优惠减免功能。

(3) 用户管理：支持单位用户与个人用户两种类型的长期用户开户模式，同时具备用户信息的修改、删除以及包期续费等功能，个人用户也可拓展为储值用户，方便用户灵活消费，并提供相机黑白名单管理、报表导入导出等人性化功能。

2. 实时监控

(1) 实时监控：实时监控车道情况，展示进出车辆的详细信息。

(2) 清除场内车辆：解决了系统中存在场内僵尸车辆以及其他错牌车记录的问题，同时可根据照片清除无牌车记录，丰富的筛选查询字段极大地方便了操作人员。

(3) 道闸控制：提供对应通道的道闸紧急开、紧急关、遥控开、遥控关以及解除紧急状态等灵活操作。

(4) 通道管制：针对特定通道实现不同收费类型的管控功能，帮助车场更灵活地管理车辆的进出。

3. 设备管理

(1) 通道管理：用极简的方式配置区域对应的通道信息，方便操作人员分配管理电脑，设置收费规则。

(2) 进出口管理：可供操作人员分配进出口相机、通道类型以及灵活地配置通道的触发模式等信息。

(3) 条屏管理：提供余位、收费、车牌以及 2/3/4 行屏的配置与管理，提供软件触发重启等功能。

4．业务报表

(1) 收费明细记录：具有收费明细、减免明细、结账报表以及路侧欠费追缴记录报表，满足车场的各类对账需求。

(2) 场内车辆记录：方便操作人员查询场内已停车辆记录以及手动录入的车辆记录。

(3) 场内异常记录：提供操作人员查询场内异常记录。

(4) 出场异常记录：提供操作人员查询出场异常记录。

(5) 开闸记录：可供操作人员查询，以便追踪相应通道的开闸记录。

(6) 清除车辆记录：查询已经清除的车辆记录。

(7) 报警记录：提供各种设备物理告警信息记录，方便用户预防及维护硬件设置故障。

(8) 统计报表：需具备以日、月、年为单位的车流量报表；需具备以日、月、年为单位的收费报表。

6.4　停车场管理系统方案设计

停车场管理系统一般具有智能卡月租停车管理、纸票临时停车管理、POS 收银机"不死机"收费、数字道闸智能控制车辆进出场和三级防砸车功能，可进行灵活实用的收费标准设定。这里介绍停车场管理系统基本设计和月租卡停车场管理系统的方案设计及系统配置。

6.4.1　停车场管理系统基本设计

这里以厦门路桥信息公司的停车场管理系统为例介绍停车场管理系统的基本设计。停车场管理系统一般将感应卡作为月卡使用，附加纸票作为临时停车计费，利用 POS 机收银以及微机管理软件构成一套完整的结构。

停车场管理系统配置完整的高性能、高稳定性的停车收费管理系统，在为客户提供先进完善的管理功能的同时，可有效控制成本，帮助用户减少投资。标准收费管理系统用于既有固定月租车辆、又有临时车辆的收费型停车场。月租车辆用先进的非接触感应卡管理，进出读卡，一卡一车，快捷、方便、安全，可与"一卡通"系统集成。临时车辆用先进实用的一次性条形码纸票管理，一车一票，卫生安全，计费直观有效，且成本低廉。

入口设备无人值守，车辆自助读卡或取票进场，先进合理的控制结构和工作流程使入口设备可以长年累月稳定地工作，中文 LCD 液晶图文显示提示详尽的操作信息和系统信息，使自助操作界面简单、友好。

出口计费系统采用"傻瓜"式操作的 POS 收银系统，配合后台微机管理软件，轻松应对大车流量。使用 POS 收银系统不仅可以有效避免微机"死机"造成的系统故障和数据紊乱，而且收费操作和管理监控可同时进行，互不影响，真正实现了管理和收费相分离，收费更专一、更高效，管理更安全。

微机管理软件为管理者提供实用详尽的监控管理功能，使管理人员不用理会系统硬件的具体操作，只是简单地设置或查询相关车辆数据即可，如发行/修改月卡、设定收费标准、数据统计查询、打印报表等。

停车场收费管理系统模块化的配置结构可适应各种现场安装环境,如双车道、单车道、出入口分离、出入口一体等。先进的工作流程使系统各部分能够单独运行,可根据现场环境的可布线程度灵活决定联网或脱机的工作方式,而系统的基本功能不受影响。

停车场管理系统各部分之间的长距离通信采用先进的具有超强抗干扰能力的工业CAN现场总线,通信速率为115 200 b/s(是传统 RS-485 总线 9600 b/s 通信速率的 12 倍),通信距离最远 5000 m,无需中继(是传统 RS-485 总线 1200 m 最大通信距离的 4 倍),全硬件总线仲裁、总线纠错、CRC(循环冗余)校验(传统 RS-485 无仲裁、无纠错、无校验,须编写通信软件来实现)。CAN 总线是多主总线,不同的站点可同时发送信息,实时性强,出入口站无论多少,事件可在几毫秒内得到响应(RS-485 是查询总线,要一个一个地顺序通信,出入口站多时事件要数秒后才能得到响应)。

停车场管理系统根据需要可扩展表 6-2 所列的可选功能。

表 6-2　停车场管理系统可选功能

名　称	功　用	扩展限制
语音提示	语音提示操作信息,使自助操作更简单、更友好	无限制
对讲	车辆进出困难时呼叫值班人员的通话平台	脱机系统不可扩展
图像对比	抓拍车辆进出照片供值班及管理人员人工对比,以保障停车安全、解决丢票争议及事后资料核查等	脱机系统不可扩展
车牌自动识别	抓拍车辆进出照片,自动提取车牌号码、自动对比,更有效地保障停车安全,避免丢票争议、事后资料核查情况的发生	脱机系统不可扩展
长距离读卡(70～120 cm)	方便月卡车辆读卡	仅限 ID 卡
远距离不停车读卡(3～8 m)	月卡车辆进出无需停车	仅限 ID 卡,单车道不可扩展
顾客金额显示屏	安装在收费亭外部,让车主知道计费结果的真实性	无限制
远端分控	通过计算机局域网,其他微机也可对系统进行监控	无限制
车位显示屏	实时显示停车场空车位数,方便车主停车	脱机系统不可扩展
区位引导系统	检测并为车主指示大型分区停车场的车位情况,以充分利用每个车位,提高停车场的使用效率	脱机系统不可扩展
按号停车及电子地图系统	要求车辆按为其分配的车位号停放,并用电子地图指示车位的总体使用情况,实现有序停车,方便管理	脱机系统不可扩展
财务税控系统	外挂"黑匣子"税控器,配合税务机关开展工作	无限制
GPRS 无线通信模块	通过全球性的无线网络对系统进行远端监控	无限制

1. 双车道配置方案

1) 功能及配置原理图

不含可选功能，双车道配置方案参见图 6-12，实现如下功能：

(1) 月卡车读卡进场，临时车取票进场，中文 LCD 液晶操作提示，帮助按钮，双路车辆检测，道闸具备防砸车功能。

(2) 月卡车读卡出场，临时车缴费出场，中文 LCD 液晶操作提示，双路车辆检测，道闸具备防砸车功能。

(3) 专用 POS 收银机，收费员管理，自动计费，打印发票，钱箱控制，出口道闸控制，脱机记录存储，联机上传。

(4) 微机管理软件，发行月卡，设定车型及收费标准，系统设置，数据备份、统计、查询，生成报表。

(5) 工业 CAN 现场总线。

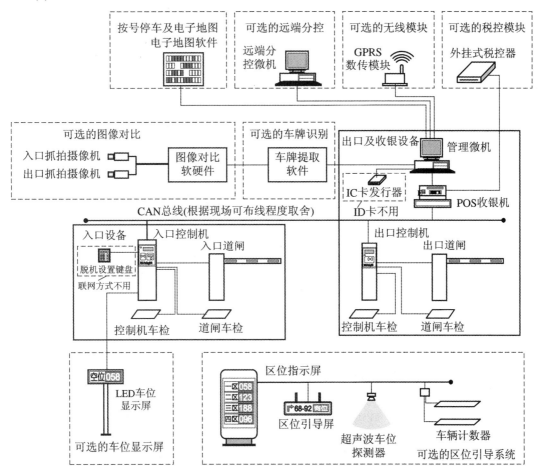

图 6-12　停车场管理系统双车道配置原理图

2) 配置清单

停车场管理系统双车道配置清单见表 6-3。

表 6-3 停车场管理系统双车道配置清单

序号	名　称	规格型号	单位	数量	功　用	备　注
入　口						
1	入口控制机	LPIC-910KSTD	台	1	车辆入场时在入口处读卡或取票的自助终端	—
2	脱机设置键盘	LPIC-KB	个	1	入口控制机脱机工作时设定时间、月卡及系统参数	联网系统不需要
3	入口道闸	LPAB40	台	1	车道挡车器	—
4	双路车辆检测器	LPMUB2	台	1	检测是否有车	—
出　口						
1	出口控制机	LPOC-910KC	台	1	月卡车辆出场时在出口处读卡的自助终端	—
2	出口道闸	LPAB40	台	1	车道挡车器	—
3	双路车辆检测器	LPMUB2	台	1	检测是否有车	—
收 银 管 理						
1	POS 收银机	LPCC-POS	套	1	专门的自动计费收款设备	—
2	微机管理软件	LN6800-PARK	套	1	对系统进行设定、管理、查询、统计及生成各种直观实用的报表	—
3	IC 卡发行器	LPIC-PD	个	1	发行 IC 卡	ID 卡系统不需要
语音提示及对讲						
1	入口语音提示设备	LPIC-VOICE-KIT	套	1	语音提示入口控制机的操作步骤	可选
2	出口语音提示设备	LPOC-VOICE–KIT	套	1	语音提示出口控制机的操作步骤	可选
3	收银语音提示设备	LPOS-VOICE-KIT	套	1	语音报价	可选
4	对讲系统	LPDS01	套	1	收费处与入口处进行通话	可选
图像对比及车牌识别						
1	抓拍摄像机	LPMTV-63V5	路	2	专门的车辆抓拍摄像机,抗强光,高速快门,变焦镜头	可选
2	视频捕捉卡	LPVT320	张	2	抓拍照片	可选
3	图像对比软件	LPHOTO-CP	套	1	将抓拍的车辆照片与各种事件对应起来,自动显示	可选
4	车牌自动提取软件	LPHOTO-REG	路	2	从视频流或照片中自动提取车牌文本信息	可选
长 距 读 卡						
1	70～120 cm 长距离读卡模块	LPLR100	个	2	—	可选
2	3～8 m 远距离不停车读卡模块	LPLR380	个	2	—	可选,需用专用感应卡

序号	名　称	规格型号	单位	数量	功　用	备　注
车位指示及区位引导						
1	LED 车位显示屏	LPZD-TS	个	1	配停车系统用，显示空车位数	可选
2	LED 区位指示屏	LPZD-TM	个	1	配区位引导系统用，指示每个区域的空车位数	可选
3	LED 区位引导屏	LPZD-G	个	—	指示某停车区域的车位情况及方位	可选，数量根据现场定
4	车辆计数器	LPMUB-CT	台	—	安装在车道中间，对过往车辆进行计数	可选，数量根据现场定
5	超声波车位探头	—	只	—	检测车位是否有车	可选，数量根据现场定
远 端 分 控						
1	远端分控软件	LN6800-SLAVE	套	1	通过局域网，用其他微机对停车系统进行监控和管理	可选
无线数传模块						
1	GPRS 数传模块	LPTC35	个	1	通过 GPRS 无线网络接收停车系统的数据或向其发送数据	可选
按号停车及电子地图						
1	电子地图软件	LN6800-MAP	套	1	自动为每张月卡和临时票分配车位，车主需按车位号停车，电子地图自动指示车位使用情况	可选
税 控 功 能						
1	外挂式税控器	LPTAXCON	个	1	存储停车收费日交易记录及发票情况，提供税控 IC 卡插口，供税务部门稽核	可选

2．单车道配置方案

1）功能及配置原理图

不含可选功能，单车道配置方案参见图 6-13，实现如下功能：

(1) 月卡车读卡进场，临时车取票进场，中文 LCD 液晶操作提示，帮助按钮，单路车辆检测，道闸具备防砸车功能。

(2) 月卡车读卡出场，临时车缴费出场，中文 LCD 液晶操作提示，单路车辆检测。

(3) 分时使用单车道，避让红绿灯指示车道使用情况。

(4) 专用 POS 收银机，收费员管理，自动计费，打印发票，钱箱控制，出口道闸控制，脱机记录存储，联机上传。

(5) 微机管理软件，发行月卡，设定车型及收费标准，系统设置，数据备份、统计、查询，生成报表。

(6) 工业 CAN 现场总线。

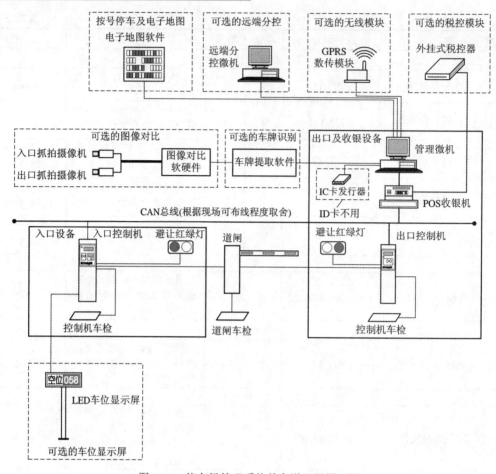

图 6-13 停车场管理系统单车道配置原理图

2) 配置清单

停车场管理系统单车道配置清单见表 6-4。

表 6-4 停车场管理系统单车道配置清单

序号	名　称	规格型号	单位	数量	功　用	备注
入　口						
1	入口控制机	LPIC-910KSTD	台	1	车辆入场时在入口处读卡或取票的自助终端	—
2	道闸	LPAB40	台	1	车道挡车器	—
3	单路车辆检测器	LPMUB1	台	2	检测是否有车	—
4	避让红绿灯	LPL-RG	台	1	指示车道通行状态	—
出　口						
1	出口控制机	LPOC-910KC	台	1	月卡车辆出场时在出口处读卡的自助终端	—
2	单路车辆检测器	LPMUB1	台	1	检测是否有车	—
3	避让红绿灯	LPL-RG	台	1	指示车道通行状态	—

续表

序号	名　称	规格型号	单位	数量	功　用	备注
收 银 管 理						
1	POS 收银机	LPCC-POS	套	1	专门的自动计费收款设备	—
2	微机管理软件	LN6800-PARK	套	1	对系统进行设定、管理、查询、统计及生成各种直观实用的报表	—
3	IC 卡发行器	LPIC-PD	个	1	发行 IC 卡	ID 卡系统不需要
语 音 提 示 及 对 讲						
1	入口语音提示设备	LPIC-VOICE-KIT	套	1	语音提示入口控制机的操作步骤	可选
2	出口语音提示设备	LPOC-VOICE-KIT	套	1	语音提示出口控制机的操作步骤	可选
3	收银语音提示设备	LPOS-VOICE-KIT	套	1	语音报价	可选
图 像 对 比 及 车 牌 识 别						
1	抓拍摄像机	LPMTV-63V5	路	2	专门的车辆抓拍摄像机，抗强光，高速快门，变焦镜头	可选
2	视频捕捉卡	LPVT320	张	2	抓拍照片	可选
3	图像对比软件	LPHOTO-CP	套	1	将抓拍的车辆照片与各种事件对应起来，自动显示	可选
4	车牌自动提取软件	LPHOTO-REG	路	2	从视频流或照片中自动提取车牌文本信息	可选
长 距 读 卡						
1	70～120 cm 长距离读卡模块	LPLR100	个	2	—	可选
车 位 指 示						
1	LED 车位显示屏	LPZD-TS	个	1	显示空车位数	可选
远 端 分 控						
1	远端分控软件	LN6800-SLAVE	套	1	通过局域网，用其他微机对停车系统进行监控和管理	可选
无 线 数 传 模 块						
1	GPRS 数传模块	LPTC35	个	1	通过 GPRS 无线网络接收停车系统的数据或向其发送数据	可选
按 号 停 车 及 电 子 地 图						
1	电子地图软件	LN6800-MAP	套	1	自动为每张月卡和临时票分配车位，车主按车位号停车，电子地图自动指示车位使用情况	可选
税 控 功 能						
1	外挂式税控器	LPTAXCON	个	1	存储停车收费日交易记录及发票情况，提供税控 IC 卡插口，供税务部门稽核	可选

6.4.2 月卡停车场管理系统设计

这里再介绍一种感应卡作为月卡实现停车场收费管理的月卡停车场管理系统。

月卡停车场管理系统是低成本、用最少投资实现自动控制车辆进出的最简易的内部车辆管理系统，主要用于完全是固定月租车辆的内部停车场及需要自动管制的车辆通道。进出车辆用先进的非接触感应卡管理，进出读卡，快捷、方便、安全，可与"一卡通"系统集成。出入口设备均无人值守，车辆自助读卡进出停车场，简单有效的控制结构和工作流程使系统设备可以长年累月稳定地工作。简易的月卡停车场管理系统的配置结构可适应各种现场安装环境，如双车道、单车道、出入口分离、出入口一体等。

简易月卡停车场管理系统根据需要可扩展表 6-5 所列的可选功能。

表 6-5 简易月卡停车场管理系统可选功能

名　称	功　用	扩展限制
读卡车辆检测	读卡时检测是否有车，有车的情况下读卡才有效，无车读卡无效	无限制
长距离读卡(70～120 cm)	方便月卡车辆读卡	仅限 ID 卡
远距离不停车读卡(3～8 m)	月卡车辆进出无须停车	仅限 ID 卡，单车道不可扩展，不能与读卡车辆检测同时扩展

1. 双车道配置方案

1) 功能及配置原理图

不含可选功能，双车道配置方案参见图 6-14，功能如下：

- 车辆读卡进出停车场。
- 车过道闸自动落杆，具备防砸车功能。
- 待发行月卡须预先由厂家固化在控制器中。

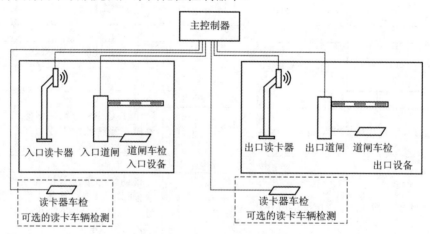

图 6-14 简易月卡停车场管理系统双车道配置原理图

2) 配置清单

简易月卡停车场管理系统双车道配置清单见表 6-6。

表 6-6　简易月卡停车场管理系统双车道配置清单

序号	名　　称	规格型号	单位	数量	功　　用	备注
入　　口						
1	入口读卡器	LPR-ID10	台	1	车辆入场时在入口处读卡的自助终端	—
2	入口道闸	LPAB40	台	1	车道挡车器	—
3	单路车辆检测器	LPMUB1	台	1	检测是否有车,触发道闸自动落杆	—
出　　口						
1	出口读卡器	LPR-ID10	台	1	车辆出场时在出口处读卡的自助终端	—
2	出口道闸	LPAB40	台	1	车道挡车器	—
3	单路车辆检测器	LPMUB1	台	1	检测是否有车,触发道闸自动落杆	—
控　　制						
1	独立型主控制器	LPCC-CON-SL	套	1	监控出入口设备及固化月卡,无通信接口	—
读卡车辆检测						
1	读卡车辆检测器	LPMUB1	台	2	读卡时检测是否有车	可选
长 距 读 卡						
1	70～120 cm 长距离读卡模块	LPLR100	个	2	—	可选
2	3～8 m 远距离不停车读卡模块	LPLR380	个	2	—	可选,须用专用感应卡

2. 单车道配置方案

1) 功能及配置原理图

不含可选功能,单车道配置方案参见图 6-15,功能如下所述:

- 车辆读卡进出停车场。
- 车过后道闸自动落杆,具备防砸车功能。
- 分时使用单车道,避让红绿灯指示车道使用情况。
- 待发行月卡须预先由厂家固化在控制器中。

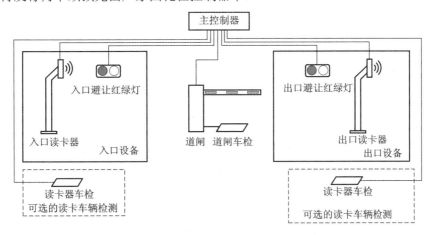

图 6-15　简易月卡停车场管理系统单车道配置原理图

2) 配置清单

简易月卡停车场管理系统单车道配置清单见表 6-7。

表 6-7　简易月卡停车场管理系统单车道配置清单

序号	名　称	规格型号	单位	数量	功　用	备注
入　口						
1	入口读卡器	LPR-ID10	台	1	车辆入场时在入口处读卡的自助终端	—
2	道闸	LPAB40	台	1	车道挡车器	—
3	单路车辆检测器	LPMUB1	台	1	检测是否有车，触发道闸自动落杆	—
4	入口避让红绿灯	LPL-RG	台	1	指示车道通行状态	—
出　口						
1	出口读卡器	LPR-ID10	台	1	车辆出场时在出口处读卡的自助终端	—
2	出口避让红绿灯	LPL-RG	台	1	指示车道通行状态	—
控　制						
1	独立型主控制器	LPCC-CON-SL	套	1	监控出入口设备及固化月卡，无通信接口	—
读卡车辆检测						
1	读卡车辆检测器	LPMUB1	台	2	读卡时检测是否有车	可选
长距读卡						
1	70~120 cm 长距离读卡模块	LPLR100	个	2	—	可选
2	3~8 m 远距离不停车读卡模块	LPLR380	个	2	—	可选，须用专用感应卡

6.5　智慧停车场管理系统设计

6.5.1　智慧停车系统总体框架

智慧停车管理系统以公共无线通信网络(NB-IOT/4G/5G)为基础网络平台，运用最新的智慧停车管理架构与思路，依托无线通信网络、物联网、互联网、云计算等信息技术，将停车诱导、计费收费、停车延伸服务等结合在一起，建立了统一管理系统，实现与众多第三方平台(动态交通管理、公共安全管理、第三方卡支付等)互通、互联与结算。平台通过各类数据整合与分析，实现更为丰富的人性化拓展服务与应用，满足不同服务对象的信息化需求，通过专业化的解决方案，提高区域内路网通行能力和交通管理秩序，实现人、车、路的和谐，并满足后期运营及增值服务的目标。系统平台总体框架如图 6-16 所示。

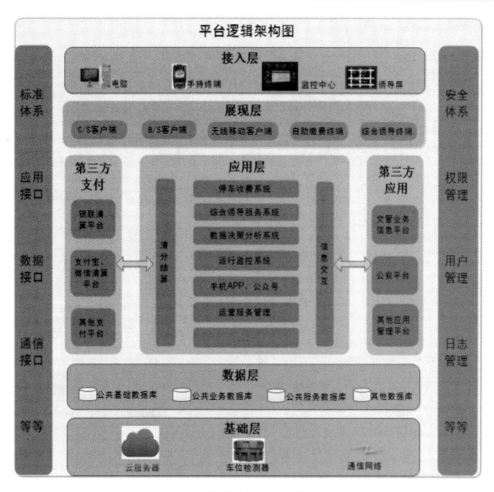

图 6-16　智慧停车管理系统逻辑架构

　　系统的逻辑架构设计分为五个基础层级，通过有效的层级结构的划分可以全面展现整体系统的设计思路。

　　基础层建设是项目搭建的基础保障，具体内容包括了网络系统的建设、系统硬件设备建设、存储设备建设以及安全设备建设等，通过全面的基础设施的搭建，为整体应用系统的全面建设奠定良好的基础。

　　数据层是整个项目的数据资源的保障，数据层的有效设计规划对于实现全面的资源共享平台的搭建有着非常重要的作用。从整体结构上划分，项目建设数据资源分为公共基础数据库、公共业务数据库、公共服务数据库和其他数据库。

　　应用层是智慧城市智慧停车管理系统非常重要的组成部分，是信息处理的重要环节。除了包含停车场管理子平台，可进一步扩展到智慧城市的路内停车管理子平台、数据研判分析及综合展示子平台等。

　　展现层是停车综合管理软件系统，包括多个展现终端，包括运营端、用户端、手持收费终端、综合诱导终端等。

　　接入层使客户可通过电脑显示器、无线移动客户端以及城市诱导设备等渠道获取城市智慧停车相关的信息资源。

智慧停车管理系统的收费平台网络结构如图 6-17 所示。

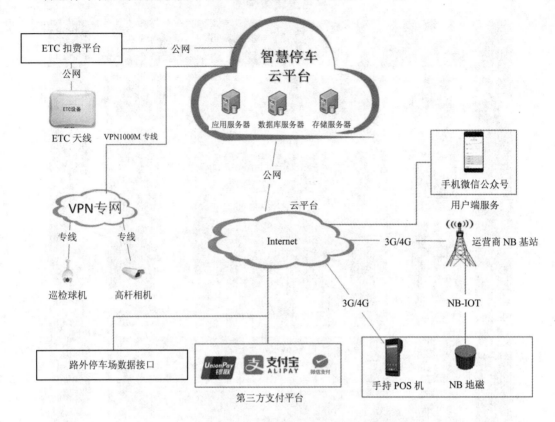

图 6-17　智慧停车管理系统收费平台网络结构

新一代无人收费智慧停车平台以无人收费机器人为核心载体，通过本地软件和云端服务取代传统岗亭收费员，实现停车场出入口彻底无人化、电子化收费与服务。智慧停车场无人值守系统由三大模块组成：出入口管理系统、云端值守中心及 SaaS 云平台。出入口管理系统采用无人值守管理模式，以车牌作为鉴权依据，车辆的车牌为进出唯一凭证，核算机制严密，所有车辆通过车牌识别进场，车牌信息记录在数据库中供后期计费。云端值守中心以机器人为载体，当出现异常时，云端值守人员可通过机器人连接现场与车主沟通，帮助车主解决异常停车问题。云平台可为车主提供综合的停车管理，通过云平台对各个停车场进行统一管控。

6.5.2　智能缴费技术

系统提供多样化自助缴费方式如 ETC、手机停车助手、24 小时云端值守中心以及云平台，可以高效地管理车辆的通行权限、通行安全及效率、停车收费等，车场业主只需远程监控值班，无需再配置人员管理。

系统采用场内自助缴费与手机支付方式，车主在离场前可通过放置在停车场内的自助缴费机或通过手机微信公众号支付停车费，缴费完成后在规定时间内不停车出场。对于未缴费车辆可在出口通过值守机器人缴费出场。当出现异常时值守机器人可连接云端值守中心，与后端管理人员进行面对面交流，迅速解决现场异常情况，让车主快速出场。另外系统需实现对无牌车的进出管理。

1. 手机支付助手

目前最为流行的手机支付应用平台大概就是微信公众号和支付宝服务窗了。基于支付宝服务窗，系统提供标准的支付宝临停缴费功能。

基于微信公众号，系统提供的常见功能包括：

(1) 微信支付停车费：可以直接通过车牌号进行缴费，停车费可实时进入业主微信账号。

(2) 信息推送管理：在车辆入场时或指定时间，自动向车主推送各类服务信息，包括本场服务指南、商业精准营销等。

(3) 电子卡券系统：车主使用微信扫描管理员出示的动态二维码扫码领券，可以在"我的卡券"菜单栏里看到卡券信息，并在支付停车费时手动选择适合本停车场的电子券优惠减免。

(4) 电子发票系统：车主可以通过扫描收费小票上二维码或在支付完成页上开取当前停车支付的电子发票，可在服务里查看历史开票记录，可按车场、车牌分类开取汇总的停车费电子发票。

(5) 反向寻车功能：通过点击寻车或扫描场内二维码或微信摇一摇直接呈现从当前位置到爱车所在位置的路线规划，首次使用需要绑定车牌。

(6) 缴费记录查询：手机查询缴费明细，缴费记录包括车牌号、进场时间、停放时长等。

(7) 投诉功能：公众号、手机 App 中设置投诉选项，并能在后台分析投诉类别的数据。

2. ETC 扣费系统

除了高速路口收费系统，ETC 可以应用在任何路段和停车场，可以选择高杆视频杆、路灯杆、龙门架、道闸架等架设 ETC 天线，系统建成后，安装了电子标签 OBU 并插入了双界面 CPU 卡的车辆，可以实现停车费用自动扣除。系统将确定可以直接扣除的欠费记录发送给 ETC 平台，当欠费车辆经过 ETC 天线感应区域则可以直接发起扣费。

ETC 系统采用基于 5.8 GHz 微波频段的两片式 OBU 作为车载标识设备，微波天线 RSU 作为 OBU 的读写设备，通过计算机实现对车辆的收费。当装有 ETC 的车辆进入 ETC 天线识别范围，则将车辆信息读取并发送至 ETC 平台进行比对是否存在可以扣费的停车欠费订单。如存在相应的停车欠费订单，则直接通过 ETC 天线与车辆 OBU 装置将欠费进行扣除。

ETC 天线采用互联网专线或 4G/5G 无线网络传输方式，将数据通过互联网线路将数据传输至 ETC 平台。智慧停车平台将证据链完整的确定欠费记录发送至 ETC 平台，由 ETC 平台进行存储并直接对车辆进行扣费，扣费成功后将相应订单数据传输给智慧停车，智慧停车平台将相应欠费进行销账。ETC 平台也基于云架构，云平台对接第三方支付，可连接路外停车场。鉴于平台涉及资金系统，为保证数据的安全性，云平台可部署在政务云中。此系统可进行全方位的智能化管理，在安全、防盗、通信的精确性与可靠性、应用环境的适应性等方面具有优越表现。

6.5.3 智慧停车系统关键设备

智慧停车场系统基于云端值守中心及 SaaS 云平台实现出入口管理和收费,采用一些先进的技术和设备。下面以厦门路桥信息公司的"一路"云智慧停车系统为例简单介绍。

1. 车牌识别显示一体机

集成车牌识别、LED 显示、语音播报功能于一体;支持无牌车车脸识别,解决无牌车快速收费问题;支持非机动车鉴别;支持车款识别及车辆检测;一体化嵌入式车牌识别;内置补光灯。支持牌照类型包括普通蓝牌、黑牌、黄牌、双层黄牌、警车车牌、新式武警车牌、新式军牌、使馆车牌、港澳进出大陆车牌。

- 通信方式:TCP/IP。
- 显示界面:两行 LED 点阵屏,P4 显示模组,每行显示 4 个汉字(显示内容:日期时间、车牌号、收费金额、余位)。
- 车牌识别率≥99%,像素≥200 万。
- 识别速度:视频识别速度达到 25 帧/s,图片识别速度达到 15 帧/s。
- 延迟时间:100~200 ms。
- 供电电压:AC 220 V±10%。
- 功率:45 W。
- 环境温度:−25~+70℃。
- 环境湿度<90%,不凝露。
- 外壳材质:优质冷轧钢板。

2. ETC 天线

- 发射载波频率:信道 1 中心频率为 5.830 GHz;信道 2 中心频率为 5.840 GHz。
- 带宽:<5 MHz。
- 频率容限:$\pm 10 \times 10^{-6}$。
- 最大等效全向辐射功率:≤+33 dBm。
- 杂散发射:≤−36 dBm/100 kHz(30~1000 MHz);≤−40 dBm/1 MHz(2400~2483.5 MHz);≤−40 dBm/1 MHz(3400~3530 MHz);≤−33 dBm/100 kHz(5725~5850 MHz)(注:对应载波 2.5 倍信道带宽以外);≤−30 dBm/1 MHz(其他 1~20 GHz)。
- 邻道泄漏功率比:−30 dB。
- 天线半功率角:水平面半功率波瓣宽度小于 38°,垂直面半功率波瓣宽度小于 45°;天线极化方式为右旋圆极化。
- 交叉极化鉴别率(XPD)在最大增益方向 RSUt≥15 dB,在−3 dB 区域 RSUt≥10 dB。
- 调制方式:ASK。
- 调制度:0.7~0.9。
- 编码方式:FM0。
- 发送数据位速率:256 kb/s。
- 位时钟精度:$\pm 100 \times 10^{-6}$。
- RSU 接收灵敏度≤−70 dBm(误比特率 10×10^{-6} 以内)。

- 信道 1 接收频率 5.790 GHz，信道 2 接收频率 5.800 GHz。
- 接收带宽：5.790 GHz±3.5 MHz，5.800 GHz±3.5 MHz。
- 接收数据位速率：512 kb/s。
- 电源：+24Vdc(MAX1500 mA)。
- 工作模式：集成模式/透传模式。
- 典型交易时间：<250 ms。
- 使用寿命：≥5 年。
- 平均无故障时间：≥80 000 h。

3. ETC 控制器

ETC 天线通过互联网线路或者 4G/5G 网络将数据传输至 ETC 平台，ETC 平台与智慧停车平台之间通过网络进行数据传输。云平台对接第三方支付、路外停车场，支持和停车场天线一对一或一对多通信。出入口网络采用 20M 互联网线路。用户端(微信公众号)通过公网读取平台页面及进行数据展示。

- CPU：intel 赛扬 N2830 基频 2.16 GHz、睿频 2.41 GHz 双核双线程处理器。
- 显卡：集成显卡，VGA 支持 1920×1080@60 Hz 分辨率，HDMI 支持 1920×1080@6 Hz 分辨率，VGA+HDMI 双显，支持同步异步显示。
- 内存：1 条单通道 SODIMM 插槽，支持 DDR3L 1066/1333/1600，最高支持 8 G 内存(配置 4 G)。
- 网卡：LAN1 接口传输速率 10/100/1000 (Mb/s)，主芯片 Realtek 8111F，支持网络唤醒；LAN2 接口传输速率 10/100/1000 (Mb/s)，主芯片 Realtek 8111F，支持网络唤醒。
- 存储容量：≥8 G，采用 SSD(固态硬盘)。
- 串口：2 个 RS232 口。
- USB 接口：2 个 USB 2.0 接口，2 个 USB 3.0 接口。
- 电源类型：DC-IN5.5×2.5。
- 输入电压：12 V。
- 最小电源输入：3 A。
- 电源适配器：DC 12 V 3 A/36 W(AC—DC，100~240 V)。

4. 全景监控专用摄像机

地磁设备通过 NB-IOT 网络将车辆进出场检测数据传输至智慧停车平台；巡检球机或高位相机可通过 VPN 专线传输至云平台，同时现场传输数据主要为进出场记录及图片，云平台及前端设备不进行视频存储，图片存储时间不少于一年，平台数据存储时间不少于三年。

网络高清专业监控摄像机配备了 4、6、8 mm 可选镜头，自带高功率 LED 红外灯，支持红外夜视监控，内置高灵敏度防水 MIC，具备智能移动侦测。含电源适配器，含安装支架。提供实时监控画面，不含视频存储。

- 摄像头：像素≥130 万，采用 1/3 英寸的 CMOS 传感器，壁挂式互联网摄像机。
- 传感器类型：≤1/3 英寸逐行扫描 CMOS。
- 快门：快门自适应。

- 镜头：6 mm@F2.0，水平视场角为 44°，对角 53°。
- 镜头接口类型：M12。
- 夜晚补光模式：红外夜视。
- 日夜转换模式：ICR 滤光片自动切换。
- 红外照射距离：≥50 米。
- 视频压缩标准：H.264。
- 视频压缩码率：高清、均衡和流畅三档，码率自适应。
- 最大图像尺寸：≥1280×960，支持双码流。
- 最大帧率：50 Hz，25 f/s 网传帧率自适应。
- 图像设置：亮度、对比度、饱和度等。
- 远程拾音：支持。
- 降噪：3D 数字降噪。
- 宽动态：数字宽动态。
- 背光补偿：支持。
- 有线接口：1 个 RJ45 10M/100M 自适应以太网口。

5. 室外无人值守机器人

室外无人值守机器人(自动机)具备以下功能特性：具备高清摄像头、拾音器、扬声器；支持远距离阅读二维码，配备远距离二维码阅读器；显示屏显示车主车牌、动态二维码；支持双向语音及双向视频功能：支持车主—值班中心双向视频及双向音频沟通；付款方式支持手机正扫、反扫(远距离刷码付)；支持无牌车进场；无牌车进场自动生成动态二维码，无牌车扫码入场；支持无牌车离场；无牌车出场自动生成动态二维码，车主自助扫二维码支付停车费并出场；无人值守平台可支持远程起杆、落杆、紧急起杆、紧急落杆、解除警报功能。

在主动服务方面，值班人员能主动对出入口机器人发起远程协助功能；在被动服务方面，当车辆在通道超时滞留(时间可设)，车主无需按帮助按钮，出入口机器人能主动介入呼叫无人值守平台。

(1) 显示屏：≥15 英寸液晶显示屏。
- 像素间距：≤0.297 mm。
- 分辨率：≥1024×768。

(2) 摄像头。
- 像素：≥200 万。
- 对焦方式：手动可调。
- 输出分辨率：≥1280×720。
- 曝光方式：自动。
- 感光元件类型为 CMOS，4 英寸，超 CCD 感光效果，VGA CIF 格式。
- 信噪比：<50 dB。
- 影像处理：自动曝光控制，自动增益控制，自动白平衡控制。

(3) 扫码头。

- 触发方式：自动感应触发。
- 扫描方式：图像扫描。
- 图像分辨率：≥640×400 像素。

6．室内无人值守机器人

室内无人值守机器人(自动机)配备摄像头，支持车主—值班中心单向视频、双向音频沟通；值守中心接受问询、故障处理、纠正车牌；支持无牌车扫码入场；支持协助接受服务和主动介入式服务；支持以太网通信方式。

(1) LED 屏。

- 基色：红绿双色。
- 分辨率：≥2048 点/块。

(2) 摄像头。

- 光圈：2.4。
- 传感器分辨率：≥1280×720。
- 聚焦距离：固定 100 cm。
- 视角：102°。
- 最大像素率：≥28 Mp/s。
- 单位像素尺寸：≤3.4 μm。
- 影像处理：自动增益控制，自动白平衡控制。

6.5.4　智慧停车综合管理系统

1．运营监控平台的基本功能

1) 车辆监控系统

车辆监控系统的功能包括：对实时进出场车辆数据进行分析；根据路内、路外统计车流量变化趋势；从区域、车场等维度统计进出总车辆数据；根据车位占用率、周转率、车位平均利用率维度展现实时热力分布图。

根据余位数据在地图上反映出各车场的车位紧张程度，并通过不同的颜色图标来区分车场余位情况；提供地图的拖拽、框选、缩放、搜索等功能来满足不同用户需求，实现了地图操作的灵活性；数据分析包括实时进出场数据、车场总数及月新增户数、车位总数及月新增数、今日各小时车流量分析、车场月增量分析等，支持单车场的车辆数据分析。

按照实时占用率、车流量、周转率、车位利用率的数据维度，以不同的算法在地图上展示热力图的分布情况，帮助车场运营人员更加一目了然地了解车场进出流量及车位占用情况。

2) 设备监控系统

设备监控系统包含地磁、手持机、采集器、诱导屏、机器人、高位视频等设备数据分析图表。

以地图车场点位聚合的方式，展现车场实际地磁数量；从地磁在线率、历史在线情况、地磁电量、地磁告警等不同的维度对地磁数据进行分析；根据地磁的信号强度值来分布热力图，支持对热力图进行播放实现信号强度的变化趋势。

以巡检员维度统计手持机相关数据分析，包括今日拍摄车辆数、累计拍摄车辆数、手持机在线率、在线数量、告警列表等；支持在地图上查看巡检员的收费轨迹及轨迹的动态播放。

采集器数据分析包括采集器在线率、历史在线情况、采集器电量、告警。

支持在地图上根据定位查看各类型屏的仿真效果；通过对一级屏/二级屏/三级屏数量、在线率、趋势、告警等数据进行分析，实现对诱导屏的实时监控。

机器人数据分析包括今日服务次数、累计服务次数、单次平均服务时长、服务量变化趋势、人工协助次数、累计协助次数、单次平均协助时长、协助量变化趋势、机器人在线率、在线离线数量、告警等。

3) 运维服务系统

运维服务系统提供基本服务权限管理服务与基础框架服务，是整个平台的支撑环境。

权限管理服务提供机构管理、角色管理、用户管理、菜单管理、车场管理、停车场统一开户及审核等功能。

基础框架服务提供统一的数据库访问层、微服务网关、消息中间件、配置服务中心、缓存服务及策略等。其中微服务网关提供各种微服务的注册、最优路由选择、服务监控、服务降级等各种基础支撑功能，该系统为平台支撑系统。消息中间件则通过消息传递机制进行平台的数据交流，并基于数据通信来进行分布式系统的集成。通过提供消息传递和消息排队模型，在分布式环境下扩展进程间的通信。

停车综合管理平台基于大规模集群云计算技术，监控系统确保服务器集群和数据库集群的安全稳定运行，是整个平台的技术保障。服务器集群运行指标监控，包括 CPU/内存/网络流量等实时监控。数据库集群运行指标监控，包括使用率/缓存/存储等实时监控。

4) 综合分析系统

根据车场、区域、人员、车辆、设备等各种维度实时展现系统运行和运营收入等重要数据。包含实时营收概况、实时进出场概况、路内收费分析、经营分析、停车场数据分析、车流量分析六大方面。

(1) 统计各车场今日实时营收数据，以平滑曲线图展现今日营收与历史营收趋势分析；支持列表实时滚动车辆收入金额，并以冒泡的形式在地图上动态体现营收数据。

(2) 统计各车场今日实时车流量数据，以平滑曲线图展现今日车流量与历史车流量趋势分析；支持列表实时滚动车辆进出记录，并以冒泡的形式在地图上动态体现车辆进出数据。

(3) 以巡检员的维度统计人员出勤率、在岗率、收费轨迹、出勤排名、收费排名等；支持从多个维度统计路内车场相关数据，包含收费总额、收费率、交易笔数、欠费笔数、拍摄车辆数、按时拍摄率、车场余位等重要数据；地图车场定位以不同颜色的图标打点，蓝色代表收费率高，黄色代表收费率一般，红色代表收费率低。

(4) 从不同维度对经营数据进行统计和分析，包括近30天累计营收总额、累计营收笔数、今日实时营收趋势分析、高峰预测、按日/月营收数据分析、电子支付分析、长期临停用户分析、车场营收总额排行、实时收入、年度同环比报表的生成对比、实时查询等。

(5) 以不同的展现方式分析车场数据，例如：以散点图的形式从区域维度进行车场及车位数量分析；以环状图的形式统计车场车位占比；以进度条的形式展现车位占用率排行及车流量排行；页面支持动态滚动实时进出的车辆信息，增加了页面的灵活性。

(6) 分析内容包括今日进出场总量、车流量趋势分析、按区域维度统计周转率/占用率/车流量数据、临停/长期车辆占比、本地/外地占比、油/电占比、停车时长占比等。

5) 经营监控系统

经营监控系统进行实时营收数据统计分析；分日、月多维度统计营收/订单变化趋势、电子支付占比、临停长期收费占比、电子支付来源分析；并提供热力图分析。

主要分两大类进行数据统计：今日实时数据、历史营收数据。今日实时数据包括营收数据、订单数据、今日趋势分析、实时收入数据等；历史营收数据包括电子支付占比分析、按日/月分析历史营收趋势等。支持在地图上以动态冒泡的方式查看每笔实时收入金额，支持按车场类型、区域、车场名称进行搜索，支持单车场的经营数据分析。

热力图分析按照营收金额、收费率、欠费金额、电子支付占比不同的数据维度，以不同的算法在地图上展示热力图的分布情况。

2. 运营管理平台的附加功能

1) 电子卡券管理系统

系统是电子卡券的运营端管理及业务逻辑系统，可自定义卡券活动，设置活动有效期、使用有效期、适用范围、发放额度等。

结合用户端系统的支持，卡券可通过微信、支付宝等各种渠道进行传播，增加卡券的流通性与灵活性。可以通过与线下商业活动相结合的方式，例如：在双 12、五一劳动节、国庆节等促销活动中，提前发放卡券为商业活动造势、热场，提供便捷、高效的推广服务。

2) 电子发票管理系统

系统是电子发票的运营端管理系统及基础业务系统，提供售票岗亭、中央缴费等柜台开票功能。支持对电子发票的多维度查询及统计，能及时为企业经营者提供决策支撑。

结合用户端系统，为消费者提供了微信公众号、支付宝等多渠道开票方式；支持即时开票与历史开票，支持合并开票，支持对粉丝用户提供常用开票信息记录服务。

3) 计费引擎系统

计费虚拟化服务为线上与线下的支付提供统一的计费、优惠(会员权益等)、卡券使用冲销服务，一方面保证计费结果的一元化，另一方面保障车主利益的一致性。

4) 支付中心系统

云停车场管理软件基于云架构的应用模式，支持计算机及移动管理，为系统内的所有支付请求提供相关的对接服务，实现所有停车场的移动支付。该系统为管理及业务基本系统，提供统一的支付中心，支付类的敏感信息(交易的账户、密钥等)统一在云端管理，这样可以保障信息安全、易维护。

5) 业务订单系统

为线上统一支付生成并保存业务订单，并且为未来发展更多业务类型扩展提供支撑。为电子发票系统提供业务数据来源。业务订单系统为核心系统，其上游为计费系统，下游为支付系统。

6) 财会记账服务系统

协助财务人员处理除停车收入之外的各类成本/收入的记账/冲账管理、审核、明细对账；提供多种财务所需的经营核算报表，为财务审计带来诸多便利，财务登记的成本/收入会以分摊的形式体现在各类运营数据表单中，为管理层提供必要的决策支持。

财会记账系统提供财务账目管理的增值服务，用于记录停车场运营过程中产生的诸如人力成本、租赁成本之类的成本开销，以及除停车收入之外的其他收入(如广告收入、充电桩收入等)，以便用户更全面地了解车场运营所需的成本和利润情况。

财会记账系统提供车场运营管理所需的报表服务支持，如成本/收入报表、停车场收费报表、经营核算报表等。

7) 自定义报表引擎系统

提供自定义报表服务，支持即时、灵活的报表内容、格式自定义，以满足用户的个性化需求。

8) BI分析系统

基于大数据分析，从不同的维度、不同的用户关注点，对停车场基础数据进行深度的价值挖掘。产品包含对停车场日常运营、运维、车流量、电子支付数据的深度价值分析。

9) 经营管理服务系统

停车场的日常经营工作过程升级至云端，经营者可以随时随地对人员、规则等进行远程管理，如对车场的各类业务规则、黑白名单等重要数据进行设置。同时结合停车场日常所需要的各种统计报表，为经营者提供大量的数据支撑，从而显著降低现场管理成本，并有效控制权限。系统提供多种丰富灵活的访问方式，除了传统的 PC 外，更进一步增加了对手机、Pad 等移动终端的支持，使得各种日常管理工作口袋化。

第7章

电子巡更系统的方案设计

随着中国经济的飞速发展，自加入 WTO 以来，中国正逐步与世界接轨，不断地融入全球化的舞台。企事业单位的领导及管理者也在不断地学习国际的管理经验。在需要巡视检查的行业，如何提高管理的效力，避免人为因素的管理漏洞，监督现场工作人员在规定的时间巡视规定的路线，代替管理者对巡检工作的人为检查和落实，这需要一种科学的、有效的手段，保证巡检工作的正常进行并为巡视工作的考核提供科学的依据。

电子巡更系统是采用设定程序路径上的巡更开关或读卡器，以监察巡检人员是否按照预定的时间、地点和顺序在防范区域内进行巡逻，可保障巡检人员及建筑物、设备的安全，实现了对巡更工作的有效监督和管理，使巡查工作通过科学的方法及科学技术手段提高工作效率和管理水平。

7.1　电子巡更系统概述

现代化智能小区出入口很多，来往人员复杂，必须有专人巡逻，较重要的场所应设巡更站，定期进行巡逻。巡更保安系统就是执行这一功能的专门系统，巡更员应按巡更程序所规定的路线和时间到达指定的巡更点，不能迟到，更不能绕道。巡更员每抵达一个巡更点，必须按下巡更信号箱的按钮，向控制中心报到，控制中心通过巡更信号箱上的指示灯了解巡更路线的情况。

电子巡更系统主要由感应式巡更器、巡更点、主控电脑、打印机、系统软件构成。巡更管理要求巡更员持专门的巡更器按规定的巡更线路巡逻，每一个巡更点有一个唯一的标识物，即巡更标签，一般采用条码标签、封有芯片的信息钮(TM)。巡更员到达每一巡更点，用巡更器读取标识物的编号，记录编号和当前时间。回到管理中心时通过电脑读取所有记录，并能将记录生成巡更报表。

电子巡更标签的内部是由 IC 晶片和感应线圈组成，外部用塑料密封而成，可以根据需要做成任意的形状和大小，如 PVC 卡片(用于身份识别)、钥匙挂牌型(用于门禁管制)、玻璃管型(用于动物体内)、钉子型(用于墙壁、植物)等。巡更标签坚固耐用，无使用次数限制，可以适用于非常恶劣的环境，从墙壁到机器、厂房，从物体表面到墙壁内部，甚至动物皮下，巡更标签无处不可安装。

电子巡更系统是保安人员在规定的巡逻路线上，在指定的时间和地点向中央控制站发回信号以表示正常。管理中心制定严密科学的巡逻计划，建立巡逻点，主要根据小区管理要求在巡更路线上进行巡更点布放。在指定的巡逻路线上安装感应物(巡更点按钮或读卡器),巡更管理员定时巡访巡逻点的感应物。巡逻管理员用手持巡检器读取巡逻点感应物 ID 信息,并记录该点的各种情况。管理中心用电脑通过 RS-232 与手持记录仪通信,读取巡逻资料并进行整理,打印所需报表。

电子巡更系统的使用效益表现在以下几个方面:

(1) 便于编制严密科学的物业管理计划,有利于管理中心对整个小区管理中各方面的情况有一个准确、及时、全面的了解,易于实施监督,进行科学管理,提高工作效率。

(2) 巡逻员定时巡查每一个巡逻点,能全面记录小区信息,使小区异常情况及时得到处理,确保小区安全。

(3) 由保安或管理员携带手持式感应记录仪进行定时巡访并做记录,并以此作为对巡逻员的考查和保证物业小区或管理对象的安全。

(4) 管理部门根据资料信息制定相应的措施,以便进一步搞好管理。

(5) 系统还能用于员工考勤,便于公司对员工出勤的管理。

传统的巡更系统均采用一些接触式的方法,例如必须用巡更棒去碰触巡更点,这样巡更点纽扣易被人为破坏和取掉。非接触式的读取感应物信息的方式使系统避免机械磨损,具有免保养、寿命长等特点,避免了传统巡更设备的一些缺陷和麻烦;同时,感应物无需电池,永久性使用,而且体积小,安装隐蔽,防破坏,从而减少在这方面的费用。感应式巡更系统目前有的已采用先进的 RFID 技术,通过巡更器与巡更点之间无接触的信息传输,为巡更管理提供了更加方便的实现手段。

7.2　电子巡更系统的类型

巡更是巡逻人员按照规定的巡逻路线,在规定的时间段内必须到达巡逻路线中的每一点,并在一段时间内完成对规定区域的巡查。电子巡更系统是运用一些电子辅助设备,帮助管理层制定巡检计划及了解巡逻人员的工作情况,从而提高管理工作质量的系统。

依数据采集方式的不同,电子巡更系统分为两类:离线式与在线式。

1. 在线式巡更系统

在线式电子巡更系统是保安人员在规定的巡逻路线上,在指定的时间和巡检点向中央控制器发回信号以示正常。巡更人员正在进行的巡更路线和到达每个巡更点的时间在中央监控室内能实时记录与显示。

巡检点是在巡检计划中,要求巡逻人员在规定的时间所需到达的指定地点。如果在指定的时间内该点的信号没有发回中央控制器或未按规定的次序返回信号,系统将认为情况异常。当出现异常时可警示值班室内其他保安人员。

巡更系统既可加强对保安的规范管理,又可在巡逻人员出现问题或危险时及时发现予以解救。读卡器或巡更开关分布在巡更线路的各点上,保安人员在巡逻时依次输入信息,中央控制器上可以显示巡更人员的当前位置。巡更人员如配有对讲机,便可随时同中央监控室通话联系。

在线式巡更系统的缺点是：需要布线，施工量很大，成本较高；在室外安装传输数据的线路容易遭到人为的破坏，需设专人值守监控电脑，系统维护费用高；已经装修好的建筑物再配置在线式巡更系统就更显困难。

2. 离线式巡更系统

离线式电子巡更系统无需布线，巡更人员手持数据采集器按照特定的巡检计划到每个巡检点采集信息。离线式电子巡更系统安装简易，性能可靠，适用于任何需要保安巡逻或值班巡视的领域。巡检计划为巡逻人员制定的在规定时间内对规定区域进行巡查的任务列表。

离线式巡更系统的缺点是：巡更员的工作情况不能随时反馈到中央监控室，但如果能够为巡更人员配备对讲机就可以弥补它的不足之处。由于离线式巡更系统操作方便，费用较低，因此目前全国各地 95%以上用户选择的是离线式电子巡更系统。

离线式巡更系统又分为两类：接触式与感应式。

(1) 接触式巡更系统目前使用比较广泛，性能比较好的是采用美国 DALLAS 的信息钮技术的电子巡更系统。巡更人员手持巡更棒到各指定的巡更点接触一次信息钮，便把信息钮上的位置信息和接触的时间信息自动记录成一条数据。工作状态有声光提示，耗电量也非常低，可充电，不需要更换电池。

(2) 感应式巡更系统的数据采集器外壳均为塑胶材料，其重量轻，成本较低，但采集信息需耗费大量的电能，使用过程中要经常更换电池；容易受到强磁干扰且防水性差，不适应在恶劣环境下持续工作，所以未能广泛使用。

7.3　接触式电子巡更系统

无线巡更系统由计算机、传送单元、手持读取器、编码片等设备组成。编码片安装在巡更点处代替巡更点，保安人员巡更时手持读取器读取巡更点上的编码片资料，巡更结束后将手持读取器插入传送单元，将其存储的所有信息输入计算机，记录各种巡更信息并可打印各种巡更记录。

这种巡更系统是在巡更的路线上安放若干个信息钮(钮扣式 IC 卡)，巡更人员手持一个巡检器(采集棒)，到了巡更点时将采集棒碰一下，钮扣式 IC 卡即采集到该点的巡更数据信息。走完一遍巡更路线后，即采集了路线上所有的巡更数据，回到控制室内将采集棒插入接收器，这时计算机就通过接收器将巡更数据存入并检查是否符合巡更要求，同时也能由管理人员通过计算机检查巡更的情况。这种系统由于不用布线，所以在工程上实施起来特别简便，故这种巡更系统在实际中经常被采用。

例如美国威迪克斯(Videx)的硬件与上海格瑞特公司开发的软件组成的电子巡更系统，巡更者只需将手柄(数据采集器)压在巡检点(信息钮上)，即可迅速地将地址和时间记录采集完毕。巡更者将手柄插入机座(信息变送器)，用专用电缆将机座与微机串口相接，运行专用软件，即可完成手柄信息转入电脑的任务。

7.3.1 系统构成

1. 信息钮

信息钮是一种信息存储器,用于存储巡更点描述、巡更员姓名及事件描述等信息。信息钮实质上是不锈钢防水外壳的信息存储芯片,具有全球唯一的不可重复的序列码。采用美国 DALLAS 公司的专利产品——碰触式存储(Touch Memory,TM)卡,其外观类似于钮扣电池(也叫 DALLAS 信息钮),如图 7-1 所示。每个钮中存有一个固定的 12 位代码与相应的检查对象(巡检地点、检测设备)相对应,通过专用的巡检采集器识读,能采集到巡检的时间与地点。信息钮可在恶劣的环境中持续工作(耐高温,防震,耐酸、碱气体,耐低温),其结构坚固耐用,使用寿命约为 20 年。

(a) 接触式信息钮　　(b) 射频非接触式信息钮　　(c) 二维码信息钮

图 7-1　信息钮

信息钮是巡检系统的基础,相关附件有信息钮固定座(巡逻地点钮用)、信息钮匙扣(巡检员姓名钮用)。

信息钮的外观可以是微型玻璃棒样式及各种异型卡片样式(也叫信息卡),每个信息卡或信息钮内有一个固定的代码与相应的检查对象(巡检地点、检测设备)相对应,通过手持巡检器对其进行接触并读取其中的数据。

2. 巡检器

巡检器是一种手持式"巡更巡检采集器",也叫巡更棒。它是一个微电脑系统,用于读取信息钮中的内容,完成信息的处理、储存、传输等功能。巡检器采用全不锈钢封闭式内胆,深度防水设计,具备良好的抗冲击性,外部为人体工程橡胶保护,手感舒适,是巡检系统的核心组成部分。

巡检器内部锂电池可使用数年而无需更换,充电一次可确保数据读取 20 万余次,数据读取完毕语音提示关机。该产品具备强大的数据采集和处理功能,每根巡更棒最多可存储信息 4000 条。可根据要求对巡检器的各种读/写状态进行设定。

巡更棒的尺寸一般为 25 mm×175 mm×28 mm,重量 355 g,内存 512 KB,采用标准 RS-232 通信接口或者远程拨号调制解调器。巡更棒外形如图 7-2 所示。

巡更棒的外壳材料可分为三类:塑胶、铝合金、不锈钢。因为塑胶及铝合金材料在抗盐/碱、抗干扰、抗冲击性等方面较弱,而保安人员本身所产生的抵触情绪,会造成产品在使用过程中的故障率居高不下。而不锈钢外壳的巡更棒相对来

图 7-2　巡更棒

说在防水性、抗干扰及抗冲击能力上就比较强，是较为可靠的巡更棒，故障率相对较低。

3. 数据通信座

数据通信座具备存储、传输、变送数据信息的功能。传输信息时只需将巡更器与数据通信盒相连，信息即可存入数据通信盒，并可在需要时与计算机相连输入计算机，再由计算机通过密码保护的软件将信息读出并显示在屏幕上。数据通信座实物图参见图 7-3。

图 7-3　数据通信座实物图

4. 计算机及打印设备

通过计算机运行管理软件，对收到的数据信息进行处理；通过打印机打印相关数据、表格。

5. 软件结构及主要功能

(1) 操作系统：Windows 7/XP。

(2) 通信软件：可自行开发的通用程序，保证数据传输畅通无误。

(3) 管理软件：完成数据处理与分析，提供友好的纯中文运行界面，操作简便、快捷。

7.3.2　管理软件主要功能

巡更系统软件具有以下功能：

(1) 为用户提供操作人员身份识别；

(2) 可根据不同路线编制不同的巡更计划并准确定位巡更员每到一处巡更点的时间；

(3) 能够方便查询近期记录与备份记录、巡更地点、巡更员、巡更棒、时间、事件等不同选项结果；

(4) 根据具体情况决定在巡更过程中添加或减少巡更员人数；

(5) 决定是否对巡检点的数量进行限制；

(6) 具有多组加密数据密码以防止系统被非法操作等，从而更加有效地评估巡更人员的工作状况。

巡更系统管理软件的功能模块一般包括如下几部分。

(1) 系统设定：设置班组名称、巡检器号码、巡检员、信息钮安装地点、巡检路线、工作调度、事件定义等。

(2) 数据传输：将巡检完毕的巡更器内的数据下载并传输到计算机中心以备处理。

(3) 数据整理转换：将下载后的原始数据(包含时间、日期、信息钮号码、巡检器号码)根据系统工作计划的安排转换成报表数据。

(4) 报表查询：统计查询某天巡检情况的日报表，包括原始资料、完整线路记录、时间异常记录、漏检记录。可以对任意一时间段自定义周期进行统计查询。

(5) 报表打印：将查询后的报表进行打印，包括历史上任意时间段及最新查询的报表。

(6) 系统备份：用于给现在的数据库建立一个备份，以防止再次传输数据失败及出现其他异常情况。

(7) 系统维护：包括备份历史库、备份未检库、系统数据库恢复、重建数据库索引等。

7.3.3 巡检器的使用

对于配有人名钮(含固定座)和地点钮(含固定座)的系统，巡逻人员可每一班次配置一根巡更棒。每个巡检人员配置一颗"人名钮"。地点钮及固定座数量可视客户需求购置。管理软件及加密信息钮和电脑传输器，一个系统可共用一套。

巡更系统操作流程如下：

(1) 操作程序。巡更人员在巡检前先用自己的人名钮(已写入自己姓名的)接触一下巡更棒，听到提示音后，即可携带巡更棒到各指定的巡更点，用巡更棒接触一下巡检点，当指示灯亮，即告操作完毕，巡更人员回到工作室，将巡更棒插入电脑传输器，所采集的信息就会输入电脑。

(2) 启动程序。在启动程序后，会出现欢迎使用巡更系统的界面，此时将密码钥匙放入传输器下载口，向下轻轻一按方可进入主界面。

(3) 开启巡更棒。确定开启成功后，即可在巡更棒中读取巡更员在各个巡点的信息和到达的时间，用户可以随时备份记录和打印记录。

7.3.4 系统配置

系统的一般配置如表 7-1 所示。

表 7-1 接触式巡更系统的配置

品　名	型　号	性能特点
信息钮	DALLAS90A	美国原装
巡检器	LINSON-2000D	大容量锂电进口芯片，坚固耐用
数据通信变送器	LINSON-232D	可高速下载，含充电功能
充电器	LINSON-451D	双座充电
巡检软件	LINSON-G8.1	自行开发的中文人性化菜单，操作简便

7.3.5 系统特点及应用范围

该系统的主要特点如下：

- 高科技含量：采用国际先进技术，进口芯片。

- 信息采集量大：巡更器大容量数据记录，循环记录 4000 条最新近巡逻详细信息。
- 操作简便：巡更时仅需轻触巡检点的信息钮，即可记录当时巡检的日期及时间。
- 安全性好：可防止已获得的数据及信息被破坏或被有意改写。
- 无需布线：安装简易，可随时修改巡更地点，无需增加成本。
- 省电设计：电池充电一次可用半年，终身无需更换电池。
- 中文界面：界面友好，操作简单易学；操作时和电脑相连，可直接打印出巡逻记录。
- 坚固耐用：手持巡更器外壳为全不锈钢密封内胆，抗冲击性能卓越。
- 密封防水：采用全密封设计，内部全部按照军用产品要求采用环氧树脂密封，可以防震。
- 工业标准：巡检采集器能承受在低温(−60℃)和高温(＋85℃)下正常工作。

系统应用范围如下：

(1) 智能建筑：系统已经广泛应用于高级宾馆、写字楼、小区、别墅的物业管理，并成为建设部考核物业管理智能化水平的一个必备条件。

(2) 公安系统：警察巡逻、看守所巡检、戒毒所巡检等。

(3) 石油系统：管道巡检、油库巡检、油田油井巡检、石化厂设备巡检、供电设备巡检等。

(4) 铁路系统：轨道巡检、机车设备巡检、电务巡检等。

(5) 仓储库房：仓库巡检。

(6) 电信行业：发射塔设备巡检及其他设备巡检等。

(7) 电力行业：变电所设备巡检、线路巡检等。

(8) 公交车调度：准点发车、准点到达管理。

(9) 医院：医生、护士查房管理。

(10) 其他设备：煤气管道设备等的巡检。

7.4　感应式电子巡更系统

感应式电子巡更系统采用无线电感应系统感应信息卡或信息钮内码，无需接触即可读取，所以巡检器无接触性损耗，使用寿命长。信息卡或信息钮无需电池，内部编码唯一且无法破译或复制，防水、防压，使用寿命可长达 20 年。本巡检器随机含有计算机巡检系统操作软件包，软件安装、操作极为简便，具有联机通信、管理、搜寻、打印等功能。

7.4.1　系统构成及技术指标

1. 系统硬件构成及主要功能

1) 感应器

一般在各巡更点设置电子感应器。感应器采用电子识别技术，每个感应器有唯一的 ID 编码，可通过巡更器在 10～20 cm 范围内读取 ID 编码。每个编码为全世界唯一编码，无法复制。感应器有多种封装方式，有卡片、玻璃管型、楔型等。在巡更系统中可选用玻璃管封装和楔型封装的感应器，体积小，易于安装，并可埋入墙内，免除被破坏的麻烦。通过手持巡检器对其进行无线感应并读取其中的数据。

2) 巡检器

巡检器是巡检系统的核心组成部分。巡检器采集信息卡或信息钮内的数据并与时间有机结合存入其内部，根据需要将其内部信息资料送给计算机处理。巡检器是信息卡或信息钮与计算机的连接纽带。如北京联讯伟业科技发展有限公司开发的 LINSON-2000E 巡更巡检系统，其感应式巡检器外观说明参见图 7-4。

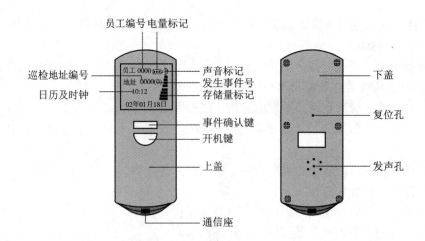

图 7-4　感应式巡检器

该巡检器的技术指标如下：

- 外壳：抗冲击工程塑料。
- 大小：122 mm×48 mm×14 mm。
- 重量：188 g。
- 内部固放锂电池：3.6 V，360 mA/h。
- 存储信息条数：(01 型) 4000，(02 型) 8000。
- 感应频率：125 kHz。
- 有效感应距离：10～100 mm。
- 显示：液晶。
- 操作温度：−30～60 ℃。
- 通信接口：标准 RS-232 接口。

3) 通信线缆

在计算机与巡检器进行数据通信时，通信线缆的一端与巡检器通信座相连，另一端与串口转换器相连。

4) 串口转换器与充电器

在计算机与巡检器进行数据通信时，串口转换器的一端与通信线缆相连，另一端与计算机串口相连。充电器用于给巡检器充电。

2．软件结构及主要功能

(1) 操作系统：Windows 98、2000、XP/Windows NT/DOS 6.22；

(2) 通信软件：自行开发，保证数据传输畅通无误；

(3) 管理软件：完成数据处理与分析，提供友好的纯中文运行界面，操作简便、快捷。

感应式电子巡更系统的管理软件与接触式电子巡更系统的管理软件的主要功能非常相似，本节不再重复讲述。

7.4.2　感应式巡检器的使用

1．巡检器的主要功能

(1) 采集数据功能：手持机通过无线电波感应的方式读取存有地址信息的卡(钮)中的数据。

(2) 液晶显示功能：能显示巡检点编号、员工编号、日历及时钟、信息存储量标记、电池电量不足标记等信息。

(3) 声音提示功能：在下列情况下有相应的声音提示：开机时；数据采集成功时；电池电量不足时；巡检信息超过 4000 条时；确定事件发生时。

(4) 硬关机功能：因为偶然因素造成手持机无法正常操作或手持机不能进入自动关机状态时可采用硬关机功能。

(5) 记录发生事件功能：能通过按键将巡检地点发生的事件信息输入手持机内。

(6) 与计算机通信功能：能够将手持机采集到的数据通过标准 RS-232 接口传送给计算机，以供计算机进行数据处理。

2．巡检器操作说明

1) 信息的采集

信息的采集是巡检器的主要功能，其使用过程如下所述(参见图 7-5)。

(1) 按开机键，随着巡检器一声提示音，液晶屏有相应显示，按正确的数据采集方法缓慢移动巡检器，听到"嘀"的一声响，液晶屏在"地点"位置处显示读取的四位数据，表示数据采集成功。

(2) 数据采集成功后，若巡检地点无任何事件发生，一直按住事件键，直到听到"嘀——嘀"提示音，巡检器自动关闭电源。

(3) 数据采集成功后，若巡检地点有事件发生，可通过按"事件"键确定发生事件的号码，每按一次"事件"键在液晶屏"事件"位置处有相应的数字 1～9 显示。当确定事件号码后一直按住"事件"键，直到听到"嘀——嘀"提示音，巡检器自动关闭电源。

图 7-5　巡检器的使用

2) 数据通信

(1) 将串口转换器一端与计算机串口相连,另一端与通信电缆相连,通信电缆的插头插入巡检器通信座,连接完毕后,巡检器发出一声提示音,液晶屏有周期闪动显示,表示巡检器进入通信状态。

(2) 若数据通信操作完毕,将巡检器通信座上的通信电缆插头拔下,巡检器自动关闭电源。

3) 电池电压检测

按开机键,若电量不足,则液晶屏电池标记处为空心(缺少四个小黑块),同时巡检器发出大约 2 秒钟的"嘀——嘀"提示音,提醒使用者应及时对巡检器充电。充电提示音过后自动进入信息采集状态。

4) 存储量检测

巡检器液晶屏右边有 8 块信息量存储标记,每块代表 250 条信息,随着信息存储量的增加,显示黑块由下而上逐渐增多,当信息存储量增加到 4000 条时,液晶屏右边的 8 个黑块全部显示,同时巡检器发出大约 6 秒钟的"嘀——嘀"提示音,提醒使用者信息存储量已达 4000 条,仅剩 40 条信息存储空间可用。

5) 硬关机

因为偶然因素造成巡检器无法正常操作或不能自动进入关机状态时,用一根细棍通过复位孔触按巡检器内的按键即可达到关机的目的。

6) 充电操作

首先将充电器插入 220 V 市电插座,另一端插入巡检器通信座,开始充电。

充电器上有三个发光指示灯,分别标注电量的三个级别:30%、60%、100%,若某一级别的发光指示为红色,表示电池电量仍未达到这一级;若为绿色表示电池电量已超过这一级,若为红色与绿色交替闪动,表示正在这一级别上进行充电。待三个发光指示灯全部为绿色时表示电池电量被充足。

7.4.3 系统配置

系统的一般配置如表 7-2 所示。

表 7-2　感应式巡更系统的配置

品　名	型　号
信息管(卡)	非接触式 TI
感应式巡检器	LINSON-2000E
数据通信变送器(含数据线)	LINSON-232E
充电器	LINSON-C451
巡检软件	LINSON-V8.1

根据小区的实际情况,如在小区内暂设 20 个定时、定点巡逻的地点,保安巡逻人员可

分两个班次，每组有 2 个工作人员。保安巡逻人员用巡更采集器先点交接班点，然后点工作人点(自己的名字)，巡逻时采集每一巡逻点，结束后交给下一班。定期(一天)将采集器插入变送器，将巡更数据输入电脑中。巡更数据采集方式如图 7-6 所示。

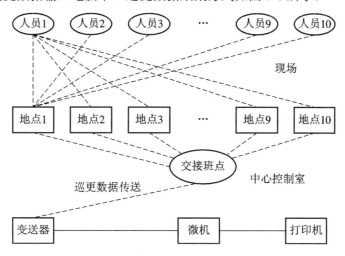

图 7-6　巡更数据采集方式

感应式巡检系统是一种对巡逻、巡更、巡检人员进行科学化、规范化管理的全新电子系统。系统广泛用于保安巡逻、设备巡检、站点巡检、铁路机车巡检、机场地勤巡检、输油管道巡检、银行金库保安、博物馆保卫、物业小区保安以及水力、电力监测等行业。

7.5　在线式电子巡更系统

在线联网保安巡逻管理就是在居民小区、商场、大楼等各区域内及重要部位制定保安人员巡逻路线，设置巡逻站点，保安巡逻人员携带巡逻采集器按指定的路线和时间在巡逻站点巡逻并进行记录，利用有线或无线传输网络将记录信息传送到智能化管理中心。

在线巡更系统由计算机、网络收发器、前端控制器、巡更点等设备组成。保安人员到达巡更点并触发巡更点开关，巡更点将信号通过前端控制器及网络收发器送到计算机。巡更点通常设置在各主要出入口、主要通道、各紧急出入口、主要部门等处。

国内使用的在线式系统大多由对讲、门禁或其他系统移植而来。一般而言，布线系统若具备通信协议、总线方式架构，再包含巡更软件，就可以移植为在线式巡更系统。此外，还有的系统利用原有的防盗报警系统的部分设备，在巡更点设置微波红外双鉴探测器，保安人员到达各巡更点，双鉴探测器信号通过前置报警器及网络收发器送到计算机。

巡更管理系统既可以用计算机组成一个独立的系统，也可以纳入整个监控系统。但对于智能化的大楼或小区来说，巡更管理系统应与其他子系统合并在一起，以组成一个完整的楼宇自动化系统。巡更管理系统的系统结构包括巡更点匙控开关、现场控制器、监控中心等。系统连接示意图如图 7-7 所示。

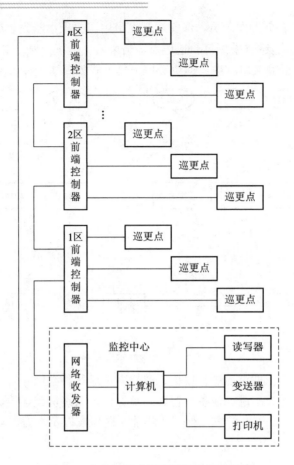

图 7-7　在线网络式巡更系统连接示意图

　　巡更管理系统的主要功能是保证巡更值班人员能够按巡更程序所规定的路线与时间到达指定的巡更点进行巡逻，同时保护巡更人员的安全。巡更管理系统的工作过程如下：巡更人员在规定的时间内到达指定的巡更点，使用专门的钥匙开启巡更开关或按下巡更信号箱上的按钮，向系统监控中心发出"巡更到位"的信号，系统监控在收到信号的同时将记录巡更到位的时间、巡更点编号等信息。如果在规定的时间内指定的巡更点未收到巡更人员"到位"的信号，则该巡更点将向监控中心发出报警信号；如果巡更点没有按规定的顺序开启巡更开关或按下按钮，则未巡视的巡更点将发出未巡视的信号，同时中断巡更程序并记录在系统监控中心，监控中心应对此立即作出处理。

　　可以一个或几个巡更人员共用一个信息采集器，每个巡更点安装一个信息钮扣，巡更人员需携带轻便的信息采集器到各指定的巡更点，将它插到巡更点上，指示灯亮并发出"嘀"的提示声即告操作完毕。管理人员只需在主控室通过数据变送器将信息采集器中的记录信息送到电脑中，并可查阅、打印。

　　如美国原装 BCS 电子巡更系统，该系统与电脑联网，可以监视巡更路线或巡更员。操作员在保安监视管理工作站可设多达 50 条巡更路线，每条巡更路线可容纳 50 个巡更站，巡更站设巡更点阅读钮，系统管理员可设定巡更到位的间隔时间。系统可检查巡更程序，并在探测到下列情况时发出警报信息：

- 当巡更员在预设的路线中发生一个或一个以上巡更顺序错误时；
- 当巡更员在两个巡更站之间停留时间过短或过长时；
- 当指定巡更路线的第一个控制点没有在该路径指定的巡更起始时间内巡更到位时。

有线式巡更系统的管线安装、硬件可靠性以及使用方便性往往不及无线式巡更系统，因此后者推广应用较快。

7.6　电子巡更系统应用设计范例

感应式电子巡更系统(EGS)由掌上感应式巡更终端、感应式巡更标签和巡更管理软件组成，它能够帮助跟踪和观察员工的活动。这些员工的工作特点是：按照规定的时间表，从一个地方移动到另一个地方，并记录每一个地方的状态。这在以前是非常难以考核的。例如商场、宾馆、大楼、居民小区和边防的保安巡逻，工厂、交通、电力、煤气、邮政行业的设备巡检，动物、植物的例行检查、检修、维护和保养等。

利用电子巡更系统，能够准确地考证员工所走的线路、所到达的时间和所检查的状态，并形成作业表。所要做的是，在员工计划行走的路线上，设置需要检查的地点(位置)，并在每个地点(位置)上安装一个巡更标签。当员工到达指定地点时，用手持的巡更终端读一下巡更标签，则巡更终端自动记录巡更标签中的信息、到达的日期和到达的时间，同时可以记录巡更状态。随后，只要将巡更终端中的资料传输到电脑中，即可准确地知道员工到达每一地点(位置)的详细信息。

1．系统特点

(1) 操作简单，更方便巡逻人员使用。

(2) 设计运用手机充电电池，简单实用。

(3) 手持感应式巡更机系统安装时无需布线，读取数据无需接触，机具使用寿命长，安装施工更方便。

(4) 手持感应式巡更机体积小、重量轻，安全巡检人员携带方便，适合不同行业、不同环境下使用，可以自由存储记录 3000 条。

(5) 八位双行带背光液晶显示，安检人员白天、夜晚都可以及时记录巡更状态，使工作更有效、清楚，使用方便。V 型结构轻触式导电橡胶按键设计，使用者操作轻松，机具读取数据反应迅速、敏捷。

(6) 本系列巡更机具有一定的防尘、防水、防碰撞、全天候使用性能，方便室内、野外不同环境下使用。

(7) 由于阅读巡更标签的过程是非接触式的，因此整套系统不会受灰尘、雨水、污物和反复阅读的影响，更加可靠与耐用。

(8) 巡更管理软件列印的巡更报表一目了然，方便管理层管理。

(9) 设备价格具有竞争力，节省系统投资。

2．系统功能

系统管理软件分为系统设置、数据采集、查询打印、系统维护四个模块。

(1) 系统设置模块：人员管理、巡检点设置、班次设置、状态设置。

(2) 数据采集模块：读入资料、清除资料、资料归档。

(3) 查询打印模块：人员资料、巡检资料、班次资料、详尽的巡检统计报表和直观的图形统计报表。

(4) 系统维护模块：参数设置、系统管理员、数据清理、软件的使用说明。

3. 系统配置与报价

系统的配置与报价如表 7-3 所示。

表 7-3　感应式电子巡更系统配置报价表(连电脑型)

名　称	型　号	数量	单位	单价	金　额
巡更棒(含皮套)	EGS-W-9301	—	根	—	—
人名钮(含固定座)	EGS-P-9302A	—	颗	—	—
地点钮(含固定座)	EGS-P-9302B	—	颗	—	—
管理软件及加密信息钮	EGS-S-9303	1	颗	—	—
电脑传输器(含电源)	EGS-P-9304	1	台	—	—
合　计 (大写)		—			

7.7　电子巡更系统典型应用

1. 公交系统的应用方案

方案一：

在每辆公交车上分别安装一个不同编号的信息钮，各站点调度员每人持一巡检器，当公交车发车或到达某个站点时，调度员用巡检器触碰一下公交车上安装的信息钮，巡检器具备记忆功能，会自动记录公交车到该站点的准确时间；归班时，调度员将巡检器交给管理人员，管理人员利用通信座将其与微机相连，将巡检器中的数据信息传至微机中，在屏幕上可清晰显示出公交车在各站点的实际工作情况。根据需要，可随时利用打印机生成各种报表及月报表，为决策者提供重要的管理信息。

方案二：

为每辆公交车配备一支不同编号的巡检器，在公交线路上选定 5～10 个具有代表性的站点，在站点上安置一个不同编号的信息钮，公交车运行到指定站点时，司机用巡检器触碰该站点的信息钮，巡检器会记录该车到达该站点的准确时间；归班时将巡检器交给管理人员，管理人员通过通信座、微机读取数据，可及时掌握、发现公交车运行的实际情况。数据可保存一年以上，可随时进行查询，为管理者提供重要的管理信息。

2. 铁路系统的应用方案

1) 主要应用场合

- 应用于铁路路基、路轨、道岔、信号灯、铁路桥梁等基本路况的巡查；
- 应用于铁路机车及机车仪器、仪表等车况的巡查；

- 应用于铁路沿线的设施、通信线路的巡查；
- 应用于铁路部门的货场、库房、宾馆、候车大厅的安全巡查。

2) 工作方式

根据需要将信息钮安装在巡检的线路或设备上，巡检人员在对路况、设备、库房等进行巡查的同时，用识读器触碰安装在该处的信息钮，识读器将记录信息钮的代码及触碰信息钮的时间。此记录将成为巡检员何时到达该地巡查的依据。通信座是识读器与微机之间的通信设备，可将识读器中的记录传送到微机系统的巡检管理软件中。管理人员通过微机可清晰看到巡检员巡检过的设备和路线，并提示出漏检、误点信息，通过管理软件统计巡检的正点率、误点率、漏检次数。

3) 应用效果

(1) 更好地保证铁路运输的安全性。采用此系统，巡检人员无法对巡检的时间和地点作弊，可有效避免巡检人员的麻痹思想，将安全隐患消灭在萌芽中。

(2) 更科学地考核巡察人员的工作业绩。由于巡检管理软件可以统计巡检员的正点率、误点率、漏检次数等信息，因而可为管理者更科学地考核巡检人员提供客观依据。

(3) 提高管理形象，实现无纸化办公，改善办公环境。

3. 军队系统的应用方案

1) 主要应用场合
- 应用于军区后勤、军需库、哨所岗位的巡查；
- 应用于军区弹药库、重要基地、重要设施的巡查；
- 应用于军队电话线路、通信线路、雷达等通信设施的巡查；
- 应用于军队哨兵值勤、站岗出勤情况的管理。

2) 工作方式

同铁路系统的工作方式。

4. 邮政系统的应用方案

1) 主要应用场合

电子巡检系统在邮政系统主要应用于信箱取信、邮政车趟、邮政储蓄押款车以及邮运的定时定点管理。该系统有助于克服邮递员、邮政工作人员的管理松散、误时、漏岗等现象，使管理者轻松实现管理职责，并有助于科学地考核工作人员的劳动绩效，消除隐患，防患于未然，切实提高通信质量及邮政运营的安全性。使用这套系统后，企业领导可以在电脑屏幕上模拟巡检，设定巡检路线、时间，打印巡检工作图表，当员工工作时不必时时去抽查员工的工作情况，通过使用本系统就可以知道每个在岗人员什么时间巡检了什么地点，从而实现了巡检工作的精确、量化管理。

2) 邮递员信箱取信应用方式

(1) 在邮递员负责区域的每个信箱内安装一个信息钮，信息钮均有确定的 ID，信箱编号和 ID 形成一一对应的关系，如下：

信箱编号	一号箱	二号箱	三号箱	四号箱	……
信息钮 ID	000005B18O	000005B18K	000005B18A	000005B18B	……

(2) 给每一个邮递员分配一个手持识读器，每个识读器均有其特定的识别号，如下：

邮递员	张宝	王安	赵员
识读器编号	200017	200018	200019

(3) 邮递员信箱取信时，用识读器探头轻触安装在信箱内的信息钮，巡检器红灯闪亮并发出"嘀"声，表示读取了信息钮中的 ID，将取信时间、信箱编号、取信日期写入了巡检器。

(4) 完成信箱取信后，可通过通信盒与计算机连接，将上述内容传给计算机。

(5) 计算机通过分析处理形成报表，可准确掌握邮递人员的信箱取信工作情况，并作为工作考核的依据。

邮政智能巡检管理系统还可以用于邮政趟车到各邮政支局取、送邮件的时间、频次管理；邮政储蓄押款车取送款的时间、频次管理；邮运线路的定时定点管理；运输线路的时间管理；重要设备巡检等。

5．电力系统的应用方案

供电变压器的巡检是在各供电变压器上分别安装一个内藏不同编码的信息钮，变压器巡检员持识读器到达该处检查完变压器后，触碰信息钮，识读器将记录到达地点及时间。

管理人员可以将识读器中的记录信息传至微机中，在屏幕上可清晰显示出巡检员的巡检地点及到达时间，根据事先确定的巡检班次和时间要求，计算机软件将自动统计出的正点、误点及漏检报表显示在计算机屏幕上，并可通过打印机打印，为管理者提供重要的管理信息。

由于巡检员必须在指定的时间到达巡检地点才能读取信息钮获得记录，且信息钮不可复制，所以巡检员将不可能偷懒或作弊。管理者可以根据巡检报表考核巡检员，并给予相应的表彰或惩罚，这将有助于提高巡检员工作的主动性，并提高管理的科学性，达到提高供电质量、及时发现安全隐患、减少变压器事故的目的。

电力智能巡检管理系统还可以用于输电线路巡检、变电所设备巡检、发电厂设备巡检甚至员工上下班考勤等不同场合。通过一机多用还可提高投资的性价比。

6．电信系统的应用方案

电子巡检系统在电信系统的主要应用包括电信通话线路的巡检，移动基站设备的巡检，电信机房、交换机、重要通信设施的巡检，电信公用电话亭、卡式公用电话设备的巡检等。

移动基站设备状况的巡检，是在各基站站点上分别安装一个内藏不同编码的信息钮，基站巡检员持识读器到达该处检查完基站设施后，触碰信息钮，识读器将记录到达地点及时间。管理人员可以将识读器中的记录信息传至微机中，在屏幕上可清晰显示出巡检员的巡检地点及到达时间，根据事先确定的巡检班次和时间要求，计算机软件将自动统计出的正点、误点及漏检报表显示在计算机屏幕上，并可通过打印机打印，为管理者提供重要的管理信息。

由于巡检员必须在指定的时间到达巡检地点才能读取信息钮获得记录，且信息钮不可复制，所以巡检员将不可能偷懒或作弊。管理者可以根据巡检报表考核巡检员，并给予相应的表彰或奖惩，这将有助于提高巡检员工作的主动性，并提高管理的科学性，达到提高通信质量、及时发现安全隐患、减少通信事故的目的。

移动通信智能巡检管理系统还可以用于机房设备巡检、保安巡检、包线员巡检甚至员工上下班考勤等不同场合。通过一机多用还可提高投资的综合收益。

7．石化系统油田巡检应用方案

石化企业属特级防火单位，占地面积大，厂区管道密布，各车间距离较远。设备及炼油原料昂贵，出现任何小故障都会造成很大损失，故厂里各车间对生产安全抓得极严，对设备的巡检制度要求每小时巡检一次。为达到巡检制度的要求，厂领导及各车间主任曾采取过多种手段。如用笔登记、拨时钟牌及加强领导随机检查的方法，但效果都不明显。为避免人为因素的管理漏洞，需要一种科学、有效的手段保证日常巡检、设备检修的规范、准确，避免漏检、误检。

智能数码电子巡检管理系统为管理者提供了一种科学的管理手段，可监督巡检员按规定的线路对指定的设备进行巡检；可代替管理者对巡检工作的人为检查和落实；可避免人为因素的管理漏洞和弊端，使巡检工作做到有序、责任明确，并对各种情况有明确的记录，保证各种设备正常使用，及时维修故障；为管理者的决策提供科学、准确、全面的分析考核依据。

采用智能巡检管理系统，可准确掌握巡检人员在每个点的工作情况，能消除巡检员的麻痹思想和侥幸心理，从而提高工作质量，将各种隐患消灭在萌芽之中，防患于未然，向管理要效益。

8．大型商场防损系统应用方案

商场保安巡检是在商场各不同楼层及重要地点分别安装一个内藏不同编码的信息钮，保安巡检人员持识读器按照事先规定的时间和线路进行巡查，同时用识读器触碰线路上安装的信息钮，识读器将记录到达的地点及时间。

管理人员可以将识读器中的记录信息传至微机中，在屏幕上可清晰显示出巡检员的巡检地点及到达时间，根据事先确定的巡检班次和时间要求，计算机软件将自动统计出正点、误点及漏检报表并显示在计算机屏幕上，也可通过打印机打印，为管理者提供重要的管理信息。

由于保安人员必须在指定的时间到达巡检地点才能读取信息钮获得记录，且信息钮不可复制，所以巡检员将不可能偷懒或作弊。管理者可以根据巡检报表考核巡检员，并给予相应的表彰或惩罚，这将有助于提高巡检员工作的主动性，并提高管理的科学性，达到及时发现安全隐患、减少安全事故的目的。

商场安全智能巡检管理系统还可以用于产品库房巡检、运输线路时间管理、重要设备巡检甚至员工上下班考勤等不同场合。通过一机多用还可提高投资的性价比。

第8章

安防系统工程的工作规范

　　安全防范工程是用于维护社会公共安全和预防灾害事故的报警、电视监控、通信、出入口控制、防爆、安全检查等工程。安防系统的主要手段包括物防、技防、人防。安全技术防范以运用技防产品、实施技防工程为手段，结合各种相关现代科学技术，预防、制止违法犯罪和重大治安事故，维护社会公共安全。安全技术防范产品是用于防入侵、防盗窃、防抢劫、防破坏、防爆炸和安全检查等方面的特种器材。安全防范系统是以维护社会公共安全和预防、制止重大治安事故为目的，综合运用技防产品和其他相关产品所组成的电子系统或网络。下面介绍安全防范系统的若干工程设计问题。

8.1　用户设计任务书与需求分析

　　安全防范工程设计的最根本依据应该是用户的设计任务书以及国家的有关规范与标准。所谓设计任务书，是指建设单位根据国家有关部门的规定和管理要求以及本身的需要，将设防目的和技术要求以文字、图表形式写出的文件。

　　安全防范工程立项前必须有设计任务书。设计任务书可作为单独文件也可作为招标书中的技术部分，是合同书中必须执行的附件。设计任务书由建设单位自行编制，也可请设计单位或咨询机构代编。设计任务书应有编制者签名，主管部门审批(签名)并加盖公章才被视为有效文件。

　　设计说明书应对整个系统的构成、性能、整体技术指标，采用的技术手段，实施的方案，各个分系统之间以及各分系统与整个系统之间的关系，以及其他必要的事项等做出较详细的说明和论述，以作为给设计方的基本依据。

　　在设计任务书里，用户根据自己的需要，将系统应具有的总体功能、技术性能、技术指标、所用入侵探测器的数量及型号、摄像机的数量及型号、摄像机镜头的要求、云台的要求、工作环境、传输距离、控制要求等各以文字形式写出。设计任务书的内容根据 GA/T 75－1994《安全防范工程程序与要求》，应包括任务来源、政府部门的有关规定和管理要求、工程项目的内容和目的要求、建设工期、工程投资控制数额、建成后应达到的预期效果。

　　有时由于用户本身的各种原因，可能难于以文字形式给出符合规定的或能说明全部情况的设计任务书，这时往往需设计方与用户共同完成设计任务书。这就要进行用户的需求分析，可以举行用户需求座谈会，分析用户的需求，了解用户对需求的响应程度。有时也会出现用户口头向设计方讲述自己对系统的大致要求，同意设计方提出设计方案，再加以修改，然后直接形成设计方案。但这种做法严格来说是不规范的。

　　GA/T 75－1994《安全防范工程程序与要求》中，可行性研究报告与设计任务书的内容本质一致，因此，一级工程的可行性研究报告以设计任务书的形式代替通常被认为是允许的。

8.2 现场勘察及防护等级确定

1. 勘察内容

现场勘察是进行工程设计的基础，勘察内容主要如下：

(1) 根据工程的具体建筑的各功能区域平面布置、用户对房屋的使用要求和防护目标的情况，确定划分一、二、三级防护区域和位置。

(2) 重点安全保卫部位(监视区、防护区、禁区)的所有出入口的位置、门洞尺寸、用途、数量、重要程度等要进行勘察记录，以此作为防入侵报警和出入口控制系统的设计依据。

(3) 勘察确定禁区(如金库、文物库、中心控制室)的边界时，要按照有关标准的规定或建设方提出的防护要求，勘查实体防护屏障(该实体建筑所有的门、窗户(含天窗)、排气孔防护物、各种管线的进出口防护物也组成屏障的一个部分)的位置、外形尺寸、制作材料、安装质量。

(4) 勘察确定监视区外围警戒边界，测量周界长度，确定周界大门的位置和数量，并记录四周交通和房屋状态，根据现场环境情况提出周界警戒线的基本防护形式，以作为周界报警设计的依据。

(5) 勘察确定防护区域的边界，防护区域的边界应与室外警戒周界保持一定的距离，所有分防护区域都应划在防护区域边界内，防护边界需要设置周界报警或周界实体屏障时，要对设置位置进行实地勘察，作为周界报警或周界屏障的设计依据。

(6) 勘察确定防护区域的所有门窗、天窗、气窗、各种管线的进出口、通道等，并标注其外形尺寸，作为防盗窗栅的设计依据。

(7) 勘察确定摄像机的安装位置，考察一天的光照度变化和夜间可能提供的光照度情况并记录，以符合监视范围和图像质量要求作为选择摄像的安装方式并进行监视电视设计的依据。

(8) 对防护目标，应测量其附近产生的有规律性的电磁波辐射强度，对无线电干扰强度高的区域要进行记录，以作为系统抗干扰设计的依据。

(9) 要调查一年中室外最高温度、湿度、风、雨、雾、雷电和最低温度变化情况和持续时间(以当地气象资料为准)，以作为室外入侵探测监视系统设计的依据。

(10) 各种探测器的安装位置要进行实地勘测，进行现场模拟试验，符合探测范围要求方可作为预定安装位置，对安装高度、出线口位置应考虑周到并做记录。

(11) 勘察确定通风管道、暖气装置及其他热源的分布情况。

(12) 勘察其他与安全管理有关的内容。

2. 勘察记录

勘察记录作为工程设计的初始的文档资料，是核查工程设计的依据，主要包括：

(1) 防区的区域划分平面图(其中分为一号、二号、三号区域)；

(2) 出入口、窗户的位置和地下通道的走向平面图；

(3) 摄像机、探测器、报警照明灯等各种器材的数量和安装位置平面图；

(4) 管线走向、出线口平面图；

(5) 中心控制室平面布置图以及控制室管线进出位置图；

(6) 光照度变化、电磁波辐射强度数据表；

(7) 总体平面图；

(8) 系统方框图。

3. 确定防护等级

根据安全防范的风险状况以及工程实际情况，其中包括资金投入等，综合确定安防系统应达到的防护等级。国家公共安全主管部门对各类功能建筑的安全防护等级的规定及要求是我们在工程设计中确定防护等级的基本依据。

8.3　安防系统工程的行业标准

安防行业的标准已经逐步完善，目前包括国家标准、行业标准、地方标准在内，已经初步覆盖了安全防范的工程设计、技术要求、施工验收等多个方面，中华人民共和国公安部在安全技术防范系统工程管理方面也有不少法规文件。

安全防范的国家标准如下：

GB 15209—2006	《磁开关入侵探测器》
GB 12663—2019	《入侵和紧急报警系统控制指示设置》
GB 15322—2003	《可燃气体探测器》
GB 12899—2018	《手持式金属探测器通用技术规范》
GB 15210—2018	《通过式金属探测门通用技术规范》
GB 15407—2010	《遮挡式微波入侵探测器技术要求》
GB 10408—2000	《入侵探测器》
GB/T 15211—2013	《安全防范报警设备环境适应性要求和实验方法》
GB/T 15408—2011	《安全防范系统供电技术要求》
GB 12899—2018	《手持式金属探测器通用技术规范》
GB/T 16571—2012	《博物馆和文物保护单位安全防范系统要求》
GB/T 16676—2010	《银行安全防范报警监控联网系统技术要求》
GB 16796—2022	《安全防范报警设备安全要求和试验方法》
GB 17565—2022	《防盗安全门通用技术条件》
GB 8108—2014	《车用电子警报器》
GB 50348—2018	《安全防范工程技术标准》
GB 50339—2013	《智能建筑工程质量验收规范》
GB 50394—2007	《入侵报警系统工程设计规范》
GB 50395—2007	《视频安防监控系统工程设计规范》

GB 50396—2007 　　　　　《出入口控制系统工程设计规范》

公共安全防范的行业性标准如下:

GA/T 74—2017 　　　　　《安全防范系统通用图形符号》

GA/T 367—2001 　　　　　《视频安防监控系统技术要求》

GA/T 394—2002 　　　　　《出入口控制系统技术要求》

GA 576—2018 　　　　　《防尾随联动互锁安全门通用技术条件》

GA 27—2002 　　　　　《文物系统博物馆风险等级和安全防护级别的规定》

GA 308—2001 　　　　　《安全防范系统验收规则》

GA/T 75—1994 　　　　　《安全防范工程程序与要求》

GA/T 70—2014 　　　　　《安全防范工程建设与维护保养费用预算编制办法》

GB/T 10408.8—2008 　　　《振动入侵探测器》

GA/T 73—2015 　　　　　《机械防盗锁》

MH 7008—2002 　　　　　《民用航空运输机场安全防范监控系统技术规范》

GA/T 600—2006 　　　　　《报警传输系统的要求》

GA/T 644—2006 　　　　　《电子巡查系统技术要求》

GA/T 645—2014 　　　　　《安全防范监控 变速球型摄像机》

GA/T 646—2016 　　　　　《安全防范视频监控 矩阵设备通用技术要求》

GB 20815—2006 　　　　　《视频安防监控数字录像设备》

GB 20816—2006 　　　　　《车辆防盗报警系统 乘用车》

GA/T 670—2006 　　　　　《安全防范系统雷电浪涌防护技术要求》

GA/T 669.1—2008 　　　　《城市监控报警联网系统技术标准 第 1 部分: 通用技术要求》

GA 667—2020 　　　　　《防爆炸透明材料》

GA/T 678—2007 　　　　　《联网型可视对讲系统技术要求》

GA 701—2007 　　　　　《指纹防盗锁通用技术条件》

GB/T 21564—2008 　　　　《报警传输系统串行数据接口的信息格式和协议》

GA/T 761—2008 　　　　　《停车库(场)安全管理系统技术要求》

DB 35/T 1247—2012 　　　《数字高清视频监控系统技术规范》

8.4 初 步 设 计

　　整个系统的设计原则上按照初步设计(方案设计)、正式设计(工程设计)、施工图设计三个阶段进行。一般来说,一、二级工程必须进行初步设计和方案论证。初步设计是个粗线条的设计,也就是本书所指的方案设计。

　　初步设计是设计方根据设计任务书和有关的规范与标准提出的方案设计。方案设计在工程委托生效后或投标之前进行。方案设计要提交给用户,征求用户意见,进行修改等。待双方协调并同意后,双方签订合同书,设计方根据用户已同意的、并经论证通过了的方案设计书进行正式设计。

初步设计的主要步骤如下：

第一步：划出防区的管理区域，即一号区、二号区、三号区等。

第二步：根据防区的划定，画出整个安防系统的布防图。

第三步：根据布防图确定具体防范手段和采用的防范措施(报警探头、摄像机、门禁、电控锁以及其他防范方式)。

在进行上述的第二、三步设计时，应对设置的探头、摄像机等计算并给出防范的覆盖面(区域)等。

第四步：认真检查、核对、计算布防图及防范手段是否有漏洞或死角(盲区)。

第五步：根据前几步的设计，绘制出包括前端(探头、摄像机)至控制中心的信号传输系统以及其他所有设备、部件的系统构成框图。

系统构成框图必须标明或能看出设备与设备之间的关系、各种信号的流向、设备对应的位置、设备的基本数量等。总之，应从系统构成框图上对整个系统构成全貌一目了然。

第六步：根据系统构成框图做出设备、器材明细表及其概算。在设备、器材明细表上，应注明设备的型号、规格、主要性能和技术指标以及生产厂家。

第七步：做出工程总造价表(即概算，应包含设备、器材概算，工程费用概算，税金以及其他费用等)。

第八步：根据上述各个步骤，写出设计说明书。

以上是方案设计程序和步骤的一般形式。在具体做法上，有些步骤可以简化，但总体上不应相差太远。

方案设计说明书应包含的内容主要有四部分：

(1) 平面布防图(前端设备的布局图)。

(2) 系统构成框图(图中应标明各种设备的配置数量、分布情况、传输方式等)。

(3) 系统功能说明(包括整个系统的功能、所用设备的功能、监视覆盖面等)。

(4) 设备、器材配置明细表(包括设备的型号、主要技术性能指标、数量、基本价格或估价、工程总造价等)。

在进行上述的方案设计时，应注意前后之间的联系和统一，即应使布防图、系统图、设备器材清单、设计说明书和工程总造价等是一个完整的、没有矛盾的、能充分表达设计思想和设计方案的统一体。

8.5 正 式 设 计

方案设计完成后，经过建设方、设计方以及有关主管部门、管理部门和必要的专家论证，修改并最终认可确定为正式的工程文件。接下来就可以进行正式工程设计了。

正式工程设计是指绘制与制定能具体指导施工的图纸及相应的文件，主要是技术设计(工程设计)和图纸设计。通常，正式工程设计的主要任务集中表现于绘制指导施工用的图纸。正式工程设计的主要依据有以下几个方面：

(1) 施工现场的勘察和勘察过程中绘制的草图以及最后形成的现场勘察报告。

(2) 方案设计中的布防图、系统构成图、设备器材清单以及设计说明书。

(3) 施工现场的有关建筑图纸。

(4) 布线中对管线的有关要求、标准以及具体的型号和规格。

(5) 国家制定的有关标准和规范。

(6) 对方案设计的论证意见(包括对方案设计提出的修改意见)。

正式设计书应包含方案设计(初步设计)中的四部分内容,只不过应更加确切和完善。此外,还应包含下面几个重要设计文件:

(1) 施工图。施工图是能指导具体施工的图纸。它应包括设备的安装位置、线路的走向、线间距离、所使用导线的型号规格、护套管的型号规格、安装要求等。

(2) 测试、调试说明。应包括系统的分调、联调等说明及要求。

(3) 其他必要的文件(如设备使用说明书、产品合格证书等)。

工程设计的主要内容就是工程图纸的绘制。对工程图纸的要求是:

(1) 具体详尽地绘制出布线图。要求注明管、线的型号、规格,布线的具体位置、高度,线的种类及数量;对于必须分开布放的线类,应加以标明。还应标明在出现交叉及平行布放线路时应采取的措施和间距,以及标明线的入口、出口及连接点和应采取的措施、工艺以及对路由的要求等。

(2) 对设备安装要求的说明。包括安装的位置、高度、安装方式、安装线的预留长度,以及在一起复合的设备(如摄像机、镜头、防护罩、云台等复合安装在一起)安装时的安装顺序等。

(3) 对某些设备应采取的安全措施(譬如外加防雨、防晒棚或防拆措施等)。

(4) 必须给出图例以及必要的说明。

在工程图纸的绘制中,一定要与方案设计中的有关内容严格对应(如数量、种类、位置等),并且每一份图纸都应有与建筑图纸相一致的轴线。具体图纸绘制要求可参考本书的第8.9.2 节。

这些就是正式工程设计的基本工作。在大型工程项目的设计中,最关键的是方案设计,要求设计人员应有深厚和熟练的技术素质,对有关规定和规范以及对有关设备和器材的性能、技术指标等有广泛、深入的了解和掌握。

在工程设计完成并会签后,就是正式确定的工程文件。接下来应组织施工人员进行现场走访对照,技术交底,解答施工人员对图纸中尚未弄清楚的问题。

8.6　安防系统的集成设计

安防系统包含若干个主要的组成部分,如智能楼宇的安防子系统,它又包含 CCTV、门禁、报警、巡更、楼宇对讲等子系统,而在任何一个高标准的安防项目中,这些都是必不可少的。将这些子系统有机地集成起来,实现统一的管理,发挥更高的工作效率,一直是使用方和施工方最期待的。这就是安防系统的集成一体化设计问题。

技防系统的结构模式可粗略地分为组合式和集成式两大类。组合式是系统的各个子系统分别设置,集中管理;集成式是通过统一的通信平台和管理软件将各个子系统联网集成,从而实现对全系统的集中管理、集中监视和集中控制,即安防系统的系统集成。

所谓安防系统的系统集成是在统一平台上对各子系统进行集中的控制和监控，它综合利用各子系统产生的信息，根据这些信息的变化情况，让各子系统做出相应的协调动作，也意味着通过和跨越不同的子系统，实现信息的交换、提取、共享和处理，这是系统集成的重点。

在传统的安防系统工程中，三个最关键的安防产品 CCTV、门禁管理和防盗报警等均相对分立，甲方需要投入多台 PC 设备用于各个系统，也需要多个人在各自的管理平台上进行管理。安防一体化系统将 CCTV、门禁管理、防盗报警等用一个统一的平台来管理，使甲方既节省了管理 PC，又节约了人力资源。

在以往的许多建筑中，楼宇安防系统的各子系统以及子系统和楼宇自控系统中其他子系统(如火灾报警及消防系统等)均分散独立运行，无法形成一个有效和协调的整体。当发生某一事件时，需各子系统之间进行联动和处理时就显得无能为力，甚至造成无法弥补的损失。集成的一体化系统实现各子系统的联动，满足高标准安防系统的要求，方便使用方管理，降低成本投入。对于工程商来说，集成化的解决方案为他们省去了做方案、配器材等很多麻烦，并方便工程商施工调试。

安防一体化系统除了实现各子系统的集中管理之外，还将各个子系统无缝集成，实现刷卡(报警)联动抓拍、刷卡(报警)联动录像，使各个子系统相互联动，解决了传统的安防系统中各个部分相互无法兼顾的问题，真正达到了一加一大于二的效果。安防一体化系统的诞生为监狱、看守所、银行以及一些高标准的智能楼宇提供了更安全的解决方案。

鉴于一体化的安防系统为安防行业带来的诸多好处，已经有越来越多的甲方在招标时提出了 CCTV、门禁管理、防盗报警三者之间联动的要求。"安防一体化"的概念已经在行业内推广开来。

目前许多安防产品的厂商也开始推出自己的"一体化"安防产品解决方案，或者是带有"一体化""集成化"接口的安防产品。这里以 CCTV 和门禁管理系统之间的联动集成为例，介绍它们之间的集成度和功能集成的特性。"一体化"安防产品可以分为以下几类。

1. 提供协议接口的产品

这类产品厂商一般是提供单一门禁产品或单一的 CCTV 产品的厂商。顺应市场的发展，他们将自己的门禁产品或 CCTV 产品的相关通信协议开放。在一个集成化、一体化的安防项目中，这样的厂商会把自己的协议提供给工程商，由工程商来完成整个系统的集成。这就需要工程商具有很强的系统集成能力或自主研发能力，才能将两个不同品牌的产品集成在一个项目中。然而，这个临时拼凑起来的"一体化"安防系统的维护却成为一个棘手的问题，由于系统中的产品是由两个不同的厂商提供的，在系统的运行中尤其是当联动的部分出现问题的时候，难免出现互相推诿的情况。

2. 硬件协议联动的产品

这类产品的提供商往往是一些国际知名的安防厂商。他们旗下有多种安防产品的品牌，他们的经营范围涉及不同的安防产品线。这类厂商一般会通过硬件协议联动的方式，将自己旗下不同品牌的门禁产品和 CCTV 产品进行联动。另外也有一些只提供单一门禁产品的厂商也可以通过协议的方式联动一些指定品牌的 CCTV 产品。以上这两种方式我们一般称之为"协议集成"或"有缝集成"。这类系统中一般以刷卡或报警联动矩阵切换为主。

这类系统会比那些只提供协议接口的产品更有优势，不需要工程商再对产品进行整合和集成。但它的劣势在于，硬件的协议联动往往需要在两种产品之间增加线路，而且还是两个相对独立的管理平台，系统的稳定性是一个问题。

3．嵌入式集成的产品

能够将门禁产品和 CCTV 产品进行嵌入式集成的厂商，一定是同时具有两种产品的自主知识产权的厂商。通过嵌入式的软件集成，将两个产品用同一个管理平台来管理，并且在软件上实现两者之间的联动。这样的"安防一体化"系统我们称之为"无缝集成"或"嵌入式集成"。

在大楼安防工程集成设计时，应考虑在所有摄像机的监视范围内报警探测器与闭路监视系统的联动，实现对探测报警器触发报警的复核，这将会快速有效地确定警情。各防区报警探测器与闭路监视摄像机相对应，并与照明控制回路联动，给摄像机提供必要的照明条件。亦即在夜间人员离开大楼后，报警探测器处于设防状态，当有人非法闯入时，立即将报警信号送至防盗控制主机，该控制主机再将信号送至 CCTV 系统，同时相应的灯光打开，摄像机动作，对报警进行复核，并在监控中心同时进行跟踪录像。门禁系统应考虑到与 CCTV 系统的联动，对进入室内的人员进行图像核对，以确认入室人员是否为持卡者本人，入室人数是否仅一人等。门禁系统在遇火警时，自动开启设置门禁系统的门，便于人员疏散。

安防系统的集成将赋予系统更强的功能，真正为用户提供更安全、更便捷、更经济的服务，是安防系统发展的必然趋势。

8.7　安防系统控制中心的设计

系统控制中心的设计，首先要依据系统前端的入侵探测器、摄像机等设备的数量和布局以及整个系统的情况和要求进行。这里主要的设计思路是：

(1) 由入侵探测器的配置确定报警主机的型号与功能；

(2) 由摄像机配置的数量决定视频切换主机输入的路数；

(3) 由摄像机配置的数量决定监视器的数量，比如采用 4：1 方式时，假设有 16 台摄像机，则应配 4 台监视器，并由监视器的数量决定视频切换主机输出的最少路数。这里还应说明的是，如控制台上有录像机等设备，还应考虑是否用专用的监视器对应录像机或有关设备。

(4) 由摄像机所用镜头的性质决定控制台是否应该有对应的控制功能(如变焦、聚焦、光圈的控制等)。

(5) 由是否使用云台决定总控制台是否应该有对应的控制功能(如云台水平、垂直运动的控制)。

(6) 由是否用解码器决定控制台输出控制命令的方式。用解码器时控制台输出的编码信号用总线方式传送给解码器；不用解码器时控制台输出直接控制信号。一般来说，摄像机距离控制台较远，且摄像机相对较多，又都是有变焦镜头和云台的情况下，宜用解码器方式；反之，可以用直接控制方式。

(7) 由传输方式决定控制台上是否应加装附加设备。比如射频传输方式应加装射频解调器；光纤传输时应加装光解调器，等等。

(8) 由传输距离决定是否采用远端视频切换方式，并由此决定控制台的切换控制方式以及对远端切换的控制方式。在远距离传输时，还可能采用视频传输、光纤传输、微波传输等其他传输方式。

(9) 根据用户单位的风险等级、用户要求、摄像机数量等因素，综合考虑决定是否用录像机、长延时录像机、多画面分割器等。

(10) 根据上述情况决定电源容量的配置、不间断电源以及净化稳压电源的配置等。

(11) 根据风险等级、用户要求决定采用单独的电视监控系统，还是电视监控系统与防盗报警系统相结合。

总之，系统中心的设计应在实用、可行、节约的情况下尽量满足用户要求和保证系统的功能与可靠性。

8.8 系统供电、接地与安全防护设计

1. 系统供电

系统的供电电源应采用 220 V、50 Hz 的单相交流电源，并应配置专门的配电箱。当电压波动超出 $-10\% \sim +5\%$ 范围时，应设稳压电源装置。稳压装置的标称功率不得小于系统使用功率的 1.5 倍。

摄像机宜由监控室引专线经隔离变压器统一供电；远端摄像机可就近供电，但设备应设置电源开关、熔断器和稳压等保护装置。

二级防护以上报警系统应有不间断电源和能连续工作 24 小时以上的备用电源(如 UPS)。

2. 系统接地

为了保证系统能正常运行，防止干扰信号对系统串扰，引起误报，必须充分重视系统的接地。

目前供电网络常用的是 TN-S 系统，即常说的三相五线供电制，这种供电方式仅有一根保护线 PE 的一点接地，用电设备的外露导电部分用导线接到 PE 线上。其优点是 PE 线在正常工作时不呈现电流，因此设备外露部分也不呈现对地电压，有事故发生时容易切断电源。由于 PE 线上不呈现电流，有较强的电磁适应性，因此适用于数据处理、精密检测装置等供电系统。

除 TN-S 供电系统外，目前还有 TN-C 系统，又称三相四线制。与 TN-S 相比，它的差别在于将 N 和 PE 合成一根 PEN 线，当三相不平衡或仅有单相用电设备时，PEN 线上有电流。在一般情况下，如选用合适的开关保护装置和足够的导线截面，也能达到安全要求。

TN-C-S 系统又称四线半系统，即在 TN-C 末端将 PEN 线分成 PE 线和 N 线，分开后不允许再合并。这种系统兼有 TN-C 系统价格便宜和 TN-S 系统安全可靠、电磁适应比较强的

特点，常用于线路末端环境较差的场所或有数据处理设备的供电系统。

系统接地的种类有两种。

1) 功能性接地

为保证电气设备正常运行或电气系统低噪声的接地，称为功能性接地。其中将电气设备的中性点或 TN 系统中性线接地称为中心点接地；利用大地作导体，在正常情况下有电流通过的称为工作接地；将电子设备的金属板作为逻辑信号的参考点而进行的接地称为逻辑接地；将电缆屏蔽层或金属外皮接地，达到电磁适应性要求的称为屏蔽接地。

2) 保护性接地

为防止人或设备因电击而造成伤亡或损坏的接地称为保护性接地。其中将电气设备的外壳接地或接到 PE、PEN 线上称为外壳接地；将建筑物内的金属架、构件与地相连接称为建筑物接地；为引导雷电流而设置的接地称为防雷接地；使静电流流入大地的称为静电接地；在 PE 上或 PEN 线上一点或多点接向大地的称为重复接地。

在以上这些系统中直流接地与其他接地必须分开，而且至少相距 15～20 m。

对于电子和计算机系统的接地，有下述几种：

逻辑接地——电子设备信号回路中，其低电位点要有一个统一的基准电位，将此点接地叫逻辑接地。

功率接地——电子设备中的大电流、非灵敏电路及噪声电路，如机柜中的继电器、指示灯、交直流电源都需要接地，这种接地称功率接地。

安全接地——为了人身和设备安全，把正常运行时不带电的金属外壳如机柜、面板接地称安全接地。

3．安防系统接地

接地系统采用什么形式一般可根据接地引线长度与电子设备的工作频率来确定。

(1) 当频率在 1 MHz 以下时，一般采用辐射式接地系统。辐射式接地系统即把电子设备中的信号接地、功率接地和保护接地分开敷设的接地引线，接到电源室的接地总端子板上，在端子板上信号接地、功率接地和保护接地接在一起，再引至接地体。

(2) 当频率在 10 MHz 以上时，一般采用环状接地系统。环状接地系统即将信号接地、功率接地和保护接地都接在一个公用的环状接地母线上，环状接地母线的设置地点视具体情况而定，一般可设在电源处。

(3) 当频率在 1～10 MHz 之间时，采用混合式接地系统。混合式接地系统即为辐射式和环状接地相结合的系统。

对于安防系统的接地，可以遵照如下的设计规范：

(1) 系统的接地宜采用一点接地方式。接地母线应采用铜质线，接地线不得形成封闭回路，不得与强电的电网零线短接或混接。

(2) 系统采用专用接地装置时，其接地电阻不得大于 4 Ω；采用综合接地网时，其接地电阻不得大于 1 Ω。

防盗报警控制器的接地应根据控制器的运行方式确定。小型报警控制器如为多线制，系统运行频率也不高，可用辐射式或混合式接地方式。而大容量的区域报警控制器和集中报警控制器则应采取环状接地系统，采用单点接地，其工作接地电阻值应小于 4 Ω。

(3) 中心控制室应有专用接地干线引入接地体，专用接地干线应使用铜芯绝缘导线或电缆，其芯线截面不小于 16 mm²。

(4) 中心控制室报警控制器的接地宜与防雷接地共用接地体，但此时接地电阻应小于 1 Ω。若与防雷接地系统分开，两接地系统的距离不宜小于 20 m。

(5) 光缆传输系统中，各监控点的光端机外壳应接地，且宜与分监控点统一连接接地。光缆加强芯、架空光缆接续护套应接地。

(6) 架空电缆吊线的两端和架空电缆线路中的金属管道应接地。

4．系统防雷

(1) 进入监控室的架空电缆入室端和摄像机装于旷野、塔顶或高于附近建筑物的电缆端，应设置避雷保护装置。

(2) 防雷接地装置宜与电气设备接地装置和埋地金属管道相连，当不相连时，两者间的距离不宜小于 20 m。

(3) 不得直接在两建筑物的屋顶之间敷设电缆，应将电缆沿墙敷设置于防雷保护区以内，并且不得妨碍车辆的运行。

(4) 系统的防雷接地与安全防护设计应符合现行国家标准《工业企业通信接地设计规范》《建筑物防雷设计规范》和《电视和声音信号的电缆分配系统》的规定。

8.9　文档编写与图纸绘制

8.9.1　编写技术文档

1．初步设计

初步设计就是方案设计，初步设计应含下列内容：

(1) 系统设计方案及系统功能；

(2) 系统的框图；

(3) 器材平面布防图及防护范围；

(4) 中央控制室的布局控制功能；

(5) 主要器材的性能、特点以及配套清单；

(6) 管线的敷设；

(7) 工程费用概算和工期。

2．技术设计

在进入施工图设计以前，应先进行技术设计。技术设计必须包含以下内容：

(1) 建设方提供的设计任务书；

(2) 系统的技术设计报告，即设计方提出采用的方案和实施手段；

(3) 系统图及工作原理；

(4) 中心控制设备的选型及主要性能、指标、产品型号、生产厂家；

(5) 各种探测器、监控器材以及其他前端产品的型号、制造厂家、主要性能、指标；

(6) 设备、器材清单。

3．施工图设计

施工图包括以下内容：

(1) 探测器布防平面图、中心设备布置图、系统及分系统连接图；

(2) 管线以及管线敷设图；

(3) 设备、器材安装要求和安装图。

4．操作和维修说明书

操作手册和维修说明应包括如下内容：

(1) 系统使用、操作手册，说明系统各部分的监视要求、防范区域、报警顺序、流程和功能以及使用操作方法。

(2) 系统的维修手册，说明系统故障多发部位以及出现相应现象的判断方法和维修措施。

(3) 计算机程序说明，包括防范系统设防、撤防以及其他相关程序的编写和修正。

(4) 工程费用预算书。根据公安部颁发的《安全防范工程建设与维护保养费用预算编制方法》编写工程预算书，预算书包含以下内容：

① 器材预算；

② 设计、施工费预算；

③ 系统维护、修理费预算；

④ 工程验收费用预算。

8.9.2　绘制工程图纸

为了提高安全防范系统的工程质量，必须首先做好安防报警系统施工图的设计和绘制。

施工图的设计必须与有关专业密切配合，做好动力的预留和管线的预埋与预留，以保证以后能顺利穿线和系统调试。

绘制图纸要求主次分明，应突出线路敷设，电气元件等为中实线，建筑轮廓为细实线，凡建筑平面的主要房间应标示房间名称，并要绘出轴线标号。

各类有关的防范区域应根据平面图明显标出，以检查防范的方法以及区域是否符合设计要求。探测器布置的位置力求准确，墙面或吊顶上安装的器件要标出距地面的高度(即标高)。

相同的平面，相同的防范要求，可只绘制一层或单元一层平面，局部不同时，应按轴线绘制局部平面图。

比例尺的规定：凡在平面图上绘制多种设备，而数量又较多时，宜采用 1∶100；面积很大，设备又较少，能表达清楚的话可采用 1∶200；剖面图复杂的宜用 1∶20、1∶30 甚至 1∶5，比例关系根据细小部分的清晰度而定。

施工图的设计说明力求语言简练，表达明确。凡在平面图上表示清楚的不必另在说明中重复叙述，凡施工图中未注明或属于共性的情况，以及图中表达不清楚者，均需加以补充说明，如防范区域、空间防范的防范角等。单项工程可以在首页图纸的右下方，图角的侧上方列举说明事项。如果一个系统子项较多，属于统一性的问题，应编制总说明，排列在图纸的首页。说明一般按下列顺序编写：

(1) 探测器的选用、功能、安装；

(2) 报警控制器的功能、容量、特点及安装；

(3) 管线的敷设、接地要求、做法，室外管线的敷设，电缆敷设方式等。

1. 设计图纸的规定

1) 系统总平面图

标出防范系统在总建筑图中的位置，标出监控范围、控制室的位置、传输线的走向、系统的接地等。

2) 安全防范系统图

· 确定完成安防任务的设备和器材的相互联系，确定探测器的性能、数量以及安置的位置。

· 确定控制器的功能、容量。

· 确定所有主要设备以满足订货要求。

3) 每层、每分部的平面图

确定探测器安装位置，注明标号，确定传输线的走向、管线数量、管线埋设方法以及标高。有可能的话绘出探测器的探测区域或范围。

4) 主要设备材料表

略。

5) 复杂部位的安装剖面图

略。

2. 绘图标准

绘制图纸的线条粗细原则是，以细线绘制建筑平面，以粗线绘制电气线路，以突出线路图例符号为主，建筑轮廓为次。这样做主要是为了达到主次分明、方便施工的目的。

(1) 有关安全防范工程所用图例及代号，均应按现行的国家标准或部颁标准执行。

(2) 各计量单位的中文名称及代号，一律照国务院发布的《关于在我国统一实行法定计量单位的命令》《中华人民共和国法定计量单位》以及《在全国推行我国法定计量单位的意见》等文件规定执行。

(3) 所有设计图纸的幅面均须符合下列规定：

基本幅面代号	0	1	2	3	4
$b \times L$	841×1189	594×841	420×594	297×420	297×210
C		10			5
A		25			

为了使图纸整齐统一，在选用图纸幅面时应以一种规格的图纸为主，尽量避免大小幅度掺杂。在特殊情况下，允许加长 1~3 号图纸的长度和宽度，0 号图纸只能加长长度，加长部分应为图纸边长的 1/8 及其倍数，4 号图纸不得加长。

(4) 图标一般分国内工程图标和对外工程图标。特殊用的图标，可以根据需要自行规定。国内工程图标(0~4 号图纸)的宽度不得超过 180 mm，高度以 40 mm 为宜。对外工程图标的宽度不得超过 180 mm，高度以 50 mm 为宜。图标位置应在图纸的右下角。

会签栏规格一般为 75 mm×20 mm。会签栏仅供需要会签的图纸用，当一个不够用时，可再增加一个，两个会签栏可以并列使用。会签栏应放在左侧图框线外，其底边与图框线重合。

(5) 制图时所用比例可选用 1∶100、1∶50、1∶20，并采用阿拉伯数字表示，不得采用"足尺"或"半足尺"等方法表示。比例注写在图名右边。当整张图纸只用一种比例时，也可注写在图标内图名的下面。

(6) 图纸上的所有字体，包括各种符号、字母代号、尺寸数字及文字说明等，一般用黑墨书写。各种字体应从左向右横向书写，并注意标点符号清楚。

所有字体高度一般以 4 mm 为宜。必要时数字尺寸可以稍小，但不得小于 2.5 mm。

字体必须书写端正，排列整齐，笔画清楚，书写中文时应采用国家公布实施的简化汉字并宜用仿宋体。

文字说明需用编排号时，应按下列次序排列：

一、二、三 ……
1、2、3 ……
(1)、(2)、(3) ……
①、②、③ ……
a、b、c ……

在图纸中所有涉及的数字均采用阿拉伯数字表示。计量单位采用国家颁布的符号，例如三千七百毫米，就写成 3700 mm。

表示分数时不得将数字与中文文字混用，例如四分之三应写成 3/4，不得写成 4 分之 3。小数数字前应加上定位的"0"，例如 0.15、0.004。

(7) 制图中实线、点划线、虚线等各种线条一般区分为粗、中粗、细三种，折断线、波浪线一般为细线。

画点划线时首末两端为线段，点划线与点划线相交时应交于线段处。虚线的各线段应保持长短一致。采用直线折断的折断线必须经过全部被折断的图面，折断符号应画在被折断的图面以内，圆形的构件应采用曲线折断。

3．设计图纸的标注

设计图纸的标注及图例符号应执行国家统一标准规定，计量应用公制标准，不应滥行标注，以免混淆不清。标注语言力求简洁，原则上应采用宋体楷书，书写工整，不得潦草，以保证图面清晰，方便施工。为了确保设计图纸质量，一般应按下述方法进行标注。

(1) 平面图结构曲角变化复杂，应用细线标注轴线编号。建筑轮廓不应过粗，标注位置应选择适当，不要过度集中。平面图上不同电压线路并列时，应以粗细线严格分清，并分别标注清楚。

(2) 引进电源线路，在平面图进线口附近应注明相别、电压等级、导线规格型号、根数、保护管类别、管径及安装高度等。

(3) 各种管型的标注如下：

金属管一律用"G"表示，管径均按公称直径：15、20、25、32、40、50、70、80、100。

硬质塑料管用"VG"表示，管径为 16、20、25、32、40、50、63、75、100。

半硬塑料管用"SG"表示，管径为 16、20、25、30、40、50。

软塑料管(绝缘套管)用"RG"表示，管径为 11、13、20、25、32、40、50、80、100。PVC 波纹管用"BG"表示，管径为 11、13、20、25、32、40、50、80、100。

在标注以上各类管型时，凡单项工程中采用了同一类型时，则在平面图上可以省略标注。如局部采用不同类型，可局部分别标注。如全部采用同一类型管型则在图纸说明中加以注明。

(4) 配电箱、板的标注按供电类别在平面图配电箱、板位置附近的明显空隙处分别标注。

4．安全防范系统通用图形符号

施工图的绘制应认真执行绘图的规定，所有图形和符号都必须符合公安部颁布的《安全防范系统通用图形符号》的规定，不足部分应补充并加以说明。绘图要清晰整洁，字体规整，原则上要求书写仿宋体，力求图纸简化，方便施工，既详细而又不烦琐地表达设计意图。

第 9 章

周界防范系统方案设计范例

周界防范系统通常用于重要企业、军营、机场、港口、政府机关、住宅小区等，特别需要考虑安防要求的地方，所以建筑施工的初期既涉及安防工程的科学化管理、协调和质量控制问题，又涉及安防系统分步实施的问题。安防系统与建筑物一样是百年大计，它应当是先进的、符合国际发展潮流的，同时也应该充分考虑经济因素。

9.1 概 述

本章所述周界防范系统是某实业有限公司针对某印钞公司厂区围墙改造设计的，该系统包含两个部分——视频监控及围墙周界报警系统。

本系统设计须在以下几个方面得到保证：

(1) 由专业化的设计人员进行设计。围墙周界防范系统是专业性很强的系统，从管理、设计、安装、调试到验收，都要经过公安部门审核，只有专业化的人员进行设计，才能保证系统符合公安部门和安防事业的要求。

(2) 系统应是稳定、可靠、易于维护、便于操作和符合管理需求的，并保证系统容易升级换代。

(3) 施工图纸必须完善、合理，符合标准化的要求。

1. 本设计书的目的

本设计书描述了某印钞公司厂区围墙周界防范系统的需求及功能。

2. 本设计书的特点

(1) 完善的设计理念。包括符合国际发展潮流的特性化设计，完整的安防监控及围墙周界报警系统的布线、设备安装、调试、试运行、测试、验收的"交钥匙"工程管理制度，以及符合 ISO9000 标准的质量控制体系。

(2) 针对性的安防监控及围墙周界防范系统设计。方案是根据某印钞公司新建厂区的建筑结构及厂区围墙周界报警系统需求设计的，是具备高可靠性、先进性、成熟性、安全性、易管理、易维护、易扩展、性价比高的周界报警及监控系统。

(3) 依据目前的设备确定监控的功能。整个印钞公司之前已经建立了模拟视频监控系统，该系统覆盖了原来的部分厂区，已满足了部分视频监控的要求。目前，该印钞公司又建造了新的厂房，这些新厂房也要求设计监控系统，同时还要考虑围墙周界防范。针对这一情况，我们设计的方案包括整个新建厂区的视频监控系统，同时还设计了厂区围墙周界防范报警系统，两个系统按照进度分步实施。

3. 范围

本设计书包含了某印钞公司新建厂区的视频监控以及所有围墙的周界报警的要求。

4. 参考文档

《安全防范工程程序与要求》	GA/T 75—1994
《安全防范系统通用图形符号》	GA/T 74—2017
《民用建筑电气设计标准》	GB 51348—2019
《民用闭路监视电视系统工程技术规范》	GB 50198—2011
《彩色电视图像质量主观评价方法》	GB/T 7401—1987
《银行安全防范要求》	GA 38—2021
《入侵探测器》	GB 10408.1—2000
《电视和声音信号的电缆分配系统》	GB/T 6510—1996
《有线电视网络工程设计标准》	GB 50200—2018

9.2 周界防范系统的作用

1. 安全对印钞公司的重要性

自古以来，安全是人类的重要需求。对于个人来说，安全主要涉及生命安全、生存安全、财产安全、家庭成员安全等；对于国家来说，它包括对内维持政治、经济秩序的正常运作，维持国家的延续与发展，维持国民的生息繁衍，对外保护国家的主权和尊严，保护国家和国民的利益不受侵犯等。目前，随着社会的发展、国家的开放，人们拥有的机会越来越多，面临的威胁也越来越多。一方面，我们与世界交流，旅游、做生意，来来往往，川流不息，享受着前所未有的自由；另一方面，我们在重要场合受到的安全检查越来越严密，重要人物的保安手段越来越先进，连自己的家里都装上了防盗门窗、报警系统。充斥世界的防盗门、报警器、防弹衣、防弹车等表明人们对安全的需求不断增加。

印钞公司是重要设施和现金非常集中的场所，实现印钞公司的高度安全是达到印钞公司的总体智能目标的重要保障。没有高度的安全，国家的财产就要受到严重的威胁。

2. 安防监控及周界防范的作用

安防监控系统将为印钞公司创造一个高度安全的环境。印钞公司现金流量大，厂区范围广，人员众多。管理好各个出入口以及厂区围墙周界才能为印钞公司创造一个高度安全的环境，保障生命及财产的安全。安防监控及围墙周界防范系统可以为各部门设立安全区，使整个公司的人员出入处于受控状态，并且不影响各部门业务的正常运行，为印钞公司创造一个高度安全的环境。

安防监控及围墙周界防范系统可以大大降低人员管理费用。该系统是管理人的系统，除其本身可以大大降低所需武警战士的数量外，它为人员的有序流动创造了条件，也可以大大降低安防管理人员的数量。

9.3　周界防范系统设计指导思想

在对某印钞公司安防监控及周界防范系统进行设计时，紧跟安防系统国际发展的潮流，在切实满足该印钞公司要求的前提下，根据我们的设计、安装、施工经验，预测我们认为可能的入侵方式，提出更合理、更完善的建议，使该印钞公司安防系统的设计更趋完善。

在设计中遵循了如下设计原则。

1．可靠性

安防监控系统的可靠性是第一位的。在该印钞公司的安防监控系统设计、设备选型、调试、安装等环节都将严格执行国家、行业的有关标准及公安部门有关安全技术防范的要求，贯彻质量条例，保证系统的可靠性。

2．独立性

安防监控系统应建成为直属保卫部门一体化管理的独立体系，绝不能作为其他弱电系统的子系统进行混合管理，以减少安防系统可能遭到的各种损坏或其他系统可能对其造成的干扰。从行业管理的角度来讲，安防监控系统属于特行的一个分支，在业务上属于公安厅技防办管理，而其信息又直接为公安部门服务，从这个角度讲，安防监控系统也应是一个独立的系统。

3．安全性

硬件设备具有防破坏报警的安全性功能。安防监控系统的程序或文件要明确标示安全防卫级别。

4．兼容性

新增系统应考虑与原有的安防设备具有良好的接入及匹配能力。系统设计采用支持并符合国际标准、国家标准、工业标准及行业标准的产品，使系统具有良好的兼容性，以利于将来系统的改造及维护。

5．扩充性

安防系统是一个相对开放的系统，根据该印钞公司的安防特点，结合工程要求以及今后发展的要求，应考虑系统有较大的扩充余地。使系统具有可扩充性的具体做法，一是选择标准化和模块化的部件，使系统具有很大的灵活性和容量扩展性；二是遵守各种标准、规范进行设计，为系统的扩展提供一个良好的环境。

6．易操作性及实用性

(1) 系统应操作简单、快捷，环节少，以保证不同文化层次的操作者及有关领导可以很快熟悉操作系统。系统具有高度友好的接口和可使用性。

(2) 系统应有非常强的容错操作能力，使得各种可能发生的误操作不会引起系统的混乱。

(3) 系统应支持热插拔，具有良好的维护性。

7. 标准化

设计图纸和施工图纸按照国家标准绘制，施工按照国家标准规范进行，以保证质量。

8. 经济性

在满足该印钞公司安全防范级别要求的前提下，在确保系统稳定可靠、性能良好的基础上，在考虑系统先进性的同时，按需搭配系统和设备，做到合理、实用、降低成本，从而达到极高的性能价格比，大大降低该印钞公司安全管理的运营成本。

该印钞公司安防系统设计将以安全可靠、经济适用、为今后的扩容留有接口为主要目的，这是我们设计的主要指导思想。

9.4　周界防范系统设计原则

1. 安防设计原则

该系统本着以预防为主，技防、人防、物防(实体防范)相结合的原则，用技防补充人防、物防的不足，充分发挥综合防范的能力。安防系统设计时遵循如下总体原则：

(1) 多种防范技术相结合，实施周界红外报警及音/视频监控，形成立体化安防系统。

(2) 整体构思设计，具体分步实施。

(3) 根据围墙改造进度采用急用先上、逐步到位的原则。

该印钞公司的总线制报警主机已为周界报警留有余量，且厂区内主要管线也已基本敷设到位，四周围墙均有接入点，所以作为原防入侵报警系统子系统的围墙周界防入侵报警系统，只需要将周界探测器通过 DM3/3 地址译码板接入原有的总线制报警主机即可，同时报警信息也要求能及时自动反馈到厂区大门值班室，以便值勤武警能迅速及时地处理有效报警事件。另外，还需考虑报警后的摄像机图像现场复核。此外，系统还要有防破坏的能力，达到入侵者在有效范围内无法破坏的目的。

2. 前端点位设计原则

由于在室外自然条件下影响该公司周界报警系统的客观因素比较复杂，因此在设计该系统时充分考虑了防水、防雷、防腐蚀等情况，同时也考虑了各种安防探测器的有效距离和降低误报率的手段。

3. 画面分割设计原则

多画面分割主要用于集中处理多台摄像机的图像，通过它可在一台监视器上集中显示多台摄像机的画面，并在一台视频服务器上录制多台摄像机的图像。这样可大大减少监视器和录像机的数量，同时大大减少使用和需保存的录像带的数量，节省机房空间，降低系统投资。

设计时，将同一防区或性质类似的摄像机接入一台多画面视频服务器进行处理，便于观察和录像文件的检索。

4. 监视器设计原则

(1) 配置一定数量的监视器用于报警联动监视。

(2) 配置一定数量的监视器用于重要信道或区域的画面监视。

(3) 配置一定数量的监视器用于巡回监视或用于消防疏散指挥和观察现场。

5. 信息记录原则

前端摄像机进入多画面硬盘录像机的数量与摄像机的总量之间的比率应不小于70%，基本保证重要的信息可以及时地记录下来，不被丢失。

因为该印钞公司楼内安装了大量的摄像机，因此要靠保安人员通过监视器的屏幕直接发现各种警情是不可能的。首先，人的注意力是有限的，面对着几十台监视器，不可能注意到太多的细节，只能注意重要的出入口或重要部位；而遇到警情时，就只能专注于发生警情的现场了。其次，各种犯罪活动往往都是采取隐蔽的方式进行的，被发现时经常离作案时间已相距甚远。所以，保留好以往的信息资料对于日后的破案极为重要，而且保留时间都应有相当长的周期。

6. 周界防卫报警系统设计原则

周界防卫报警系统的设计思路如下：

(1) 利用静电感应报警系统实现周界的非法入侵防范；

(2) 利用应力振动传感电缆防范系统实现周界的非法入侵防范；

(3) 利用高频脉冲防范系统实现周界的非法入侵防范；

(4) 采用多普勒原理实现泄漏电缆入侵探测。

光纤传感器通常将光纤埋在地表下的适当位置，当入侵者踏越光纤时，因对其施加了压力，使光纤受到扭曲而产生微小的变形，导致光强分布的模式发生变化，并通过报警控制器发出报警信号。

地面压力振动入侵探测器用于检测入侵者行走、跑、跳、爬行或挖地道等时产生的机械冲击引起的振动信号，触发报警控制器的声光报警。

磁场探测器探测的是附近金属材料的运动引起当地磁场的变化，能有效地检测车辆或带武器的入侵者。

护栏振动探测器可探测护栏的机械振动，主要检测翻越护栏或盗割护栏的入侵者。

主动红外对射探测器由发射机和接收机两部分组成，安装时分别位于警戒范围的两端，当入侵者(不透光物)闯入时由于探测器接收机所接收到的红外能量有损失而触发报警。

9.5 周界防范系统组成设计

印钞公司属于一级风险单位，安全防范非常重要。安全防范系统一般由三个部分组成，即物防、技防、人防。物防即物理防范或称实体防范，它由能保护防护目标的物理设施(如防盗门、窗、铁柜)构成，主要作用是阻挡和推迟罪犯作案，其功能以推迟作案的时间来衡量。技防即技术防范，它是由探测、识别、报警、信息传输、控制、显示等技术设施所组成，其功能是发现罪犯，迅速将信息传送到指定地点。人防即人力防范，是指保安人员能迅速到达现场处理警情的安全防范。

由于该印钞公司周界防范系统处在室外自然条件下，影响其周界报警系统的客观因素比较复杂，因此我们根据印钞公司的具体情况利用多种技术手段确保安全。从科学角度客观地来讲，印钞公司的周界防范不但要求有红外对射设备，还必须有视频、音频、泄漏电缆、高频脉冲振动电缆等安防报警系统。根据该印钞公司厂区报警总线分布图，我们考虑用 10～20 对红外对射报警探头及 12 个镜头不同的摄像机，还可根据实际地形增加相应的云台和音频传感器。

该印钞公司厂区围墙周界防范系统整体设计分为三个子系统：红外报警探测系统、视频监控系统、泄漏电缆系统，同时由于各种安全因素的要求，我们考虑了高频脉冲和振动电缆等报警系统的设计方案作为备用。

1. 红外报警探测系统

该印钞厂的整个厂区呈较规则的长方形，东西长约 600 m，南北宽 300 m，原来围墙均是砖砌实体围墙。厂区改造后围墙成为双柱片状通透围墙栅栏，所设计的防范系统要对厂区的所有围墙进行防范。

1) 主动红外对射探测器概述

工作原理：主动红外对射探测器的发射机发出一束经调制的红外光束，被红外接收机接收，形成一条红外光束组成的警戒线。当被探测目标侵入该警戒线时，红外光束被部分或全部遮挡，接收机接收信号发生变化，发出报警信号。

主动红外对射探测器原理框图如图 9-1 所示。

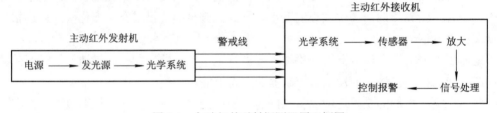

图 9-1 主动红外对射探测器原理框图

主动红外对射探测器的优点在于安装方便，价格便宜，品牌多样；缺点体现在有误报，防范空间小，防护级别较低。

主动红外对射探测器适用于围墙整齐平整(折弯多的围墙不适用)且规模较小、防护级别较低的周界防护。

2) 主动红外对射方案

实际施工中，采用一套支架上、下各安装一对探测器的方法。为了提高防范效果，采用接力式安装，即第一对的接收和第二对的发射背靠背安装，依次下去，形成两道"警戒墙"，当有人翻越"围墙"时，自动向总线报警主机发出报警信号。整个围墙长度共计1950 m，共安装对射报警器 40 对。公司围墙目前只有大门口两侧改造完成，由于大门两侧围墙为铝合金栅栏，高度为 2.9 m，为了达到最好的防范效果，在栅栏上面和中部各安装两组红外对射探测器，按照规范，每组为上、下安装两对探测器，保证红外线的间隔为 0.25 m，两侧共安装四组(上、下各安装一对，共八对)主动红外探测器。

一些重点部位的具体安装情况(参看图 9-2 厂区围墙示意图)如下：

(1) 东边围墙设计安装两对红外对射探测器：从围墙的东北角到公司东大门安装一对；从公司东大门到围墙的东南角安装一对。

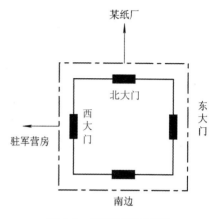

(2) 北边围墙设计安装三对红外对射探测器：从围墙的西北角到公司去某纸厂北大门安装一对；从公司去某纸厂北大门到北大门沿围墙向东约 200 m 安装一对；从公司去某纸厂北大门沿围墙向东约 200 m 处至厂区东北角安装一对。

(3) 西边围墙设计安装三对红外对射探测器：从围墙的西北角到公司去驻军营房西大门安装一对；从驻军营房西大门到西大门沿围墙向南约 150 m 安装一对；从公司去驻军营房西大门沿围墙向南约 150 m 处至厂区西南角安装一对。

图 9-2　厂区围墙示意图

(4) 南边围墙设计安装三对红外对射探测器：从围墙的西南角到西南角沿围墙向东约 170 m 安装一对；从围墙的西南角沿围墙向东约 170 m 至 340 m 处安装一对；从围墙的西南角沿围墙向东约 340 m 处至东南角安装一对。

原有总线报警主机的扩展容量可达 192 路报警、192 路监听输入(64×3)，因此主动红外探测器可自动接入报警主机中。主动红外探测器所探测的报警区域一旦有入侵者即发出报警信号，经地址码板编译码后送到控制室的 DM1000 总线报警控制主机，报警主机发出报警声音，报警电子地图和报警区域的图像自动弹出，值班人员可迅速知道准确的报警部位，并通过遥控摄像机进行报警复核，同时自动开启报警录像机进行录像取证工作。所有上述联动动作均由智能监控报警软件完成，无需操作员手动完成。在大门值班室可设立分控，通过网络传输报警、视频信号，同时也可安装报警显示屏，按围墙周界报警区域显示报警情况：红灯亮，则表明此区域报警；绿灯亮，表示正常。显示非常直观，有利于大门值班人员迅速明确警情。

在实施户外干线工程时，根据现场具体情况，对周界防范系统的所有户外管线进行了全面、细致的系统设计，主干线敷设完成将把报警、视频及电源电缆由安防监控中心敷设到公司围墙周界防范系统各前端点位。围墙周界报警的报警支线和电源支线根据报警区域的具体地点就近由以上各站点的接线柜分出，沿草坪铺管至墙角，顺墙至各探测器安装点。

以上即为我们设计的某印钞厂周界红外对射防范系统，该系统可将整个厂区完整地防范起来。红外对射可全天候实时对围墙入侵进行防范。由于红外探测器自身存在误报，因而为了降低误报率，采用短距离的红外探测器，使每对红外探测器的距离保持在误报率最低的状态。

2. 视频监控系统

1) 模拟视频监控系统概述

该模拟视频监控系统主要由前端设备、传输设备、控制设备及显示输出设备等部分组成。

• 前端设备：摄像前端含摄像机、镜头、云台、译码驱动器及其他接口设备。摄像前端分布在各监控点，可采用活动前端或固定前端，主要实现视频信息的采集，通过云台、译码器实现对摄像机的全方位控制及镜头、光圈控制。各摄像机图像全部传送到监控室。

前端设备中的云台是在一些需要全方位监控的场合与摄像机共同完成全方位监控的辅助设备，通过云台控制器设置，可进行 180°、360° 水平旋转及 90° 纵向转动。云台控制器主要设备为 VPON 系列产品，通过视频线与网络相连接。VPON 将摄影机捕捉到的图像进行数字化处理、影像压缩，再通过网络进行远程传输。

• 传输设备：视频线及资料线连接至矩阵主机，通过视频线及资料线将视频、音频及其他数据传至中心控制室。

• 控制设备：监控室安装切换矩阵、操作键盘、监视器、录像机，还可采用画面处理器对各路图像进行同屏分割，以利于全面监视。通过键盘操作可对前端电源、云台、镜头及雨刷等进行控制。切换矩阵可完成全交叉及平行切换，多路输出，可接入多路分控，还可采用多媒体计算机进行控制，具有中文操作平台，操作和使用简捷方便。

控制设备中的 16/9 画面双工处理器具有 16/9 路视频输入，1、4、9、16 多种输出方式点监视和以场为单位的记录输出，记录速度为 25 帧/秒。

• 显示输出设备：系统支持 10/100 Mb/s 以太网或交换式以太网，支持 TCP/IP、HTTP 协议。对于有多台 VPON 的大型系统，可用 NetRecorder(for Windows/Linux)网络录放影管理软件，最多可同时管理 100 台 VPON。VPON 产品采用嵌入式的结构。

模拟视频监控系统原理框图如图 9-3 所示。

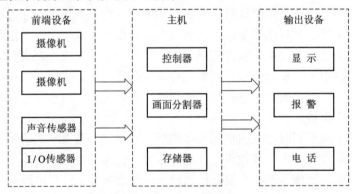

图 9-3　模拟视频监控系统原理框图

2) 模拟视频监控系统设计

(1) 厂区围墙的东北角安装一个低照度的摄像机用于监控整个厂前改造区和公司北部区域；

(2) 厂区东大门口安装一个低照度带云台的摄像机用于监控整个公司大门区域；

(3) 厂区大楼的东南角安装一个低照度的摄像机用于监控整个厂前改造区和公司东大门南部区域；

(4) 厂区围墙的东南角安装一个低照度的摄像机用于监控整个南部区域；

(5) 沿南部建筑物依次安装两个低照度的摄像机用于监控整个南部围墙区域；

(6) 厂区西南角的围墙上安装一个低照度的摄像机用于监控整个厂区西大门东部区域;

(7) 厂区去驻军营房的门前的建筑物上安装一个低照度的摄像机用于监控整个去驻军营房的门前区域;

(8) 厂区西北角前的建筑物上安装一个低照度的摄像机用于监控整个西北角区域;

(9) 厂区去某纸厂的门前的建筑物上安装一个低照度的摄像机用于监控整个去某纸厂大门的门前区域;

(10) 沿厂区的其他围墙前的建筑物上安装若干低照度的摄像机用于监控整个围墙前的区域。

同时建议沿厂区围墙设置若干音频探头,保证出现紧急事件时能够及时对现场情况进行监控和音频监听。

以上为我们设计的某印钞厂周界视频监控系统,该系统可将整个厂区完整地监控起来,保证出现紧急事件时能够及时对现场情况进行监控和录像、录音。

3．泄漏电缆系统

1) 泄漏电缆系统概述

工作原理:泄漏电缆入侵探测器采用多普勒原理,由探测主机的发射单元产生高频能量馈入发送用的泄漏电缆中,并在电缆中传输。当能量沿电缆传送时,部分能量通过埋入地下的泄漏电缆的泄缝漏入空间,在被警戒空间范围内建立一个无形的电磁射频探测场,其中一部分能量被安装在附近的接收用的泄漏电缆接收,形成收发能量直接耦合。当入侵者进入两根电缆形成的感应区内时,这部分电磁能量受到扰动,引起接收信号的变化,这个变化的信号经过放大处理后被检测出来,系统就会产生报警。

泄漏电缆系统原理框图如图 9-4 所示。

图 9-4 泄漏电缆系统原理框图

泄漏电缆系统的优缺点:优点是埋在防护区域的地下,隐蔽性好,防破坏;安装方便灵活,不借助任何物理防范(围墙、栅栏等),可按任意周界形状轮廓敷设电缆。缺点是易受到周围电场、磁场的影响;对快速跑动、跳跃易出现漏报;进口的泄漏电缆价格昂贵;由于埋于地下,故障检修困难。

泄漏电缆系统适用于开阔、防范区域大且防护级别较高的环境,也可用于室外地形较为复杂的地方(如高低不平的山区及周界转角等),但是不太适合工厂的周界敷设。

泄漏电缆由探测主机和两根泄漏电缆组成。其中,探测主机由电源单元、发射单元、接收单元、信号处理单元和检测单元组成;泄漏电缆部分由两根泄漏电缆和与其连接的两根非泄漏电缆组成,非泄漏电缆每根长为 10 m(根据探测主机安装位置与安装在警戒区的泄漏电缆始端位置的距离而定,最长 40 m),泄漏电缆每根长度是 100 m。

2) 泄漏电缆系统设计

NK 型泄漏电缆在公司围墙四周的敷设方式与 Perimitrax 型泄漏电缆相同。整个围墙共计 2000 m，共安装泄漏电缆探测主机 20 台。公司围墙目前只有大门口两侧改造完成，在两侧各安装两台探测主机，共四台。

按照规范，大门两侧各使用的两套探测主机的频率应不同，且两套电缆首尾或尾尾相连。由于泄漏电缆始端存在 2 m 左右的过渡区，应确保相邻两套泄漏电缆首尾间有 2 m 左右的重叠区，并且使两套电缆间在重叠区保持有 0.5 m 左右的间隔。另外，两根泄漏电缆应平行安装，间距最好在 2 m，埋设深度水泥地为 3～7 cm，泥土地为 10～20 cm，探测主机放置在两根泄漏电缆的外侧并通过非泄漏高频电缆与泄漏电缆连接。

4. 应力式振动电缆系统

1) 应力式振动电缆系统概述

工作原理：应力式振动电缆应被固定在周界的铁栅栏或是其他类似的保护屏障上，任何要穿过屏障的企图都会在应力式振动电缆上产生力学应力。这个力学应力会被转成电信号，其频率、幅度、尖峰时序等信号参数由系统的控制器来进行处理，确定信号来源是否为入侵信号。不同压力通过传感电缆探测后，得到的信号的幅值、频率、时序等特征不同，由环境引起的干扰信号及其他可能产生误报的信号不同于人的入侵信号，所以引起误报的可能性很小。

应力式振动电缆系统原理框图如图 9-5 所示。

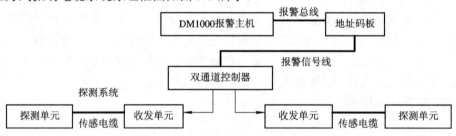

图 9-5 应力式振动电缆系统原理框图

应力式振动电缆系统的优缺点：优点是技术先进，误报率低，抗干扰能力强，安装方便灵活，灵敏度高，适应性较强，稳定性能好，性价比高。缺点是由于都安装在围墙或栅栏上，所以隐蔽性不好。

应力式振动电缆系统广泛使用在保安项目中的不规则、多弯角的周界。

2) 应力式振动传感电缆周界防护系统设计

依上所述可知，应力式振动传感电缆是前述某印钞公司周界防护系统较为理想的设备，因此我们将它作为备选方案，现概述如下。

根据某印钞公司围墙的实际情况，在实际施工中，在围墙上加装安装支架，将传感电缆设计为双缆安装方式，即在支架上、下各敷设一条电缆并连接成一根传感电缆构成一个报警区域；在栅栏上直接敷设多条电缆(根据栅栏高度而定)并连接成一根传感电缆构成一个报警区域，形成多条警戒线。当有人攀爬时，双信道控制器自动向总线报警主机发出报警信号。整个围墙共需 1950 m 感电缆，共安装双信道控制器 4 台(每个方向各安装 1 台)，8 个报警区域。

公司围墙目前只有大门口两侧改造完成，大门两侧围墙为铝合金栅栏，高度为 2.9 m，为了达到最好的防范效果，采用上、下安装 4 条振动电缆的方法，4 条电缆连在一起形成一个警戒区域,所以共有 2 个报警区域,只需安装 1 台双信道控制器分别控制公司大门的两侧围墙。双信道控制器、地址码板和 13.8 V 稳压电源置于室外安装的设备箱里,就近与探测单元相连。随着今后公司其他围墙的改造,可随时按照围墙的走势和长度安装传感电缆,方便灵活。

应力振动传感电缆作为周界报警系统的前端器材,接入原有报警主机的方式以及所需管线的敷设同"主动红外对射探测器周界防护系统",这里不再重述。

5.高频脉冲系统

1) 高频脉冲系统概述

工作原理:高频脉冲控制主机的探测器以脉冲周期为 1 s 的间隔向外发射高频脉冲信号,当有入侵者通过电子围栏时形成短路,由接收器发出报警信号。

高频脉冲系统原理框图如图 9-6 所示。

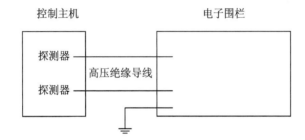

图 9-6　高频脉冲系统原理框图

高频脉冲系统的优缺点:优点是不受气候干扰,误报率低;可根据围墙的实际走势方便、灵活地安装(拐弯较多的围墙最适宜);价格适中。缺点是安装场合有限,最好安装在围墙、栅栏上,隐蔽性不太好。

由于存在一定的危险性,高频脉冲系统较适合安装在人烟稀少或高级戒备的场所(监狱、军事保密单位等),厂区周界不太适宜使用。

2) 高频脉冲系统设计

依上所述可知,高频脉冲产品不是该印钞公司周界防护系统最理想的设备,因此将它作为备选方案,现概述如下。

根据高频脉冲产品的性能特点和印钞公司围墙的实际状况,在实际施工中,在围墙上加装安装支架,将电子围栏设计为 4 缆安装方式,即在支架上共敷设 4 条电缆构成一个报警区域;在栅栏上直接敷设多条(根据栅栏高度而定)电缆构成一个报警区域,形成多条警戒线,当有人攀爬时,控制器自动向总线报警主机发出报警信号。整个围墙共计 1950 m,共安装 5 台控制器。

高频脉冲系统的敷设,同上文"应力式振动电缆系统"基本相似。但这里 2 个报警区域,需安装 2 台控制器,分别控制公司大门的两侧围墙。将来围墙陆续改造后可进一步扩展。

高频脉冲产品作为周界报警系统的前端器材,接入原有报警主机的方式以及所需管线的敷设同"主动红外对射探测器周界防护系统",这里不再重述。

9.6 周界防范系统设备选型

在设计中遵循如下原则：在尽可能的情况下满足客户各个方面的要求，争取在设备选型当中不画蛇添足。本着立体防范、节约成本的原则，不过多使用设备但是能达到周界防范的效果，做到万无一失。现在市场上流通的周界防范设备很多，如振动电缆、高频脉冲产品等，我公司也具备安装、调试类似产品的技术力量，但是我公司以实现周界安防效果为目的，宁缺毋滥，不给客户带来麻烦。

1．译码器的选型

采用美国 Pelco 的 IRD/ERD2000 型译码器。

2．红外报警探头的选型

1) ABQ-150/75 全数字式四光束系列

ABQ-150/75 红外报警探头特性如下，其性能参数如表 9-1 所示。

- 室外四光束全数字式红外线探测器。
- 四段高精度大口径光学系统，产生四组强力红外信号。
- 采用高频数字红外信号，对于雨、雾、雪等恶劣天气的适应力更强。
- 四段光束同时调整，水平调整角 180°，垂直调整角 24°。

表 9-1　ABQ-150/75 红外报警探头的参数

	ABQ-150	ABQ-75
警戒距离	150 m	75 m
消耗电流	投光器 18 mA，受光器 45 mA	
电源电压	DC 10.5～28 V(无极性)	
环境温度	−25～+55 ℃	
光源	四光束红外 LED	
报警输出	接点容量 30 V(AC/DC)，小于等于 0.5 A，一组常开/常闭触点	
感应速度	35～700 ms 可变	

2) ABH-250/150/100/50 全数字式可选频四光束系列

ABQ-250/150/100/50 红外报警探头特性如下，其性能参数如表 9-2 所示。

- 室外四光束全数字式红外线探测器。
- 采用高频数字红外信号，对雨、雾、雪等恶劣天气适应力更强。
- 有不同频率 A、B、C 型三种产品可选，互不干扰。
- 四段光束同时调整，水平调整角 180°，垂直调整角 24°。

表 9-2 ABQ-250/150/100/50 红外报警探头性能参数

	ABH-250	ABH-150	ABH-100	ABH-50
警戒距离	250 m	150 m	100 m	50 m
消耗电流	110 mA	100 mA	95 mA	65 mA
电源电压	DC 10.5～28 V(无极性)			
环境温度	−25～+55 ℃			
光源	四光束红外 LED			
报警输出	接点容量 30 V(AC/DC)，小于等于 0.5 A，一组常开/常闭触点			
感应速度	35～700 ms 可变			

3) ABH-200/150/100 全数字式可调频四光束系列

ABQ-200/150/100 红外报警探头特性如下，其性能参数如表 9-3 所示。

- 室外四光束全数字式红外线探测器。
- 采用高频数字红外信号，对于雨、雾、雪等恶劣天气适应力更强。
- 产品有四种不同的频率可选，以杜绝中间探头对探头间的干扰。
- 四段光束同时调整，水平调整角 180°，垂直调整角 24°。

表 9-3 ABQ-200/150/100 红外报警探头性能参数

	ABF-200	ABF-150	ABF-100
警戒距离	200 m	150 m	100 m
消耗电流	投光器 18 mA，受光器 45 mA		
电源电压	DC10.5～28 V(无极性)		
环境温度	−25～+55℃		
光源	四光束红外 LED		
报警输出	接点容量 30 V(AC/DC)，小于等于 0.5 A，一组常开/常闭触点		
感应速度	35～700 ms 可变		

3. 前端设备及线缆的选型

摄像机选型：CC3551H-2 和 CC3651H-2X 数码 CCD 彩色摄像机。

产品特性如下：

- LowLight^{TM} 技术；
- 5 年保修；
- 美国本土设计并制造；
- 体积紧凑，长度比大多数 CCD 摄像机小；
- 1/3 英寸 CCD；
- 可配 C/CS 镜头；
- 可用 24 VAC 或 12 VDC 供电；
- 相位线锁定，并且可调；
- 逆光补偿；
- 水平清晰度 480TVL；

- 可用直流驱动的自动光圈镜头或固定/手动光圈镜头;
- 可拆卸的顶/底安装支架;
- 低侧面安装块;
- 可选的一体化内走线安装支架。

CC3551H-2X和CC3651H-2X采用了数字慢快门(DSS)技术使得低照度下的摄像机性能得以提高(DSS技术在低光照的时候,减小图像帧的刷新速度并提高摄像机的灵敏度。光灵敏度的提高如同增加了场的数量)。

摄像机拥有4挡DSS设置:
- OFF,表示关闭DSS功能;
- 4场最大(1/15秒刷新率);
- 15场最大(1/4秒刷新率);
- 30场最大(1/2秒刷新率)。

摄像机有一个1/3英寸的CCD成像器,水平的分辨率为480TVL。其他可调特性包括电子快门控制、相位调节、增强清晰度、长线补偿、背景光补偿和自动增益控制。

4. 泄漏电缆选型

1) 国产、进口泄漏电缆的比较

泄漏电缆属技术先进的围墙周界防护产品,大多从国外进口,并大量应用在军事、监狱等重要防范场所。国内在20世纪90年代中期也开始自行研制生产,同进口产品相比,国内生产的产品稳定性稍差,但价格却比进口产品便宜许多。

根据对国内和国外泄漏电缆产品的比较分析,我们认为选用进口和国产的泄漏电缆各有利弊,目前武汉安凯电缆有限公司生产的同轴泄漏电缆和芬兰NK型泄漏电缆使用较广。

2) 芬兰NK型泄漏电缆

NK型泄漏电缆主要由双通控制器、退耦器、终端器和双芯泄漏电缆组成。其特点如下:
- 探测率高;
- 对于快速移动目标反应性能更为灵敏;
- 先进的算法和智能信号处理使之对环境因素变化的自适应性更强;
- 能够根据目标的大小、尺寸、数量及运动状态进行探测,像鸟、小动物、雨、雪、树叶和沙砾等都会被滤除,误报和错报率大大降低;
- 模块化设计,可防护任何长度、形状的周界。

NK型泄漏电缆作为周界报警系统的前端器材,接入原有报警主机的方式以及所需线管的敷设同"主动红外对射探测器周界防护系统",这里不再重述。

5. 应力式振动传感电缆的选择

1) 应力式振动传感电缆介绍

目前安防领域的应力式振动电缆大多来自美国,是美国为防止恐怖事件以及非法入侵而设计的先进的周界防范系统的前端器材,该系统具有技术先进、稳定性能好等特点。

我公司遵循由现场实地情况选择技术先进、抗干扰能力强、误报率较低且性价比高的成熟周界探测产品的设计原则,慎重地选择了美国生产的Pelco Intelli-Flex麦克风应力式振动电缆,此产品的误报率和抗干扰能力在同类产品中比较好,具有探测效果准确,误报率

低，抗干扰能力强，经济实用等特点。人的入侵信号频率大概在几赫兹到几十赫兹，Pelco Intelli-Flex 麦克风系统探测的信号频率范围正好是几赫兹到几十赫兹，所以人的入侵恰好在该系统报警的范围之内。此特点区别于市场上其他类型的应力式振动电缆，市面上其他应力式振动电缆的频率范围在几百赫兹左右，只能探测到入侵信号的谐波，而非真正的入侵信号频率。因此从频率的特征来看，Pelco Intelli-Flex 麦克风能够避免由频率引起的误报。该产品在很多国家比较流行且探测效果得到了认可。

Pelco Intelli-Flex 麦克风应力式振动传感电缆由探测系统、资料电缆和中心控制单元组成。一个探测系统有四个工作单元，首先是传感电缆，长度约 1200 m，每个探测信道就是一条传感电缆。传感电缆可以稳定地固定在周界的保护屏障上，也可以埋在地下 10~15 cm 深处，任何企图穿过保护区域的人或物都会在电缆上产生力学应力，力学应力又转换为电信号，这些电信号由控制器有序地分析。另外，应力式振动传感电缆有防紫外线和防腐蚀的功能，由此使电缆更适合户外的周界防范。其次是探测单元，每根传感电缆一端接有一个探测单元。再次是收/发单元，每根传感电缆另一端接有一个收/发单元。另外还有双信道控制器，每个控制器可控制两个探测信道，接收从传感电缆发来、通过探测单元的输出信号。

控制器包括以下工作单元：

(1) 仿真分析卡。控制器具有两个独立工作的仿真分析卡，每一个模拟分析卡都可以分析来自系统的两个并行信道发来的信号。普通信道处理事件脉冲、数字化，并送入通信卡中；插入信道则分析信号脉冲，其处理不需数字化，直接送入通信卡中。仿真分析卡还有增益控制、滤频控制、电频控制、启动级控制等调整功能，使系统在防误报的基础上，尽可能提高报警灵敏度。

(2) 数字分析卡。数字分析卡是微处理器，它可以分析并处理所接收的信号，每个数字分析卡可提供两个信道的分析服务，两个信道可独立运行。每个信道在时间窗口间隔内探测用户定义的事件件数，并确定信道报警状态。可产生报警的事件数取决于所选择的逻辑模块，可由用户设置。数字分析卡还具有测试功能。

(3) 调压卡。调压卡的主要功能是为所有区域控制单元供电，为备用电池充电，控制单元激活保护、短路保护等。

2) 应力式振动传感电缆的扩展设备

(1) 防雷电保护卡：只是在抑制信道和 WHS 测试等特殊状态才需要。

(2) 通信卡：将干式触点传来的信号转换为数字输出信号。

(3) 数据电缆：控制器和监控中心间的通信和直流电源线。

(4) 中心控制单元：即报警控制主机，可接收任何干式触点的输入。

3) Pelco Intelli-Flex 麦克风应力式振动传感电缆的主要特点

Pelco Intelli-Flex 麦克风是一套完整的被动式探测系统，它不会被其他尖端探测分析设备干扰破坏，也不会被这类设备探测到。

主要特点如下：

(1) 极低的误报率；

(2) 独特的智能化探测系统，可准确探测并定位入侵者区域；

(3) 探测灵敏度易于调整；

(4) 安装广泛，对安装环境要求低，系统适应性强；

(5) 系统极为开放，可与其他监控报警系统相连接；

(6) 系统运行经济可靠，维护成本低且易于维护。

6. 高频脉冲设备选型

高频脉冲周界产品使用范围小，用量不大，所以国产的很少。目前安防领域的高频脉冲周界产品大多为进口产品，其稳定性较好。

根据现场情况我们选择了法国 Lacme 公司生产的 CLOS2007 型电子脉冲式周界防护系统。它是目前中国第一个，也是唯一的一个通过公安部检测的从国外引进的智能高频脉冲产品。

1) 系统组成

该系统主要由控制主机(包括探测器和接收机)和电子围栏两部分组成。控制主机具有数字显示窗和指示灯，分别显示系统运行状况和脉冲发送状况；另外还具有蜂鸣器，出现警情时发出警报声。

2) 系统特性

(1) 具有防水、抗寒、防晒性能，可保证全天候室外正常工作。

(2) 误报率低、灵敏度高。三重安全保障体系(控制器＋数字扫描＋报警)，系统的误报率低于 5‰，基本不受环境(如植被、树木和小动物等)和气候(如雾、雨、风和雪等)的影响。

(3) 24 小时监视系统，监视脉冲每分钟 60 次扫描整个系统。

(4) 适应性强。整个系统连成一体，转弯角和地形复杂处都可以达到可靠的防御能力，无死角。可根据地形任意安装。

(5) 具有指示电路，可自动扫描和检测前端工作是否正常。

(6) 具有报警输出接口，可接入任何类型的报警主机。

7. 器材清单

1) 按照整体设计需求配置的器材清单

整体设计器材清单见表 9-4。

表 9-4　整体设计器材清单

序号	品　名	型　号	产地	数量	技　术　参　数
1	摄像机	Pelco CC1400HZ16	美国	2	1/4 英寸，高分辨率，16 倍变焦镜头(NTSC)
2	摄像机	Pelco CC3551H-2X	美国	2	低照度，DDS 技术，1/3 英寸制式，高分辨率，480TVL(NTSC/PAL)
3	摄像机	Pelco CC3651H-2X	美国	2	低照度，DDS 技术，1/3 英寸制式，高分辨率，高灵敏度，480TVL(NTSC/PAL)
4	摄像机	Pelco CC3600H-2X	美国	2	1/3 英寸，高分辨率，高灵敏度，480TVL，NTSC/PAL
5	镜头	Pelco 13FA，FD 系列	美国	2	固定焦距镜头，1/3 英寸制式，FA(手动光圈)，FD(自动光圈)
6	镜头	Pelco 13VA，VD 系列	美国	4	变焦镜头，1/3 英寸制式，VA(手动光圈)，VD(自动光圈)
7	镜头	Pelco 13ZD 系列	美国	2	电动变焦镜头，1/3 英寸制式，ZD(自动光圈)

续表

序号	品 名	型 号	产地	数量	技 术 参 数
8	云台	Pelco PT680-24P	美国	2	按需设置
9	译码器	Pelco IRD/ERD2000	—	2	按需设置
10	防护罩	Pelco EH4700	美国	6	按需调置
11	防护罩	Pelco EH5700	美国	4	按需设置
12	支架	Pelco BS1750/CM1750/TBA750 /PCM100	美国	4	带可调节头的摄像机支架,可墙装、天花板装或基座安装,适用方便的内走线方式
13	支架	Pelco CM1750CM1750S	美国	2	可调整摄像机安装支架
14	支架	Pelco PA2000/PM2000/PM2010/ST1/WM2000	美国	2	—
15	电源	Pelco TF2000/WCS 系列	美国	10	24 V AC 摄像机电源,室外型,多台摄像机电源
16	主动式红外探测器	ABQ-75	日本	6	室外四光束全数字式红外线探测器
17	主动式红外探测器	ABH-100	日本	18	室外四光束全数字式红外线探测器
18	主动式红外探测器	ABF-100	日本	16	室外四光束全数字式红外线探测器
19	支架	定做	—	40	—
20	泄漏电缆	NK 型 RF7/8 英寸,50 Ω	芬兰	2	无卤防腐,防紫外线,最低安装温度
21	泄漏电缆双信道控制器	NK 型 RF	芬兰	1	—
22	终结器	NK 型 RF	芬兰	2	—
23	报警地址码板		—	1	—
24	直流稳压电源	定做	—	1	15 V 工业级
25	室外配电箱	定做	—	1	—
26	镀锌钢管	Φ32	河北	按需	外径 1.669 mm
27	报警信号总线电缆	RVVP2×2.5	—	按需	密屏蔽网、防潮、按实地长度定做
28	电源总线电缆	RVVP2×2.5	—	按需	密屏蔽网、防潮、按实地长度定做
29	应力振动传感电缆双信道控制器	Pelco	美国	—	—
30	探测/收发单元	Pelco	美国	—	—
31	应力传感电缆	Pelco	美国	—	—

2) 首期工程配置清单

首期工程配置清单见表 9-5。

表 9-5 首期工程配置清单

序号	品　名	型　号	产地	数量	技 术 参 数
1	摄像机	Pelco CC1400HZ16	美国	2	1/4 英寸，高分辨率，16 部变焦镜头(NTSC)
2	摄像机	Pelco CC3551H-2X	美国	2	低照度，DDS 技术，1/3 英寸制式，高分辨率，480TVL(NTSC/PAL)
3	镜头	Pelco 13FA，FD 系列	美国	2	固定焦距镜头，1/3 英寸制式，FA(手动光圈)，FD(自动光圈)
4	镜头	Pelco 13ZD 系列	美国	2	电动变焦镜头，1/3 英寸制式，ZD(自动光圈)
5	云台	Pelco PT680-24P	美国	1	按需设置
6	译码器	Pelco IRD/ERD2000	—	1	按需设置
7	防护罩	Pelco EH4700	美国	4	按需设置
8	支架	Pelco BS1750/TBA750 /PCM100	美国	4	带可调节头的摄像机支架，可墙装、天花板装或基座安装，适用方便的内走线方式
9	电源	Pelco TF2000/WCS 系列	美国	4	24 VAC 摄像机电源，20 VA，(单台摄像机供电)室外型，多台摄像机电源，24 VAC 电源
10	主动式红外探测器	ABQ-75	日本	4	室外四光束全数字式红外线探测器
11	主动式红外探测器	ABH-100	日本	4	室外四光束全数字式红外线探测器
12	支架	定做	—	8	—
13	泄漏电缆	NK 型 RF，7/8 英寸，50 Ω	芬兰	2	防腐，防紫外线，最低安装温度，长度定做
14	泄漏电缆双信道控制器	NK 型 RF	芬兰	1	—
15	终结器	NK 型 RF	芬兰	2	—
16	报警地址码板		—	1	
17	直流稳压电源	定做	—	1	15 V 工业级
18	室外配电箱	定做	—	1	
19	镀锌钢管	Φ32	河北	按需	外径 1.669 mm
20	报警信号总线电缆	RVVP2×2.5	—	按需	密屏蔽网，防潮，按实地长度定做
21	电源总线电缆	RVVP2×2.5	—	按需	密屏蔽网，防潮，按实地长度定做
22	应力振动传感电缆双信道控制器	Pelco	美国	备选	
23	探测/收发单元	Pelco	美国	备选	—
24	应力传感电缆	Pelco	美国		

9.7　测试仪器和专用工具

周界防范系统维修用测试仪器和专用工具清单如表 9-6 所示。

表 9-6　测试仪器及专用工具清单

设备名称	型号规格	性 能 指 针	生产厂家
数字万用表	HZ1942	测量范围： 1 μV～1000 V(直流电压表) 10 μV～750 V(交流电压表) 10 μA～1 A(直流电流表) 10 μA～1 A(交流电流表) 10 mΩ～10 MΩ(电阻表) 频率范围： 5 Hz～50 kHz(交流电压表) 45 Hz～5 kHz(交流电压表)	北京瑞普电子仪器厂
数字直流电压表	PZ67	量限(V)：(0～0.1)～(1～10)～(100～1000) 准确度等级：0.005 分辨率(μV)：1 直流电压测量范围：100 μV～1000 V	天水长城电工仪表厂
数字绝缘电阻表	PC40	测量范围(MΩ)：0～2000 测试电压(V)：500/1000 $3\frac{1}{2}$ 位数字显示	上海第六电表厂
信号发生器	GFG-8016G	输出频率：1 Hz～1 MHz 最大输出幅度：正弦波 3.67 V 　　　　　　　方波 5.17 V	台湾固纬公司
电阻箱	ZX32	精度等级：0.05 级 额定功率：0.25 W 总电阻：9999.99 Ω 最小步级：0.01 Ω	沪光科学仪器厂
脉冲信号发生器	PG100	振荡频率：1 Hz～10 MHz/1～7 级可调 脉冲输出：0～+5 V 可调(负载 50 Ω) 0～10 V 可调(开放状态时)	台湾洪昌
双踪示波器	V522	频带宽度：0～50 MHz 输入灵敏度：1 mV/双信道	日本日立
视频信号发生器	LCG412D		日本利达
监视器	AD912	水平分辨率：大于 800 线 灰度等级：大于 10 级 图像重显率：100% 视频输入：0.5～2.0 V_{pp} 50 Ω/75 Ω 可转换	美国 AD 公司

第 10 章

银行远程监控系统方案设计范例

数字化安防技术是现代信息技术和计算机科学技术发展的产物，它体现了现代电子技术、现代通信技术、现代控制技术与现代计算机技术的完美结合，其特点在于它所采用的多元信息采集、传输、监控、记录、管理以及一体化集成等一系列高新技术。实践证明，利用这一技术构成的安全防范系统能为现代银行业提供一个安全、便利、高效的受保护空间。数字监控、防盗报警、门禁系统是安防系统中不可缺少的重要组成部分，它不仅能对随时发生的情况进行全面、及时的了解和控制，还可以将危害和隐患遏制在萌芽状态，杜绝财产损失，确保财产和人员生命安全。因此，在银行系统建立一套完善的安防系统，可以改善银行营业的现场管理水平，提高窗口服务质量，加大安全保卫防范力度，对银行财产和人身安全起到保障作用，并可为银行系统实现安全现代化管理创造极为有利的条件。

10.1 概　　述

银行系统属于现金交易场所，营业时间长，最容易受到不法分子的袭击，发生抢劫案件、伤及生命之事时有耳闻，除银行财产受到损失外，还给社会造成不良影响。为了有效保护银行财产和工作人员及客户的安全，做到有效的安全防范，在各银行营业场所装备一套可靠的安防系统是当务之急。

中国银行某分行安防系统的设计，由中国银行浙江省分行的数字监控定点单位上海博超科技有限公司承担，本方案根据中国银行浙江省分行对数字监控改造的总体要求，本着先进性、科学性、适用性和可靠性的原则，在充分研究建设单位保卫部对项目建设的具体要求的前提下，通过对有关资料周密的分析研究和对现场的认真勘察，并考虑通信传输环境条件及数字监控主机的性能价格比等诸多因素之后，设计出本方案。

10.2 系统设计原则

1. 指导思想

该银行技防系统的总体设计指导思想是经济实用、图像清晰、安全可靠、操作简单，依据中国银行浙江省分行关于数字监控改造和总行关于金库改造"四个三"等方面的要求，同时结合该银行大楼的实际情况，设计出一套安全性能高、操作智能性强、技术指标先进以及远程传输功能强大的安全防范系统，并结合相应的安防自动化设备，通过网络实现系统多级监控管理。本方案中，根据各个位置的不同需求，采用灵活配置，达到以下要求：

(1) 运用先进、可靠、实用的数字化技防技术；

(2) 采用数字监控系统实现高度智能、集中高效的管理；

(3) 系统应具有较高的安全性和可维护性；

(4) 采用的系统设备是标准化的先进产品，并具有可靠性、可扩充性和灵活性；

(5) 系统方案具有较高的性价比；

(6) 达到公安部门和省级银行保卫处对安保监控的一系列要求。

2．基本原则

本系统的设计遵循如下基本原则。

1) 科学性和适应性原则

系统设计应具有技术上的可行性和经济上的可能性。

2) 实用性和经济性原则

系统设计应贯彻注重实效的方针，坚持实用、经济的原则。

3) 先进性和成熟性原则

系统设计既要采用先进的概念、技术和方法，又要注意结构、设备、工具的相对成熟。既要反映当今的先进水平，又要具有可扩充、可升级的潜力。

4) 可扩展性和标准性原则

为满足系统所选用的技术和设备的协同运行能力，以及系统投资的长期效应和系统功能不断扩展的需要，必须保证系统的可扩展性和标准性。

5) 可靠性和稳定性原则

在考虑技术先进性和开放性的同时，应从系统结构、技术措施、设备性能、系统管理、厂商技术及维修能力等方面着手，确保系统运行的可靠性和稳定性，使系统达到最大的平均无故障时间。

6) 安全性和保密性原则

系统设计中，既要考虑信息资源的充分共享，更要注意信息系统的保护和隔离，应分别针对不同的应用和不同的网络环境采取不同的措施，包括系统安全机制、数据存取控制等。

7) 简便性和易维护性原则

为适应系统变化的需要，系统在设计时应充分考虑以最简便的方法、最低的投资实现系统的扩展和维护。

8) 功能齐全性原则

系统集数字监控、防盗报警、门禁等多种功能于一体，并有机结合起来，实现全方位防范保护功能。

10.3　设计依据及目标

1．设计依据

技术防范系统必须在遵循国家有关行业技术标准，结合营业场所的位置及其工作性质进行广泛的调研，充分满足其技防设计要求的基础上进行设计和施工。其具体设计依据如下。

1) 国家标准

中华人民共和国技术监督局发布的 GB/T 16676—2010《银行安全防范报警监控联网系统技术要求》。

中华人民共和国技术监督局发布的 GB/12663—2001《防盗报警控制器材通用技术条件》。

中华人民共和国技术监督局和公安部联合发布的 GB 50198—2011《民用闭路电视系统工程技术规范》。

中国人民银行、公安部关于印发《金融机构营业场所、金库安全防护暂行规定》的通知。

2) 行业标准

中华人民共和国公安部发布的 GA/T 75—1994《安全防范工程程序与要求》。

中华人民共和国公安部发布的 GA 38—2021《银行安全防范要求》。

中华人民共和国公安部发布的 GA/T 70—2014《安全防范工程建设与维护保养费用预算编制办法》。

2. 设计目标

根据该银行大楼的实际需求，结合中国银行浙江省分行对技防系统的总体要求，将本方案中技防系统的功能目标详述如下。

1) 数字监控系统

(1) 能够对营业大厅、柜台、主要出入口、楼道和金库进行全面、实时的监控。

(2) 具有连续、定时、动态检测及报警联动等多种录像方式。

(3) 在营业时间内对营业人员点付钞票，钞票的面额、张数，以及与客户的交接过程进行实时监控、录像。

(4) 实时监控通道、大厅、金库等处的运行情况，应能对所有进出人员的外貌和动作进行一对一全实时监控和录像。

(5) 对比较重要的场所和金库，应加装报警装置和报警联动装置，报警能自动启动监控系统，自动打开相应区域的灯光，自动进入录像模式等，以加强有效的防范功能。

(6) 录像保存期限为 31 天，监控录像每路 25 帧/秒。

(7) 实时监控工作人员的行为，提高工作效率及规范化程度。

(8) 系统具备网络功能，可以提供远程服务，能够传送远程图像。

(9) 市分行监控中心可以实时监控下属县支行、金库和有关网点的运行情况。

2) 门禁系统

(1) 门禁系统符合金库由保卫人员和管理人员共同管理的要求，只有管库人员和保卫人员配合操作才能将电控锁控制的金库打开。

(2) 实现人员的进出许可权管理。

(3) 掌形仪门禁系统具有出入库记录。

3) 防盗报警系统

(1) 金库封锁区域夜间人员出入时进行自动报警。

(2) 营业柜台出现紧急情况时手动紧急报警。

(3) 具有与 110 联网报警和电话拨号报警的功能。

(4) 金库内安装防震报警器。

4) 多方通话对讲系统

(1) 实现柜员制对讲功能。

(2) 在中心控制室、柜台、出纳及金库等需要的场所实现多方点对点通话功能。

10.4　具体设计方案

本方案中涉及的技防系统由四大部分组成：数字监控系统、门禁系统、防盗报警系统、多方通话对讲系统。

10.4.1　数字监控系统

1. 数字监控系统的基本构成

数字监控系统主要由四部分组成：摄像系统、传输系统、录像及控制系统、分控系统。

1) 摄像系统

该系统包括摄像机、镜头、防护罩、支架和电动云台。它的任务是对被摄体进行摄像，并把摄得的光信号转换成电信号。

(1) 根据要求，每个监控点采用 480 线以上彩色高线数低照度摄像机。

(2) 室内走道、主要进出口等监控点采用彩色高线数低照度摄像机，相应配以固定镜头或自动光圈镜头及摄像机防护罩。

(3) 金库安装彩色高线数低照度摄像机，相应配以固定镜头或自动光圈镜头及摄像机防护罩，并加装红外灯实现灯光联动报警录像。

(4) 室外主要工作场所、主要进出通道等监控点安装固定式摄像机，配备广角镜头以提供大视角的画面。

(5) 在大厅等需要全方位监控的场所加装云台和解码器。

(6) 在柜员制监控点配备监听器，用于监听并记录该现场的声音。

(7) 在金库门外安装入侵报警探测器，可实现报警联动录像，增强金库的安全性。

2) 传输系统

该系统把现场摄像机发出的电信号传送到监控中心，它一般包括线缆和光纤、线路驱动设备等。

监控点至监控中心采用双层屏蔽视频电缆传输视频图像，采用多芯屏蔽线传输云台控制信号；主机至上级三个行长室利用 LAN 线路进行数据信号传输；下属五个县支行金库至分行监控中心利用 ADSL 或 10 Mb/s 裸光纤进行数据信号传输。

3) 录像及控制系统

该系统采用上海博超科技有限公司研制的具有自主知识产权的 SDVR8800 系列数字监控系统主机，包括显示器、数字硬盘录像机等设备，负责监控设备的控制、图像信号的处理、远程信号的控制与传输。

大楼各监控点信号传输至监控中心，将信号分为两路，一路进入 SDVR8800 主机，另一路进入矩阵切换器，通过电视墙或投影机在大屏幕上切换显示。

本方案采用 9 台 SDVR8800 主机、5 台远程监控客户机以及 10 台显示器，均安装在同一弧形操作控制台上。根据所需的监控点数配置相应路数的监控主机，拟采用 9 台 12 路的全实时数字监控主机。

所有录像资料均需保存 31 天，因此对通道安保、金库等 83 路采用全天 24 小时动态检测或报警联动录像，需配置 55 个 120 GB 的硬盘；柜员制和云台监控点等 27 路采用每天 10 小时定时录像，需配置 21 个 120 GB 的硬盘。

该系统可利用 ADSL 或裸光纤将下属五个县支行金库的实时图像信号传输给分行监控中心的客户机，实现远程监控功能。具体包括：

(1) 在监控中心安装 5 台远程监控客户机(远程监控客户机上安装博超远程监控软件)，5 台远程监控客户机通过 VGA 切换器共用一台显示器、一套鼠标键盘，进行远程监控。

(2) 监视及监控功能：分控用户能通过电子地图实时观看监控情况(多点看多点)，也可进行多路画面切换显示。分控用户可直接对前端监控主机进行操作，控制前端云镜；可对前端监控主机图像进行下载、回放；可对前端监控主机图像亮度、对比度、彩色度进行调节；远程监控用户与前端可进行语音双向对讲；前端监控主机可进行报警信息上传。

4) 分控系统

该系统主要利用局域网(LAN)传输，使得三位分行领导可利用自己的办公电脑在办公室进行监控并管理下属的监控点。

在三个行长室分别设置一台分控机(在现有的 PC 上安装网络分控软件)，通过大楼内原有的局域网进行网络分控，只要用鼠标点击电子地图就可以和中央控制室一样选择所需观察的图像，并随意调整配有云台的摄像机的方位、变焦镜头的拉远和推近，以达到理想的观察效果。

LAN 分控的主要功能如下：

(1) 监视功能：分控用户能通过电子地图实时观看监控情况(多点看多点)，也可进行多路画面巡视。

(2) 监控功能：分控用户可直接对前端监控主机进行操作，控制前端云镜；可回放本机和前端监控主机的录像资料；分控用户和前端可进行语音双向对讲；分控用户和前端可进行文字双向传输；分控用户可在本地进行录像；前端监控主机可将报警信息上传给分控用户。

2. 数字监控系统的主要设备

1) 枪式摄像机

下面以 Panasonic WV-CP470 摄像机为例介绍其相关功能及参数。

- 1/3 英寸双速 CCD 彩色图像传感器；
- 内置超级动态功能，动态范围是普通摄像机的 80 倍；
- 高灵敏度，彩色模式下 F1.4 时最小照度为 0.8 lx，黑白模式下 F1.4 时最小照度为 0.1 lx；
- 彩色模式水平清晰度 480 线，黑白模式水平清晰度 570 线；
- 信噪比 50 dB；

- 具有 ELC(电子光线控制)功能，可用于室内固定光圈镜头；
- 内置数字移动检测器；
- 内置 16 位英文字符显示；
- 电子快门速度从 1/50 至 1/10 000 秒；
- 线性电子灵敏度提升(32 倍)；
- 数字信号处理 LSI，可拍出高质量的图像；
- 屏幕显示设置菜单；
- Gen-Lock 同步锁相接口，适用于大规模系统应用。

2) *彩色低照度镜头一体化摄像机*

由于该类摄像机主要用于大场面的监视，并有夜晚使用要求，故选用照度指标较低的设备，其主要技术要求如下：

水平清晰度大于 480 线，PAL 信号制式，采用 1.0 V_{pp}，75 Ω，BNC 视频输出，最低照度指标不低于 0.008 lx/F1.4(要求为连续曝光、实时画面方式，不得使用帧累积方式)，具有自动、手动聚集功能，大于 18 倍的光学变焦(4～72 mm)，12 V DC 电源。

3) *自动光圈手动变焦镜头*

选用 AVENIR 精工品牌，基本规格为：1/3 英寸 C 或 CS 接口，焦距 f = 3.5～12 mm，最大通光孔径≥F1.4，自动光圈 DC 驱动。

4) *室外固定摄像机护罩*

摄像机护罩用于室外固定摄像机，其主要技术要求如下：12 V DC 电源，具有自动温控功能，防水性能要好。

5) *红外灯*

HTS-HWJ0110BG 室内红外光源，选用特种红外 LED 管，其主要技术指标为：12 V DC 电源，电流≤1.0 A，光谱 940 nm，角度 30°，投射距离 10～15 m，外形尺寸 152 mm× 74 mm×45 mm，重量 0.3 kg。

6) *解码器*

解码器用于活动摄像机点位的控制，其主要技术要求为：可以控制球型云台护罩和一体化摄像机的镜头，采用双绞屏蔽线进行信号传输，可以在室外低温下正常工作，可以与数字硬盘主机配套使用。

7) *显示器*

17 英寸视觉纯平彩色显示器。

8) *全自动交流稳压电源*

要求容量不低于 3000 VA，单相全自动稳压，稳压精度为 AC 220 V±5%。

9) *操作控制台*

要求为弧形控制台，高度为 1.6 m，上、下两排各放置 5 台显示器，有通风装置，有安装锁具的前后门，表面为静电喷塑涂装。

操作控制台如图 10-1 所示。

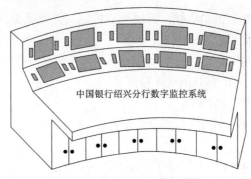

图 10-1　监控中心操作控制台

10) 线材、管、槽

所有线材均要求为室外防水电缆(如橡胶或橡塑电缆)，且要求有足够的线径(除保证信号传输的需要外，还要保证机械强度)。

在室外使用的管、槽要求为金属材质，并有防锈处理；室内使用的管、槽要求为硬质阻燃 PVC 材质。

11) 75 Ω双层屏蔽同轴电缆

- 导体连续性：不混线，不断线。
- 工作电容：67 pF/m。
- 绝缘电阻：45 000 kΩ/km。
- 特性阻抗：75 Ω。
- 衰减常数：50 MHz，0.04 dB/m；200 MHz，0.171 dB/m。
- 护套感应电压：50 Hz，5 kV/1 mm 不击穿。

12) SDVR数字硬盘录像机

该设备是系统的核心设备，其主要技术要求如下：

12 路全实时录制，录制速度为 25 帧/秒，音/视频同步输入、同步记录、同步回放，并可扩充至 16 路容量。采用 Win 2000 操作系统，PAL 制式，实时记录、实时回放，可对前端的云台或镜头等进行控制，具有报警输入功能，具备网络功能，标配 120 GB 硬盘，工控机箱，其主要技术指标达到国际先进、国内领先的水平。

(1) SDVR 数字硬盘录像机的功能。

① 预览、录像、回放功能。

- 音/视频同步，1～16 路可选，全实时监看和录像，每路 25 帧/秒，画面清晰度高。
- 1、4、6、8、9、10、13、16 等多种画面分割方式，可对画面进行手动翻屏。
- 监视画面的字幕显示。每路监视画面的顶部中央显示出字幕以指示该路地点的名称，并可根据需要对字幕的字体、大小、颜色进行设定。
- 画面隐藏。有权限的用户可关闭任意画面预览，防止无权限的用户进行监看，并在画面上出现"预警"提示。
- 多种实时录像(25 帧/秒/路)方式，包括手动录像、定时录像、动态检测录像、报警联动录像等。
- 每路分时段录像。系统提供了四个定时器，可进行每天四个时间段的工作任务(定时录像、动态检测、红外报警联动)设定，确定后系统自动执行，而无需人为进行录像操作。

- 每路录像质量和录音音量可调。
- 可进行动态码流(VBR)录像，录像帧率可调，从而减少数据量，降低硬盘存储空间。
- 数据自动分文件存储，文件间最大记录间隔为无缝。
- 数据硬盘存储满时可自动删除最早存储的文件，进行循环存储。
- 回放时用户可根据需要进行播放控制，如播放、暂停、快进、快退、慢进、慢退、帧进、帧退、停止，并可对录像资料中某一画面进行抓取、备份、刻录以及打印等。

② 报警功能。

- 每路多区域动态检测。对监视画面上设定的检测区域，当该区域内出现物体移动时，系统会自动进行录像，而对于其他情况则不录像；可在画面上设置多区域报警框；画面动态检测采用纯硬件，且灵敏度可调。
- 1～8 路传感器触发录像。可进行 8 路红外、门磁等传感器联动录像、联动声光报警等。
- 录像文件预录。当动态检测及传感器触发录像时，可预录报警触发时间前 5～10 秒钟的图像。
- 录像文件延录。当动态检测及传感器触发录像时，可延录报警触发时间后 5 秒钟的图像。
- 视频丢失报警。如果某一路无视频信号输入，系统则会弹出报警框，并可外接声光报警。
- 用户名或密码错误登录报警。错误登录三次以后有文字提示并可外接声光报警。

③ 控制功能。

- 全中文操作控制。
- 系统设置。可根据需求对每路分别进行设置。
- 画面调节。可分别对每一画面的饱和度、色调、对比度、亮度进行调节。
- 前端云台、镜头控制功能。系统可以通过 RS-232 或 RS-485 接口与解码器通信，实现对前端云台、镜头的直接控制。
- 可实现监听和双向对讲功能。
- 四级用户密码权限管理功能。
- 完善的操作日志记录功能。系统对各个级别用户的关键操作实施记录，不仅记录操作的用户，还记录操作的时间以及操作前后某些值的变化情况。另外，操作日志还能记录系统事件，包括程序启动、程序退出和登录失败等事件；报警日志系统可记录视频丢失报警、图像动态检测和传感器报警等事件。

④ 网络功能。

局域网系统具有以下特征：

- 局域网内任意一台授权桌面 PC 均可以浏览局域网内允许访问的监控主机的图像(即多点看多点)；
- 四画面音/视频同步传输；
- 多路监控点可通过电子地图进行点播；
- 客户端可进行录像；
- 客户端可回放本机或监控主机的录像资料；

- 客户端可进行前端云镜控制;
- 客户端和前端可进行语音双向对讲;
- 客户端和前端可进行文字双向传输;
- 多级用户权限管理。

广域网系统具有以下特征:

- 整个系统内任意一台授权桌面 PC 均可浏览网点内允许访问的监控主机的图像;
- 可通过电子地图点播;
- 图像以 15~25 帧/秒的速率传输;
- 客户端和前端可进行语音双向对讲;
- 远程多路画面切换显示;
- 远程控制监控点云镜;
- 远程登录授权服务;
- 可对图像亮度、对比度、彩色度进行调节。

⑤ 系统安全性。

- 超强系统纠错和防死机功能。
- 具有死机拨号功能。
- 超强系统数据安全功能,在市电中断或关机时,对所有设置均可自动保存,并可保证中断 2~3 秒前的数据有效。

(2) SDVR 数字硬盘录像机性能指标。

- 音/视频输入:多路(1~16),音、视频同步。
- 视频输出:多路(1~16)。
- 视频录制速度:25 帧/秒/路。
- 压缩方法:MPEG-1、MPEG-4。
- 图像制式:PAL 制。
- 图像压缩比:100∶1~10∶1。
- 报警输入:多路(1~8)。
- 报警输出:多路(1~8)。
- 报警预录时间:预录 5~10 s 可调。
- 报警延录时间:延录 5 s。
- 最大记录间隔:≤0.4 s。
- 云台控制:多路(1~16)。
- 监视水平分辨率:≥300 线。
- 回放水平分辨率:≥240 线。
- 亮度鉴别等级:≥9 级。
- 录像分辨率:CIF,352×288。
- 存储量:每小时 80~517 MB/路。
- 远程图像传输帧率:4 路 15 帧/秒/路,16 路 4 帧/秒/路(图像格式为 QCIF,176×144)。
- 远程端图像分辨率:CIF,352×288。
- 远程端图像延时:≤1 s。

- 远程端语音延时：≤1 s。

(3) 博超 SDVR 8800 系统主要配置。

机箱：工控机箱　　　　　　　　　显卡：TNT2 32 MB

主板：微星 845E　　　　　　　　　网卡：D_LINK 530 Mb/s

CPU：P4 1.7 GHz　　　　　　　　　硬盘扩展卡：Promise 100

电源：450 W　　　　　　　　　　　软驱：美上美 1.44 MHz

内存：Kingston DDR 256 MB　　　　硬盘：迈拓 80 GB 以上

视频采集压缩卡：SDVC4000　　　　键盘、鼠标、音箱

3. 数字监控系统的结构

根据大楼的功能布局图，本方案中数字监控系统的构成如下。

1) 监控中心

系统配备前端视频避雷器，配备大容量的交流稳压电源，采用良好的接地措施，以尽量减少电网及雷电的干扰和冲击。控制总线(RS-485 总线)通过屏蔽双绞线对前端云镜系统进行统一控制。前端音频、视频、报警信号统一集中到监控中心，进行监视、采集、检测、控制等处理。

2) 监控中心大屏幕

监控中心内配有全套控制中心标准设备及配件，包括特制的控制台、监视器或背投等，控制台上安装 10 台 19 英寸的彩色显示器和 14 台数字监控主机等，其中 5 台远程监控主机通过切换器共用一台显示器。

对于监控中心的大屏幕显示系统，现提供两种设计方案供参考：

设计方案一：通过 4 台投影机在大屏幕上同时显示多路画面，并可通过矩阵进行切换。其结构示意图如图 10-2 所示。

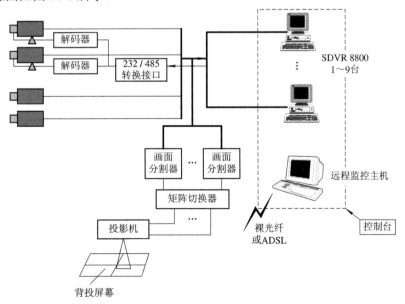

图 10-2　市分行监控中心结构图(背投方案)

设计方案二：通过 12 台监视器组成电视墙，可切换显示本级大楼的画面及下属各县支行金库的远程画面。其结构示意图如图 10-3 所示。

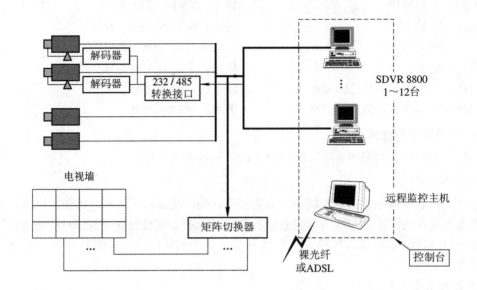

图 10-3 市分行监控中心结构图(电视墙方案)

3) 本地分控系统

行长室分控示意图如图 10-4 所示。

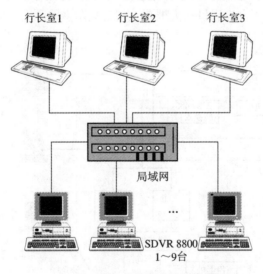

图 10-4 行长室分控示意图

4) 远程监控系统

远程监控主机上安装了博超远程监控软件，可利用 SDVR 8800 数字硬盘录像机所提供的高清晰度的远程图像，通过 ADSL 或裸光纤在分行监控中心的远程端对下属县支行实现远程监控，联网示意图如图 10-5 所示。

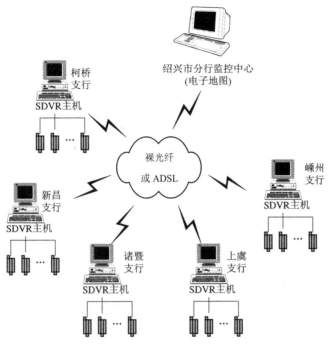

图 10-5　远程联网监控结构示意图

10.4.2　门禁系统

1. 刷卡式门禁系统

1) 系统简介

门禁系统即一般在门边安装的键盘控制器或磁卡读卡器，出入者为了获得进入权必须先刷卡。目前应用于门禁系统的技术有条形码、图形 ID、磁条形码、感应卡等。随着识别技术的不断成熟以及计算机技术的飞速发展，门禁技术发展迅猛，正从传统的键盘、磁卡向感应卡、智能卡及多功能卡的方向发展。

门禁系统的作用在于管理人员进出管制区域，限制未授权人士进出特定区域，并使已授权者在进出上更简捷。系统可用感应卡、密码等作为授权识别，通过控制机编程，记录人员进出的时间，并可配合警报及闭路电视系统以实现最佳管理。门禁系统适用于各类型办公室、计算机室、数据库、停车场及金库等的进出管理。

出入口门禁控制系统采取以感应卡来取代用钥匙开门的方式。使用者用一张卡可以打开多把门锁，对门锁的开启也可以有一定的时间限制。如果卡丢失了，不必更换门锁，只需将其从控制主机中注销。出入口门禁控制系统通过对出入口的准入情况进行控制、管理和记录以实现中心对出入口的 24 小时控制、操作、监视及管理。

2) 系统原理

对需控制的出入口，安装受电锁装置和感应器(如电子密码键盘、读卡器、指纹阅读器等)控制的电控门；授权人员持有效证卡或密码和自己的指纹就可以开启电控门；所有出入资料都被后台计算机记录在案，通过后台计算机可以随时修改授权人员的进出权限。

3) 门禁系统的组成

门禁系统由被控制的门、控制器、门磁锁、读卡器及卡片、手动按钮、钥匙、指示灯、与上位机通信的线缆、上位 PC、专用软件等组成。

4) 具体实施方案

该银行大楼拟在一道金库门、一道计算机房门、一道监控室门安装刷卡式门禁系统。其主要目的是保证金库、计算机房、监控室等区域内设备的安全，便于人员的合理流动，对进入这些重要区域的人员实行各种方式的进出许可权管理，以便限制人员随意进出。当员工要进入被管制的区域时，必须先在门旁的读卡器中刷卡，门才能被打开。每道门边的读卡器均通过现场控制界面单元和系统集中控制器受到监控终端的控制。每一张卡根据系统设置，只能在规定时间内打开规定范围的门，同时防止外来人员随便闯入；如有人强行破门或下班没有关门，门禁装置将发出报警信号，监控终端上将立即显示报警的门号。

5) 门禁系统的功能

(1) 权限管理：对人员出入权限进行设置、更改、取消、恢复。

(2) 存储功能：存储人员出入的日期、时间、卡号以及是否为非法进入等相关信息。

(3) 集中管理功能：后台管理工作站可建立用户资料库，定期或实时采集每个出入口的进出资料，同时可按各用户进行汇总、查询、分类、打印等。

(4) 异常报警：非法闯入、门锁被破坏等情况出现时，系统会发出实时报警信息并传输到管理中心。

(5) 联动功能：可实现消防联动，当出现火警等情况时，由中心统一开启出入通道，可启动 CCTV 实现联动实时监控。

2. DORCON(道肯奇)掌形仪门禁系统

1) 系统原理

所有的生物识别系统都包括采集、译码、匹配和比对几个处理过程。掌形识别处理也一样，它包括掌形图像采集、掌形图像特征点提取、特征值的匹配与比对等过程。一般采用生物特征识别技术的产品在此过程中都容易受外界环境欠佳(如灰尘、油污等)或生理状况改变的影响，而造成识别率的不稳定。由于人体手掌几何立体特征的稳定性极高，不易受外界环境的影响而改变，所以使用掌形识别的优点就在于它性能可靠、功能全面、操作方便、易于接受。

2) 系统功能

(1) 管理功能。

- 人员掌形资料及其基本资料的管理功能：登录、删除、查询等。
- 人员级别设置功能：共设计 6 级用户，权限从低到高。
- 密码修改功能：可随时修改系统人员的密码。
- 两人过功能：两人按照某顺序分别通过掌形仪验证进入门禁。
- 人员与掌形仪的关联功能：根据实际需要，可任意方便地调整人员与掌形仪的关联，使某人只能通过某台掌形仪。
- 时间段设置功能：可设置多达 60 个时间段，即 60 个班次的时间。

- 节假日设置功能：可根据单位实际情况设置节假日。

- 人员与时间段关联功能：设置某人可在一个或多个时间段通过门禁识别，在其余时间段，即使有掌形登录也无法通过门禁识别。

- 监控室实时监测：任何一个控制点有人员进出时，监控室内的电脑主机都能实时显示和存储人员进出记录。

- 动作时间设置功能：可设定电锁开锁时间、门栓回位时间及报警转换时间。

(2) 报警功能。

- 胁迫报警：可设置胁迫码，当工作人员受到胁迫时，可在输入 ID 的同时输入胁迫码，掌形仪会在犯罪分子不知不觉的情况下向中控室发出报警，从而保障了工作人员的人身安全。

- 盗用报警：当有人试图盗用他人 ID 进入时，中控室内主机会发出警报。

- 断线报警：掌形仪门禁系统线路中断时，主机发出报警信号。

- 其他报警：防拆卸报警，开门时间过长报警，门被破坏的闯入报警。

(3) 系统维护。

- 资料备份：可将存储的资料保存于硬盘或其他存储介质上。

- 报表打印：提供人员进出记录等资料的打印。

3) 系统方案实施

银行大楼拟在金库门采用一套掌形仪门禁系统。下面是银行出入库人员在掌形生物识别门禁系统中的操作流程：入库人员经交接门外的掌形仪确认其工作权限后进入库区；掌形仪首先根据识别精度值确认人员身份，然后自动判断此人是否有权进入此库区，判断依据为高级管理员为此人设置的工作时段、入库授权；确认无误后掌形仪检测两人的操作时间间隔，确认有两位以上管库人员在场后，打开安装于交接门内的电控锁或发出开门指令(联动自动门内部机电控制电路)。当库内人员要走出交接门时，可按动出门按钮打开电控锁，离开库区。

掌形仪对交接门的开闭状态进行实时监控。可设定的报警状态有：未经身份确认强行开门；开门时间过长；电控锁未有效锁好。

以上的操作掌形仪均予以记录，并自动传输到管理计算机，实时显示或备份存盘。在掌形仪与控制 PC 联络中断的状态下亦可实现上述功能。

此方案的优点在于控制区域较大，延长了非法进入金库的时间和空间，有效保障了库前区域的隐秘性。

4) 系统配置

DORCON "双人制" 中文掌形仪门禁系统技术性能指标如下：

- 电源：DC 12～24 V。

- 内存资料保留(标准锂电池)：5 年。

- 双人组合识别模块。

- 记录保存：5187 条。

- 身份代码位数：1～10 位。

- 用户数：室内标准型 512 人，可扩充至 32 512 人。

- 掌形登记速度：1～3 s。

- 鉴定时间：<1 s。
- 误识率：<0.0001%。
- 拒真率：<0.01%。
- 特征数据可存储在掌形仪、计算机或其他存储介质上。
- 通信：支持以太网、RS-422 四线多终端网络、RS-232 系列打印设备、Modem。

DORCON 掌形仪门禁系统辅材如下：
- DORCON 门禁控制箱。
- RS-485/422 适配器(光电隔离式)。
- 警报器。
- 电插锁(EB215TS)断电闭合。
- 门状态开关。
- 人员退出按钮。
- 线材：RS-422 通信线、RVVP 控制电缆。

10.4.3　防盗报警系统

大楼内的一些重要场所如营业厅、金库及楼梯口等处，参照中华人民共和国公安部发布的《银行安全防范要求》(GA/38—2021)，将安装各种报警设备，进行安全防范系统的布防。

操作人员通过对报警及周界防护系统进行编程及布撤防的设置，能够有效防止不法分子的夜间入侵，通过主控设备的联动功能，能够自动打开报警区域的照明，并将报警图像及相关图像显示在显示器上，进行画面显示及录制，同时，通过联动系统自动启动数字硬盘录像机进行录像，以便获得清晰的报警录像效果。另外，在出现紧急情况时可通过紧急报警按钮直接将警情传送到 110 报警中心。

1．报警系统的基本构成

报警系统主要由红外双鉴探测器、紧急报警按钮、防震报警器、监听头、报警控制主机等组成。

(1) 在金库四周、营业大厅及各楼层的重要通道口安装红外线探测器，对大楼进行封锁保护，有效防止不法分子的侵入；

(2) 为了防止不法分子对金库的破坏，在金库四周墙壁均安装防震报警器；

(3) 在金库内安装 110 红外线报警器，可对系统进行布防，当有人非法侵入封锁区域时，报警控制主机会开启现场报警单元，提醒保安人员注意，并自动拨通 110 系统，及时反映情况；

(4) 紧急报警按钮安装在代保管室和 16 楼，提供紧急报警信号的输入，对突发的暴力抢劫发出报警信号，具有防误触发措施，触发报警后自锁且人工复位；

(5) 报警探头、报警按钮等均与数字监控主机相连，可实现报警联动录像功能。

2．报警系统设备

1) 报警控制主机

美国安定宝公司(ADEMCO)是全球最大的防盗及消防产品制造商，其产品在世界上性能最先进，使用范围最广泛，品种最齐全。其产品通过中国公安部测试中心检测，并有国际标准 ISO9001 品质保证。

报警器材控制主机选用 ADEMCO 的大型控制/通信主机 VISTA-120，其性能及特点如下：

- 9 个基本接线防区，最多可扩充至 128 个防区；
- 系统最多可划分为 8 个子系统，各子系统可独立操作并进行通信，最多可将 3 个子系统编程设置为一个公共区域；
- 可支持 16 个控制键盘以供各个子系统之用；
- 可同时使用四线回路、双线总线制回路及无线防区；
- 150 组用户密码，划分为 7 个使用者级别；
- 具有时间管理功能(自动撤/布防、时间控制继电器输入等)；
- 可存储 224 条事件记录；
- 内置通信器，可通过电话网和报警中心(如 110)相连；
- 编程式继电器模组系统，可提供 32 路继电器输出。

2) 红外双鉴被动探测器

日本 OPTEX 红外双鉴被动探测器的特性及相关参数如表 10-1 所示。

表 10-1　日本 OPTEX 红外双鉴被动探测器的特性参数

型　号	MX-40QZ/PI/PT	MX-50QZ
探测范围	12×12 m，85°	15×15 m，85°
探测分区	78 扇区(PIR)	
安装高度	1.5～2.4 m	2.2～3.0 m
灵敏度	2℃(0.6 m/s)	
报警周期	约 2.5 s	
探测速度	0.3～1.5 m/s	
报警输出	N.C.，28 VDC，0.2 A(最大)	
防拆开关	常闭，外壳打开时开路，28 V DC，0.1 A(最大)(PI 型不包括)	
计数脉冲	2 或 4(约 20 s)	
预热时间	约 1 分钟	
输入电压	9.5～16 VDC	
工作电流	18 mA(最大)，12 VDC	20 mA(最大)，12 VDC
RF 干扰	20 V/m 无报警	
工作温度	−20～+50℃	
环境湿度	最大 95%	
微波频率	2.45 GHz	
LED 报警指示	可选开/关	

3) 吸顶式红外被动探测器

日本 OPTEX 吸顶式红外被动探测器 SX-360Z 性能参数如下：

探测范围为 18 m，360°；有两种型号可选，V 型(热电元件双重屏蔽专利技术及初始报警记忆)和 S 型(C 型继电器)；具有嵌入式安装支架，型号为 FA-12。

该探测器具有如下特点:

- 变焦功能使调节更为灵活;
- 圆形探测范围内扇区密度可达 276 个;
- 专利多焦距透镜;
- 可选计数脉冲 1、2 或 4;
- 可选灵敏度:高、中、低;
- LED 开/关显示;
- 内置四源元件;
- 抗射频干扰:25 V/m;
- 多重探测模式。

10.4.4　多方通话对讲系统

在中心控制室、库区入口、守库室、金库内部等处安装多方对讲系统,可根据工作需要实现点对点的多方通话功能。如当出纳人员需要进入库区时,可通过对讲话机与中控室、守库室联系,经确认后准予进入。或当出纳人员在库区需与中控室、守库室联系时,也可通过库内的话机实现通话功能。

此方案中的多方通话对讲系统可以与数字监控系统相配合,将对话的时间、地点、人员、通话内容记录在硬盘中备查。

在该银行大楼库区入口安装一套来邦 LB-4 四路内部对讲系统,从而可与库内三道门实现对讲;在每个柜台安装一套来邦 SD-2000 银行窗口双向对讲系统,实现柜台内外的对讲。

来邦 LB-4 四路主机的功能如下:

- 分机自带麦克风放大电路,抗干扰性强,音量大,音质清晰;
- 分机有录音输出端子,可作监听头用;
- 分机呼叫时,主机有记忆保持功能;
- 主机可配 LED 显示屏,显示呼叫分机的号码;
- 主机有 RS-485 通信接口。

来邦 SD-2000 的功能如下:

- 主机、外贴分机自带麦克风,可直接进行双向对讲;
- 主机、外贴分机的音量可分别调节;
- 自动增益录音输出电路,能和所有型号的录音设备相匹配,配合银行柜员制录音;
- 微电脑处理电路,具有静噪功能,并彻底解决回音、啸叫问题。

10.5　质量保证体系

10.5.1　监控系统质量保证体系

上海博超科技有限公司长期从事安全防范产品的研发、生产工作,拥有一支技术全面、高效精干的技术队伍，在产品研发及方案设计上，以教授为核心，博士、硕士为主体，中青年技术人员为骨干，学科门类齐全的人才队伍为后盾，有信心、有能力为用户提供优质的技术服务，确保系统质量。该公司对于系统的设计、安装、调试、软件开发、技术培训、售后服务等都有专业系统工程师自始至终负责。系统工程师与软件工程师之间有标准的技术交接规范。施工阶段系统工程师都会在现场办公，对施工进行技术指导，及时解决施工中出现的问题，确保施工的进度和质量；系统调试时，将由系统工程师和软件工程师共同完成。

为了确保质量体系的实现，我们将在以下几方面予以充分考虑。

1. 中心主要设备的品质

由上海博超科技有限公司自行开发和设计的产品(博超 SDVR 系列监控系统)均通过中华人民共和国公安部及相关检测部门检测，获得质量认证，在广泛的推广和长期的使用过程中深获用户好评。

公司一贯以质量至上为宗旨，所有博超 SDVR 监控产品在出厂前均经过严格的拷机测试，从装机、检测、验收等各个环节层层把关，确保出厂产品无质量缺陷。

对于系统工程中外购部分的设备及材料的选型，均采用目前国际上先进的知名品牌，性能指标均高于国际标准，确保了产品的质量和系统的可靠性。

2. 监控中心的有关安全措施

(1) 监控室配有专用通信手段，以便能及时联络。

(2) 安装 110 紧急按钮，能及时报警。

(3) 接地措施：控制设备与监控现场共用一套设备接地系统。采用单点接地方式，提供地线接线排，从监控主机引一条 4 mm^2 电缆并与该接线排连接，确保控制设备的工作接地电阻小于 4Ω。

(4) 监控室安装通风换气装置，使环境温度不高于 35 ℃，环境湿度保持在 $30\% \sim 70\%$，不凝露。

3. 传输线路的抗干扰和供电措施

所有的信号都是通过电缆来传输的，所以对电缆的要求极为严格，因为这直接关系到信号的质量。为了保证系统有一个良好的信号，应采用阻抗为 75Ω，线径为 $\phi 5$ 规格以上的线缆。

为保证视频监控的供电，采取中心集中统一供电的设计思路，从控制中心统一对所有摄像机、监控主机供电。为防止市电断电，建议采用 UPS 备用供电系统。另外，强电和弱电的分离保证了系统的抗干扰能力，专用视频线缆的使用提高了系统的抗干扰能力。

系统采用电源同步方式，要求电源同相位，即所有摄像机电源采用同相位方式。

4. 系统的维护与保养

专职监控值班室有责任执行监控设备的保养计划，定期对设备保养，使设备随时处于正常状态。当设备设施出现故障时，专职监控值班员应立即通知有关部门进行维修，并协助有关人员进行维修，定期检查设备状况。

5. 系统的验收标准

· 严格按照设计图纸的要求验收；

- 电缆布线符合国家建筑电气规范及防火要求;
- 控制器件及执行元件符合一般工业电气的电流性能的统一标准;
- 信号标准符合国家规定的工业自动化仪表信号统一标准;
- 软件应符合标书及双方约定的要求;
- 对于系统的控制功能应上机操作,显示列单逐点验收。

10.5.2 售后服务保证体系

系统提供方对数字监控系统承诺实行两年保修的售后服务制度,具体将做好以下方面的工作。

1. 售前服务计划

(1) 向用户介绍产品的性能、特点、技术指标,帮助用户进行全面细致的调研考察,为用户提供最佳解决方案。

(2) 向客户推荐可供选择的各种器材和设备,并针对选用的产品对用户进行培训。

(3) 由用户指派使用人员参与系统工程的调试及实施,了解系统的工作原理,便于日常维护。

2. 售后服务计划

(1) 对用户进行详尽的工作原理、操作使用、简单维护、故障判断等一系列专业培训,使用户对系统有更深入的了解。

(2) 定期上门对用户的系统进行维护,了解系统的运行情况和最新要求。

(3) 所有售出系统均免费保修一年,在保修期内,负责对系统故障进行及时维修或更换设备(除人为损坏及不可抗拒的自然因素外)。在保修期后,系统提供方负责终身维修,只收取材料费用。

(4) 对于客户报修,公司将派工程师在 8 小时内赶到现场,所有维修记录由现场技术人员交用户一份,并详细说明问题所在、解决办法及注意事项,使用户做到心中有数。

3. 系统维护升级计划

(1) 不定期维护:公司技术支持部门不定期地通过电话访问系统管理人员,以了解系统的运行情况和最新要求。

(2) 应急维修:故障出现后,请及时与系统提供方取得联系,该公司收到维护请求通知后,首先通过询问故障现象分析故障起因,如果能由用户技术人员自行解决,则公司维护人员提供详细的维护操作说明。如不能由用户技术人员自行解决,则公司维护人员在接到故障电话后在约定时间内到达用户单位,进行现场维护。故障解决后填写故障维修单。所有维修记录由现场技术人员交用户一份,并详细说明问题所在、解决办法及注意事项,使用户做到心中有数,另一份由公司带回存档。如遇器件损坏,则及时联系供应商予以维修更换。

(3) 数字监控系统将在两年内免费实行软件升级。

附录 1

安全防范工程建设与维护保养费用预算编制办法

《安全防范工程建设与维护保养费用预算编制办法》GA/T 70—2014 版在 GA/T 70—2004 版《安全防范工程费用预算编制办法》的基础上修订而成。新标准扩大了适用范围，增加了工程量清单计价的计算方式，增加了可行性研究费、维护保养费的计算方法等。其目录如下图。(读者可扫描图片下方二维码获取该国标完整内容)

本标准由公安部第一研究所、北京联视神盾安防技术有限公司、北京声讯电子股份有限公司、北京富盛星电子有限公司起草修订完成。标准已于 2014 年 8 月 5 日由公安部发布，2014 年 10 月 1 日正式实施。

ICS 13.310
A 91

GA

中华人民共和国公共安全行业标准

GA/T 70—2014
代替 GA/T 70—2004

安全防范工程建设与维护保养
费用预算编制办法

Compiling methods of expense budget for security engineering
construction and maintaining service

2014-08-05 发布　　　　　　　　　2014-10-01 实施

中华人民共和国公安部　发布

GA/T 70—2014

目　次

附录 2

安全防范工程常用表格汇编

智能建筑工程材料、设备进场检验记录表

070002□□

工程名称				
材料、构配件名称			进场日期	
材料品种		规　格	进场数量	
生产厂家		出厂批号		
施工单位检查意见： 　　质检员：　　　　材料员：　　　　　年　月　日				
项目监理机构验收意见： 　　专业监理工程师：　　　　　　　年　月　日				

本表由施工单位填写，监理机构验收合格后，作为质量证明资料，由施工单位保存。

智能建筑工程设备(单元)单体检测调试记录表

070005□□

单位(子单位)工程名称			
所属子分部(系统)/分项(子系统) 工程名称			
依据 GB 50339—2013 的条目			
检测调试部位、区、段			
安装单位		项目经理(负责人)	
施工执行标准名称及编号			
设备(单元)名称、型号、规格	检测调试内容(项目、参数)及 其标准(设计、合同)规定要求		检测调试结果

安装单位 检查评定 结果	专业工长(施工员)			施工班组长	
	检测调试人员				
	项目专业质量检查员：　　　　　　　　　　　年　月　日				
监理(建 设)单位 验收结论	专业监理工程师(建设单位项目专业技术负责人)：　　　年　月　日				

智能建筑工程系统试运行记录表

070007□□

单位(子单位)工程名称				
所属子分部(系统)/分项 (子系统)工程名称				
系统所在部位、区、段				
试运行日期	年 月 日至 年 月 日		试运行负责人	
安装单位			项目经理 (负责人)	
施工执行标准名称及编号				
记录时间 (至少每班记录一次)	试运行情况及备注 (表达系统正常/不正常，故障情况及排除修复情况等)			值班人(签名)
年 月 日 时 分				
安装单位 检查评定 结果	专业工长(施工员)		施工班组长	
	检测调试人员			
	项目专业质量检查员：　　　　　　　　　　　　　　年 月 日			
监理(建 设)单位 验收结论	专业监理工程师(建设单位项目专业技术负责人)：　　　　　年 月 日			

智能建筑工程施工现场质量管理检查记录表

070001□□

<table>
<tr><td>单位(子单位)工程
名称</td><td></td><td colspan="2">施工许可证
(开工证)号</td><td></td></tr>
<tr><td rowspan="2">建设单位</td><td rowspan="2"></td><td colspan="2">项目负责人</td><td></td></tr>
<tr><td colspan="2">项目专业技术负责人</td><td></td></tr>
<tr><td rowspan="2">设计单位</td><td rowspan="2"></td><td colspan="2">项目负责人</td><td></td></tr>
<tr><td colspan="2">项目专业负责人</td><td></td></tr>
<tr><td rowspan="2">监理单位</td><td rowspan="2"></td><td colspan="2">总监理工程师</td><td></td></tr>
<tr><td colspan="2">专业监理工程师</td><td></td></tr>
<tr><td rowspan="2">总包单位</td><td rowspan="2"></td><td colspan="2">项目经理(负责人)</td><td></td></tr>
<tr><td colspan="2">项目专业负责人</td><td></td></tr>
<tr><td rowspan="2">安装单位</td><td rowspan="2"></td><td colspan="2">项目经理(负责人)</td><td></td></tr>
<tr><td colspan="2">项目质量技术负责人</td><td></td></tr>
<tr><td>承包的子分部(系
统)/分项(子系统)
工程名称</td><td colspan="4"></td></tr>
<tr><td>进场开工日期</td><td colspan="2">年　月　日</td><td>计划竣
工日期</td><td>年　月　日</td></tr>
</table>

<table>
<tr><td>序号</td><td>检　查　项　目</td><td>检查内容记录</td></tr>
<tr><td>1</td><td>安装单位现场质量管理(含质量责任制及质量检验等)制度</td><td></td></tr>
<tr><td>2</td><td>总包、分包(安装)单位资质</td><td></td></tr>
<tr><td>3</td><td>总包对分包(安装)单位的关系确认文件及相关管理制度</td><td></td></tr>
<tr><td>4</td><td>项目管理(含工程技术人员)资格证书</td><td></td></tr>
<tr><td>5</td><td>主要专业工种操作上岗证书</td><td></td></tr>
<tr><td>6</td><td>工程合同技术文件</td><td></td></tr>
<tr><td>7</td><td>施工图审查情况</td><td></td></tr>
<tr><td>8</td><td>施工组织设计、施工方案及审批</td><td></td></tr>
<tr><td>9</td><td>施工技术标准</td><td></td></tr>
<tr><td>10</td><td>现场准备、材料存放与管理</td><td></td></tr>
<tr><td>11</td><td>检测设备、计量仪表管理(含周期检定与使用、保管)制度</td><td></td></tr>
<tr><td>12</td><td>开工报告</td><td></td></tr>
<tr><td></td><td></td><td></td></tr>
</table>

检查结果：

总监理工程师(建设单位项目专业技术负责人)：

年　月　日

智能建筑工程系统观感质量检查记录表

070008□□

单位(子单位)工程名称					
所属子分部(系统)/分项(子系统)工程名称					
总包单位		项目经理(负责人)			
安装单位		项目经理(负责人)			
检查项目	抽查百分数/抽查部位、区、段		质量评价汇总统计		
			好	一般	差
观感质量验收综合意见					

安装单位	监理(建设)单位
项目质量技术负责人: 项目经理(负责人): 年 月 日	专业监理工程师 (建设单位项目专业技术负责人): 年 月 日

智能建筑工程系统验收相关项目结论汇总表

070010□□

单位(子单位)工程名称					
所属子分部(系统)/分项(子系统)工程名称					
系统所在部位、区、段					

安装单位			项目经理(负责人)	

项 目	结 论		备 注	签 名
	通过	不通过		
工程量完成及质量控制验收				验收人: 年 月 日
系统检测验收				验收人: 年 月 日
系统功能抽查				抽查人: 年 月 日
观感质量验收				验收人: 年 月 日
资料审查				审查人: 年 月 日
人员培训考评				考评人: 年 月 日
运行管理队伍及规章制度审查				审查人: 年 月 日
设计等级要求评定				评定人: 年 月 日
系统验收				验收机构负责人: 年 月 日

备 注	

验 收 机 构 人 员			
姓 名	工作单位	职务、职称	在验收机构的职务和分工职责

视频安防监控系统分项工程检验批质量验收记录表

编号：表 B.0.1-0801

工程名称				分项工程名称	监控系统	验收部位	
施工单位				专业工长		项目经理	
施工执行标准名称及编号				《智能建筑工程质量验收规范》(GB 50339—2013)			
分包单位				分包项目经理		施工班组长	
质量验收规范的规定						检测记录	
主控项目	1	设备功能	云台转动				
			镜头调节				
			图像切换				
			防护罩效果				
	2	图像质量	图像清晰度				
			抗干扰能力				
	3	系统功能	监控范围				
			设备接入率				
			完好率				
			矩阵主机	切换控制			
				编程			
				巡检			
				记录			
			数字视频	主机死机			
				显示速度			
				联网通信			
				存储速度			
				检索			
				回放			
	4	联动功能					
	5	图像记录保存时间					
施工单位检查评定结果							
			项目专业质量检查员：			年　月　日	
监理(建设)单位验收结论							
			监理工程师(建设单位项目专业技术负责人)：			年　月　日	

出入口控制(门禁)系统分项工程检验批质量验收记录表

编号：表 B.0.1-0802

工程名称			分项工程名称	出入口控制(门禁)	验收部位	
施工单位			专业工长		项目经理	
施工执行标准 名称及编号			《智能建筑工程质量验收规范》(GB 50339—2013)			
分包单位			分包项目经理		施工班组长	
质量验收规范的规定				检 测 记 录		
主控项目	1	控制器独立工作时	准确性	控制器独立工作时，出入口控制具有准确特性		
			实时性	控制器独立工作时，出入口控制具有实时特性		
			信息存储	控制器独立工作时，信息存储具备无误特性		
	2	系统主机接入时	控制器工作情况	控制器工作具有准确性、实时性，存储相关信息无误		
			信息传输功能	控制器与系统主机间信息传输无误		
	3	备用电源启动	准确性	备用电源应急启动，具有准确特性		
			实时性	备用电源应急启动，具有实时特性		
			信息的存储和恢复	信息存储无误，且不中断		
	4	系统报警功能	非法强行入侵报警	非法强行入侵时及时报警		
	5	现场设备状态	接入率	符合技术文件产品指标要求		
			完好率	符合技术文件产品指标要求		
	6	出入口管理系统	软件功能	出入口管理软件系统具有安全、可靠特性		
			数据存储记录	数据存储记录保存时间满足物业管理的要求		
	7	系统性能要求	实时性	出入口控制系统具有实时性		
			稳定性	出入口控制系统具有稳定性		
			图形化界面	图形化界面友好、亲切		
	8	系统安全性	分级授权	对系统操作人员实行分级授权管理		
			操作信息记录	对系统操作人员的操作信息存储并记录		
	9	软件综合评审	需求一致性	软件设计与需求具有一致性		
			文档资料标准化	文档资料实行标准化管理		
	10	联动功能	是否符合设计要求	符合设计要求		
施工单位检查 评定结果			经检查，主控项目符合《建筑电气工程施工质量验收规范》(GB 50303—2015)、《智能建筑工程质量验收规范》(GB 50339—2013)标准及施工图设计要求，检查合格。 　　　　　　　　　　项目专业质量检查员：　　　年　　月　　日			
监理(建设)单位 验收结论			主控项目符合国家施工质量验收规范标准及施工图设计要求，验收合格。 　　监理工程师(建设单位项目专业技术负责人)：　　　年　　月　　日			

入侵报警系统分项工程质量检测记录表

编号：表 B.0.1-0803

单位(子单位)工程名称				子分部工程	安全防范系统
分项工程名称		入侵报警系统		检测部位	
施工单位				项目经理	
施工执行标准名称及编号					
分包单位				分包项目经理	
检测项目(主控项目)			检测记录		备　注
1	探测器功能	探测器有无盲区			
		防小动物功能			
		防破坏功能			
		人工报警装置功能			
2	探测器灵敏度	是否符合设计要求			
3	系统功能	撤防/布防功能			
		关机报警功能			
		报警信号传输 — 报警响应时间			
		报警信号传输 — 是否有误报、漏报			
		报警信号的显示和记录			
		设备运行 — 完好率/接入率			
		设备运行 — 运行情况			
		后备电源自动切换			
4	报警系统管理软件				
5	系统联动功能	安防子系统间联动			
		与其他智能化系统的联动			
6	报警事件数据存储				
7	报警信号联网				

检测意见：

监理工程师(建设单位项目专业技术负责人)：　　　　　　　　检测机构人员：

　　　　　　　　年　　月　　日　　　　　　　　　　　年　　月　　日

巡更管理系统分项工程质量检测记录表

编号：表 B.0.1-0805

单位(子单位)工程名称				子分部工程	安全防范系统
分项工程名称		巡更管理系统		检测部位	
施工单位				项目经理	
施工执行标准名称及编号					
分包单位				分包项目经理	
检测项目(主控项目)				检测记录	备　注
1	前端设备功能	巡更终端功能			
		读卡距离和灵敏度			
		防破坏功能			
2	系统功能	巡更路线	路线编程、修改		
			时间间隔设定		
		离线式巡更系统巡更记录			
		在线式巡更系统	布防、撤防功能		
			对巡更的实时检查		
			现场信息传输		
			故障报警及准确性		
		设备运行	完好率/接入率		
			运行情况		
3	系统管理软件	系统软件的管理功能			
		对巡更路线的管理			
		电子地图功能			
		数据记录的查询功能			
		系统安全性			
4	联动功能				
5	数据存储记录				
6	管理制度和措施				

检测意见：

监理工程师(建设单位项目专业技术负责人)：　　　　　　检测机构人员：

　　　　　　　　　　年　　月　　日　　　　　　　　　　　　　年　　月　　日

停车场(库)管理系统分项工程质量检测记录表

编号：表 B.0.1-0806

单位(子单位)工程名称			子分部工程	安全防范系统
分项工程名称		停车场(库)管理系统	检测部位	
施工单位			项目经理	
施工执行标准名称及编号				
分包单位			分包项目经理	
检测项目(主控项目)			检测记录	备 注
1	车辆探测器	出入车辆灵敏度		
		抗干扰性能		
2	读卡器	对卡的识别功能		
		非接触卡读卡距离和灵敏度		
3	发卡(票)器	吐卡功能		
		入场日期及时间记录		
4	控制器	动作的响应时间		
		手动控制功能		
5	自动栏杆	升降功能		
		防砸车功能		
6	满位显示器	功能是否正常		
7	管理中心功能	计费、显示、收费功能		
		与监控站通信		
		数据记录、存储功能		
8	图像对比系统功能	调用图像的准确性、响应时间		
		图像记录清晰度		
		车牌识别准确率		
9	系统管理软件	系统设置功能		
		收费功能		
		系统的统计功能		
		对卡的安全管理		
		系统安全性		
10	系统联动功能			
11	数据存储记录			
检测意见：				
监理工程师(建设单位项目专业技术负责人)：　　　　　　检测机构人员： 　　　　　　年　月　日　　　　　　　　　　　年　月　日				

系统集成整体协调分项工程质量验收记录表

编号：表 C.0.1-1003

单位(子单位)工程名称				子分部工程	智能化系统集成
分项工程名称		系统集成整体协调		验收部位	
施工单位				项目经理	
施工执行标准名称及编号					
分包单位				分包项目经理	
检测项目(主控项目)			检查评定记录		备　注
1	系统的报警信息及处理	服务器端			各项检测应做到安全、正确、及时、无冲突。符合设计要求的为合格，否则为不合格
		有权限的客户端			
2	设备连锁控制	服务器端			
		有权限的客户端			
3	应急状态的联动逻辑检测	现场模拟火灾信号			
		现场模拟非法侵入			
		其他			
4					

检测意见：

监理工程师(建设单位项目专业技术负责人)：　　　　　　　　检测机构负责人：

　　　　　　　　　　　　年　　月　　日　　　　　　　　　　　　年　　月　　日

参 考 文 献

[1] 殷德军，张晶明，郭敦文，等. 安全技术防范原理、设备与工程系统[M]. 北京：电子工业出版社，2001.

[2] 陈龙. 安全防范系统工程[M]. 北京：清华大学出版社，1999.

[2] 张瑞武. 智能建筑[M]. 北京：清华大学出版社，1996.

[3] 黎连业，黄子河，及延辉. 网络与电视监控工程监理手册[M]. 北京：电子工业出版社，2004.

[4] 盛啸涛，姜延昭. 楼宇自动化[M]. 西安：西安电子科技大学出版社，2002.

[5] 建设部科学技术委员会智能建筑推广中心. 智能建筑技术与应用[M]. 北京：中国建筑工业出版社，2001.

[6] 中华人民共和国国家标准. 智能建筑设计标准：GB/T 50314—2015[S]. 北京：中国计划出版社，2015.

[7] 中华人民共和国国家标准. 入侵报警系统工程设计规范：GB/T 50394—2007[S]. 北京：中国计划出版社，2007.

[8] 中华人民共和国国家标准. 视频安防监控系统工程设计规范：GB/T 50395—2007[S]. 北京：中国计划出版社，2007.

[9] 中华人民共和国国家标准. 出入口控制系统工程设计规范：GB/T 50396—2007[S]. 北京：中国计划出版社，2007.